Brigitte Adam
Raumrelevante Entscheidungsprozesse
Regionale Wasserversorgung als Konfliktfall

Brigitte Adam

Raumrelevante Entscheidungsprozesse

Regionale Wasserversorgung als Konfliktfall

DeutscherUniversitätsVerlag
GABLER · VIEWEG · WESTDEUTSCHER VERLAG

Die Deutsche Bibliothek — CIP-Einheitsaufnahme

Adam, Brigitte:
Raumrelevante Entscheidungsprozesse : regionale
Wasserversorgung als Konfliktfall / Brigitte Adam. — Wiesbaden :
Dt. Univ.-Verl., 1992
 (DUV : Sozialwissenschaft)
 Zugl.: Oldenburg, Univ., Diss., 1991 u.d.T.: Adam, Brigitte:
Raumrelevante Entscheidungsprozesse in der Wasserversorgung
 ISBN 3-8244-4111-X

Die vorliegende Arbeit wurde 1991 vom Fachbereich Sozialwissenschaften der Universität Oldenburg unter dem Titel "Raumrelevante Entscheidungsprozesse in der Wasserversorgung — Der Konfliktfall Nordheide" als Dissertation angenommen.

Der Deutsche Universitäts-Verlag ist ein Unternehmen der
Verlagsgruppe Bertelsmann International.

© Deutscher Universitäts-Verlag GmbH, Wiesbaden 1992

Das Werk einschließlich aller seiner Teile ist urheberrechtlich geschützt. Jede Verwertung außerhalb der engen Grenzen des Urheberrechtsgesetzes ist ohne Zustimmung des Verlags unzulässig und strafbar. Das gilt insbesondere für Vervielfältigungen, Übersetzungen, Mikroverfilmungen und die Einspeicherung und Verarbeitung in elektronischen Systemen.

Druck und Buchbinder: difo-druck Bamberg
Gedruckt auf chlorarm gebleichtem und säurefreiem Papier
Printed in Germany

ISBN 3-8244-4111-X

GLIEDERUNG

I.	**Problemaufriß**	13
1.	Problementwicklung der Entscheidungsprozesse in der Wasserversorgung	13
1.1	Problematisierung der Ergebnisse	13
1.2	Problematisierung der Verfahren	17
2.	Konfliktfall Nordheide	23
II.	**Analyseansatz**	**29**
1.	Arbeitsziele	29
2.	Methodik	35
3.	Die Entwicklung der Wasserversorgung in Hamburg und Niedersachsen	41
3.1	Problementwicklung in Hamburg	41
3.1.1	Zur geschichtlichen Entwicklung	41
3.1.2	Die derzeitige Situation	48
3.2	Problementwicklung in Niedersachsen	52
3.2.1	Die Entwicklung bis zum "Generalplan Wasserversorgung"	52
3.2.2	Die aktuelle Entwicklung	58
4.	Schematisierung des Entscheidungsprozesses	65
4.1	Einführende Vorstellung der Akteure	65
4.2	Chronologie des Entscheidungsprozesses	70
4.2.1	Die Phase der Konfliktverlagerung	70
4.2.1.1	Vorrunde	70
4.2.1.2	Rechtliche Genehmigungsverfahren	73

4.2.2	Die Konfliktphase	78
4.2.3	Weitere Ereignisse	85
III.	**Analyse des Entscheidungsprozesses**	**87**
1.	Die Phase der Konfliktverlagerung	87
1.1	Vorrunde	87
1.1.1	Organisation der Voruntersuchungen	87
1.1.2	Vorverhandlungen	90
1.1.3	Organisation weiterer Untersuchungen	92
1.2	Rechtliche Genehmigungsverfahren: Wasserrechtliches Bewilligungsverfahren, Raumordnungsverfahren und Anlagengenehmigung	94
1.2.1	Wasserrechtliches Bewilligungsverfahren	94
1.2.1.1	Antragstellung und Bekanntmachung	94
1.2.1.2	Stellungnahmen der behördlichen Dienststellen und der Antragstellerin; politische und öffentliche Reaktionen	97
1.2.1.3	Verhandlungen zwischen den behördlichen Dienststellen und mit der Antragstellerin, Erörterungstermin	100
1.2.1.4	Verwaltungsabkommen zwischen Hamburg und Niedersachsen, Bewilligung	103
1.2.2	Raumordnungsverfahren für die Rohrleitungen und Anlagengenehmigung	106
2.	Die Konfliktphase	109
2.1	Konfliktentstehung: Reaktionen auf neue Erkenntnisse	109
2.1.1.	Diskussionsgegenstand und Entstehungsgeschichte des Konflikts	109
2.1.2	Politische Interaktion: Die Konfliktpunkte	111
2.1.2.1	Unterschiedliche Interpretation der Ergebnisse der Quast-Studie	111
2.1.2.2	Konträre Einschätzungen der Möglichkeit von Alternativen zur Grundwassergewinnung in der Nordheide	115

2.1.2.3	Unterschiedliche Bewertung der im Bewilligungsverfahren erfolgten Berücksichtigung des Naturschutzes	116
2.1.2.4	Unstimmigkeiten hinsichtlich der Öffentlichkeitsbeteiligung und der Transparenz im Entscheidungsprozeß	118
2.1.2.5	Unterschiedliche Ansichten über die erforderlichen Konsequenzen	119
2.1.2.6	Unterschiedliche Auffassungen zum Inhalt und zur verfahrensmäßigen Einbindung der von der Bezirksregierung in Auftrag gegebenen Überprüfung	122
2.1.3	Die Rolle der Akteure im Konflikt	125
2.1.3.1	Die Initiatoren des Konflikts	126
2.1.3.2	Politische Reaktionen	127
2.1.3.3	Reaktionen der Entscheidungsträger und in der Verbraucherregion	130
2.1.4	Rahmenbedingungen des Verfahrens	132
2.1.4.1	Die Handlungsbedingungen	132
2.1.4.2	Die Handlungsformen	137
2.2	Konfliktentwicklung: Erste inhaltliche und verfahrensmäßige Konsequenzen	141
2.2.1	Der Diskussionsgegenstand und seine Entwicklung	141
2.2.2	Politische Interaktionen: Die Konfliktpunkte	144
2.2.2.1	Unterschiedliche Auffassungen über die vollzogene Vorgehensweise bei der Erstellung des Gemeinsamen Berichts	145
2.2.2.2	Unterschiedliche Interpretationen der Ergebnisse des Gemeinsamen Berichts	146
2.2.2.3	Unterschiedliche Ansichten über die erforderlichen Konsequenzen, die aus den Ergebnissen des Gemeinsamen Berichts zu ziehen sind	149
2.2.2.4	Unstimmigkeiten hinsichtlich der Öffentlichkeitsbeteiligung und der Transparenz im Entscheidungsprozeß	153
2.2.2.5	Unstimmigkeiten hinsichtlich der Beteiligung von Sachverständigen	155

2.2.3		Die Rolle der Akteure im Konflikt	156
2.2.3.1		Die Initiatoren des Konflikts	157
2.2.3.2		Politische Reaktionen	158
2.2.3.3		Die Rolle der Sachverständigen	160
2.2.3.4		Reaktionen der Entscheidungsträger und in der Verbraucherregion	160
2.2.4		Rahmenbedingungen des Verfahrens	164
2.2.4.1		Die Handlungsbedingungen	164
2.2.4.2		Die Handlungsformen	169
2.3		Problemlösungsansätze	173
2.3.1		Der Diskussionsgegenstand und seine Entwicklung	173
2.3.2		Politische Interaktionen: Die Konfliktpunkte	179
2.3.2.1		Konträre Auffassungen über die Beweispflicht im Falle behaupteter Schäden	180
2.3.2.2		Unterschiedliche Ansichten über die erforderlichen Konsquenzen	182
2.3.2.3		Unterschiedliche Bewertungen der inzwischen eingetretenen oder zu erwartenden ökologischen Folgewirkungen	183
2.3.2.4		Unstimmigkeiten in bezug auf die Untersuchungsmethoden bei den laufenden Beweissicherungen an Gebäuden	184
2.3.2.5		Unstimmigkeiten hinsichtlich der Einbeziehung der Öffentlichkeit in den Entscheidungsprozeß	185
2.3.3		Die Rolle der Akteure im Konflikt	187
2.3.3.1		Die Initiatoren des Konflikts	187
2.3.3.2		Die Rolle der Sachverständigen	189
2.3.3.3		Die Reaktionen der Entscheidungsträger und in der Verbraucherregion	189
2.3.4		Rahmenbedingungen des Verfahrens	194
2.3.4.1		Die Handlungsbedingungen	194
2.3.4.2		Die Handlungsformen	196

IV.	**Beurteilung des Entscheidungsverfahrens**	**201**
1.	Die Phase der Konfliktverlagerung	202
1.1	Ausgangssituation	202
1.2	Rahmenbedingungen und Konfliktverlagerung	203
1.2.1	Die fehlende Beteiligung umwelt- und regionalpolitischer Interessen	203
1.2.2	Vernachlässigung wasserwirtschaftlicher Interessen	205
2.	Die Konfliktphase	209
2.1	Ausgangssituation	209
2.2	Rahmenbedingungen und Interessenberücksichtigung	210
2.2.1	Anpassung des Verfahrens an die neuen Entscheidungsbedingungen	210
2.2.1.1	Bessere Ausstattung der oberen Naturschutzbehörde	211
2.2.1.2	Einsicht in verfahrensrelevante Unterlagen	212
2.2.1.3	Arbeitskreis Wasserwerk Nordheide	212
2.2.1.4	Gespräche zwischen HWW und IGN	214
2.2.2	Der Einfluß der IGN auf das Verfahren	215
3.	Der Konfliktfall Nordheide und die Ausgangsthesen	217
V.	**Die Rolle der Raumordnung im Nordheide-Fall**	**223**
1.	Die Handlungsmöglichkeiten der niedersächsichen Raumordnung	224
2.	Die Handlungsmöglichkeiten der niedersächsichen Raumordnung im Nordheide-Fall	229
2.1	Die Phase der Konfliktverlagerung	229
2.1.1	Aufstellung des Wasserwirtschaftlichen Rahmenplans "Obere Elbe"	229
2.1.2	Durchführung des wasserrechtlichen Bewilligungsverfahrens	231
2.2	Die Konfliktphase	232

3.	Die Handlungsmöglichkeiten der Raumordnung in zukünftigen Entscheidungsprozessen	237
	Literatur	245

ABBILDUNGS- UND TABELLENVERZEICHNIS

Abb. 1:	Übersichtsskizze: Die Lage Hamburgs zu Wasservorkommen in den benachbarten Bundesländern Niedersachsen und Schleswig-Holstein	45
Abb. 2:	Chronologische Darstellung	69
Abb. 3:	Untersuchungsraum des Wasserwirtschaftlichen Rahmenplans "Obere Elbe"	88
Abb. 4:	Schematische Darstellung zur Durchführung des Raumordnungsverfahrens mit integrierter Prüfung der Umweltverträglichkeit gem § 6a ROG	238
Abb. 5:	The Consensus-Building Process	241
Tab. 1:	Parteien-Interessenmatrix der Vorrunde	72
Tab. 2:	Parteien-Interessenmatrix für die Runde der rechtlichen Genehmigungsverfahren	77
Tab. 3:	Parteien-Interessenmatrix für die Runde der Problematisierung	84

Abkürzungsverzeichnis

BMI:	Der Bundesminister des Innern
BNatSchG:	Bundesnaturschutzgesetz
BUND:	Bund für Umwelt und Naturschutz Deutschland e.V.
HAN:	Harburger Anzeiger und Nachrichten
HWW:	Hamburger Wasserwerke GmbH
IGN:	Interessengemeinschaft Grundwasserschutz Nordheide e.V.
LAWA:	Länderarbeitsgemeinschaft Wasser
MELF:	Der Niedersächsische Minister für Ernährung, Landwirtschaft und Forsten
MKRO:	Ministerkonferenz für Raumordnung
NDR:	Norddeutscher Rundfunk
NLfB:	Niedersächsiches Landesamt für Bodenforschung
NNatSchG:	Niedersächsisches Naturschutzgesetz
NROG:	Niedersächsisches Raumordnungsgesetz
NWG:	Niedersächsisches Wassergesetz
ROG:	Raumordnungsgesetz
UBA:	Umweltbundesamt
UMK:	Umweltministerkonferenz
VNP:	Verein Naturschutzpark e.V.
WHG:	Wasserhaushaltsgesetz

I. Problemaufriß

1. Problementwicklung der Entscheidungsprozesse in der Wasserversorgung

Bei den Entscheidungsprozessen in der Wasserversorgung sind spätestens seit Anfang der achtziger Jahre Zweifel an der Effizienz der Ergebnisse und der Verfahren offenkundig[1].

1.1 Problematisierung der Ergebnisse

Die Ineffizienz der Ergebnisse zeigt sich aus gesellschaftspolitischer Sicht an der mangelhaften Zustimmungsfähigkeit bei Bürgern und Betroffenen (Bürger im Sinne von Interessierten; Betroffene im Sinne von zeitlich und räumlich oder sachlich betroffenen Bürgern, aber auch von Vertretern betroffener Interessen, die im politisch-administrativen System institutionalisiert sind). Zum Teil stoßen Entscheidungen erst mit zeitlicher Verzögerung auf Ablehnung, wenn Auswirkungen erst später offensichtlich geworden sind oder Werthaltungen sich verändert haben. Die Entscheidungen haben also zu keinen langfristig tragfähigen Konfliktlösungen geführt. Dieses Defizit wird dadurch umso schwerwiegender, als es sich, insbesondere im Falle von Veränderungen des Naturhaushaltes, um weitgehend irreversible, kaum mehr kompensierbare Entscheidungen handelt.

---

[1] Vgl. z.B. Budde B./Nolte, J.: Wirkungsanalyse "Raumentwicklung - Wasserversorgung" als Beitrag zum wasserwirtschaftlichen Planungsinstrumentarium. In: gwf - wasser/abwasser, Jg. 124 (1983) H. 7, S. 335 - 339; Der Bundesminister des Innern (BMI) (Hg.): Wasserversorgungsbericht. - Bericht über die Wasserversorgung in der Bundesrepublik Deutschland -. Berlin 1982; Bundesforschungsanstalt für Landeskunde und Raumordnung (BfLR) (Hg.): Raumordnung und Wasservorsorge. Informationen zur Raumentwicklung, Heft 2/3. 1983; Heinz, I.: Erfassung regionaler Wassereinsparpotentiale der Wirtschaft. In: BfLR (Hg.) Informationen zur Raumentwicklung, Heft 3/4. 1988, S. 151 - 159; Umweltbundesamt (UBA): Stellungnahme zur Grundwasserentnahme in der Nordheide. (Vervielfältigtes Manuskript) Berlin 1984

Von besonderer Bedeutung ist in diesem Zusammenhang vor allem der Trend zur großräumigen Arbeitsteilung, der sich in der Wasserversorgung vollzogen hat:

In der Bundesrepublik gibt es keine größeren Wassermengenprobleme; durch die immer intensivere Raumnutzung sind die Gewässer jedoch in Menge und Güte beeinträchtigt worden, und es sind regionale und periodische Engpässe entstanden.[2] Insbesondere in den Ballungsräumen hat sich die Wasserbilanz insofern problematisch entwickelt, als dem hohen Wasserbedarf dieser Gebiete ein sich tendenziell verringernder nutzbarer Anteil des Wasserdargebots gegenübersteht. Gerade in diesen Räumen wird die hydrogeologische Ausstattung durch Schadstoffeinträge in den Boden und in Oberflächenwasser sowie durch die Flächenansprüche konkurrierender Raumnutzungen (Wohnungsbau, Infrastruktur, industrielle und landwirtschaftliche Produktion) verändert. Das Wasserdargebot wird qualitativ und quantitativ beeinträchtigt.[3]

Für die öffentliche Wasserversorgung gibt es im Rahmen der Nutzungskonkurrenz noch einen weiteren Einflußfaktor: Der öffentlichen Versorgung wird Grundwasser entzogen, das von der Industrie aufgrund historischer Wasserrechte gefördert und zum Teil für Zwecke eingesetzt wird, für die Wasser geringerer Qualität ausreichen würde.[4] Hinzu kommt, daß in Verdichtungsgebieten teilweise schon die hydrologischen Ausgangsbedingungen ungünstig sind, da sich die Siedlungsschwerpunkte nicht immer mit den ergiebigen Grundwasservorkommen decken[5].

---

[2] Vgl. Schneider, O.: Vorwort. In: Heinz. I. u.a.: Handlungsspielräume zur besseren Nutzung lokaler und regionaler Wasservorkommen. Schriftenreihe 06 "Raumordnung" des Bundesministers für Raumordnung, Bauwesen und Städtebau, Heft Nr. 06.060, Bonn 1987, S. 3

[3] Vgl. z.B. Budde B./Nolte, J.: Wirkungsanalyse "Raumentwicklung - Wasserversorgung" als Beitrag zum wasserwirtschaftlichen Planungsinstrumentarium. In: gwf - wasser/abwasser, Jg. 124 (1983) H. 7, S. 335 - 339; MKRO (Ministerkonferenz für Raumordnung): Entschließung der Ministerkonferenz für Raumordnung "Schutz und Sicherung des Wassers" vom 25. März 1985; Sperling, D.: Probleme der Wasservorsorgepolitik. In: BfLR (Hg.) Informationen zur Raumentwicklung, Heft 2/3. 1983, S. 93 - 102

[4] Vgl. z.B. Kampe, D./Strubelt, W.: Aspekte raumplanerischer Wasservorsorgepolitik. In: BfLR/Köszegfalvi, G./Strubelt, W. (Hg.) Aktuelle Probleme der räumlichen Forschung und Planung. Ein Vergleich zwischen Ungarn und der Bundesrepublik Deutschland. Seminare, Symposien, Arbeitspapiere, Heft 23, Bonn 1987, S. 51 - 59; Sperling, D.: Probleme der Wasservorsorgepolitik. In: BfLR (Hg.) Informationen zur Raumentwicklung, Heft 2/3. 1983, S. 93 - 102

[5] Vgl. z.B. Sperling, D.: ebd., S. 93 - 102

Die unausgeglichenen Wasserbilanzen in den betreffenden Gebieten haben in der Vergangenheit bereits in einigen Fällen zur Verdrängung der Wasserversorgung ins Umland geführt: Die im Ballungsraum nicht mehr einlösbaren bzw. unterlegenen Nutzungsansprüche der Wasserversorgung, inbesondere der öffentlichen Wasserversorgung, werden in entferntere Gebiete mit "günstigen Standortvoraussetzungen"[6] verlagert.[7]

Inzwischen ist die Problematik der großräumigen Arbeitsteilung in der Wasserversorgung erkannt worden. Sie wird darin gesehen, daß:

- die wirtschaftlichen Entwicklungsbedingungen der Lieferregionen eingeschränkt werden, indem sie eine dienende Funktion für Verdichtungsräume übernehmen;
- große Wasserentnahmen zu ökologischen Beeinträchtigungen in den Entnahmegebieten führen können (bzw. schon dazu geführt haben);
- innerstädtische oder stadtnahe, also verbrauchsnahe Wassergewinnungsgebiete als Freiräume aufgegeben und infolgedessen unerwünschte Verdichtungsprozesse beschleunigt werden;
- aufgrund nachlassenden Ressourcenschutzes in den Verbrauchsregionen die Wasserpotentiale mit der Zeit insgesamt verknappt werden;
- eine Entflechtung von "Ursachen, Betroffenheit, Verantwortlichkeit und Akzeptanz"[8] - auch durch den Trend zur starken organisatorischen Konzentration in der öffentlichen Wasserversorgung - stattfindet. (Damit wird gesagt, daß auf der einen Seite diejenigen ihre Betroffenheit akzeptieren sollen, die eine Entscheidung weder verursachen noch zu verantworten haben, und daß auf der anderen Seite diejenigen, die die Folgewirkungen verursachen oder dafür verantwortlich sind, von den Auswirkungen nicht betroffen werden, diesbezügliche Nachteile nicht zu spüren bekommen.)
- aufgrund der Entflechtung eine problemgerechte Abwägung von Ursachen und Folgewirkungen erschwert wird, weil einerseits die Verursacher bzw.

---

[6]BMI (Hg.): Wasserversorgungsbericht. - Bericht über die Wasserversorgung in der Bundesrepublik Deutschland - Berlin 1982, S. 20

[7]Vgl. z.B. BMI (Hg.), ebd.; Kampe, D.: Möglichkeiten der Umsetzung neuer Ansätze räumlicher Wasservorsorgepolitik. In: BfLR (Hg.) Informationen zur Raumentwicklung, Heft 3/4. 1988, S. 191 - 198

[8]Kampe, D.: ebd., S. 195

die Verantwortlichen von den Folgen nicht unmittelbar betroffen werden und andererseits die Betroffenen keinen Einfluß auf die Ursachen nehmen können.

- zunehmend Konfliktpotential entsteht, weil die Betroffenen unverschuldete und unverantwortete Nachteile langfristig nicht akzeptieren werden.[9]

Die großräumige Arbeitsteilung und die durch sie entstandenen Probleme wurden also hauptsächlich durch die Gewässerverschmutzung, die räumliche und zeitliche Verlagerung von Nutzungskonflikten, aber auch durch die Priorisierung betriebswirtschaftlicher Gesichtspunkte (steigender Aufbereitungsaufwand für verschmutzte Gewässer, staatliche Subventionen der Fernwasserversorgung) hervorgerufen[10] - wobei zwischen diesen Ursachenfaktoren Wechselwirkungen bestehen.

Wenn diesbezüglich keine Verbesserungen erzielt werden, befürchtet Kampe[11], daß zwangsläufig u.a. mit einer Verstärkung der räumlich-funktionalen Arbeitsteilung gerechnet werden muß. Auch nach Heinz[12] scheint sich einhergehend mit der Stillegung von Gewinnungsanlagen aus Qualitätsgründen "ein Trend zum weiteren Ausbau großräumiger Wasserverbundsysteme" abzuzeichnen.

Problematisiert wird diese Entwicklung in der Wasserversorgung z.B. von der raumplanerischen Forschung und Praxis, politischen Gremien, Natur- und

---

[9]Vgl. z.B. Heinz, I.: Erfassung regionaler Wassereinsparpotentiale der Wirtschaft. In: BfLR (Hg.) Informationen zur Raumentwicklung, Heft 3/4. 1988, S. 151 - 159; Kampe, D.: Möglichkeiten der Umsetzung neuer Ansätze räumlicher Wasservorsorgepolitik. In: BfLR (Hg.) Informationen zur Raumentwicklung, Heft 3/4. 1988, S. 191 - 198; Kampe, D./Strubelt, W.: Aspekte raumplanerischer Wasservorsorgepolitik. In: BfLR/Köszegfalvi, G./Strubelt, W. (Hg.) Aktuelle Probleme der räumlichen Forschung und Planung. Ein Vergleich zwischen Ungarn und der Bundesrepublik Deutschland. Seminare, Symposien, Arbeitspapiere, Heft 23, Bonn 1987, S. 51 - 59; Nicolaisen, D.: Raumordnungspolitische und regionalwirtschaftliche Bewertung unterschiedlicher Strukturen der Wasserversorgung. In: BfLR (Hg.) Informationen zur Raumentwicklung, Heft 3/4. 1988, S. 169 - 174; Sperling, D.: Probleme der Wasservorsorgepolitik. In: BfLR (Hg.) Informationen zur Raumentwicklung, Heft 2/3. 1983, S. 93 - 102

[10]Vgl. z.B. Kampe, D.: Möglichkeiten der Umsetzung neuer Ansätze räumlicher Wasservorsorgepolitik. In: BfLR (Hg.) Informationen zur Raumentwicklung, Heft 3/4. 1988, S. 191 - 198

[11]Vgl. Kampe, D.: ebd., S. 191 - 198

[12]Heinz, I.: Erfassung regionaler Wassereinsparpotentiale der Wirtschaft. In: BfLR (Hg.) Informationen zur Raumentwicklung, Heft 3/4. 1988, S. 151

Umweltschutzverbänden, den betroffenen Gebietskörperschaften und der betroffenen Bevölkerung in den Lieferregionen sowie von den Medien[13]. Dabei werden die Ergebnisse nicht nur ausgehend von einer unmittelbaren Betroffenheit kritisiert, sondern zudem aus einem räumlich unabhängigen und zukunftsbezogenen Interesse heraus.

1.2 Problematisierung der Verfahren

Angesichts dieser Widersprüche, der raumordnungspolitischen Fragwürdigkeit der Entscheidungen in der Wasserversorgung sowie der breiten Kritik bis hin zu offenem Widerstand örtlicher Bürgerinitiativen ergeben sich zwangsläufig Zweifel an der Effizienz der Verfahren; d.h. an der Gewährleistung einer umfassenden, ausgewogenen Berücksichtigung aller betroffenen Belange bei der Entscheidungsfindung, so daß Verfahren und Ergebnis dann auch von Bürgern und Betroffenen akzeptiert werden können.

Hinsichtlich der Verfahren, also der Art und Weise, wie die Entscheidungen zustande kommen, wird das "Nicht-Entscheiden" über bestimmte Fragestellungen, bzw. die daraus resultierenden Vollzugsdefizite, dafür verantwortlich gemacht, daß dem problematisierten Vorgehen in der Wasserversorgung noch nicht wirksam begegnet wurde. Zumal ursachenbezogene wasser- und raum-

---

[13]Vgl. z.B. BfLR (Hg.): Raumordnung und Wasservorsorge. Informationen zur Raumentwicklung, Heft 2/3. 1983; BMI: Antwort der Bundesregierung auf die Große Anfrage. Wasserversorgung. Deutscher Bundestag. 10. Wahlperiode. Drucksache 10/4420. 04.12.85; Der Spiegel: Landschaft totgepumpt, Nr. 48/1978, S. 84 - 86; Ders.: Trinkwasser - bald so knapp wie Öl?, Nr. 33/1981, S. 50 - 65; Ders.: Wasser: "Fröhlich in die letzten Reserven", Nr. 32/1988, S. 36 - 51; Heinz, I.: Erfassung regionaler Wassereinsparpotentiale der Wirtschaft. In: BfLR (Hg.) Informationen zur Raumentwicklung, Heft 3/4. 1988, S. 151 - 159; Interessengemeinschaft Grundwasserschutz Nordheide e.V. (IGN): Grundwasserentnahme in der Nordheide. (Broschüre) 6. Auflage, 1986; Kampe, D.: Möglichkeiten der Umsetzung neuer Ansätze räumlicher Wasservorsorgepolitik. In: BfLR (Hg.) Informationen zur Raumentwicklung, Heft 3/4. 1988, S. 191 - 198; Vgl. z.B. Kampe, D./Strubelt, W.: Aspekte raumplanerischer Wasservorsorgepolitik. In: BfLR/Köszegfalvi, G./Strubelt, W. (Hg.) Aktuelle Probleme der räumlichen Forschung und Planung. Ein Vergleich zwischen Ungarn und der Bundesrepublik Deutschland. Seminare, Symposien, Arbeitspapiere, Heft 23, Bonn 1987, S. 51 - 59; MKRO (Ministerkonferenz für Raumordnung): Entschließung der Ministerkonferenz für Raumordnung "Schutz und Sicherung des Wassers" vom 25. März 1985; Nicolaisen, D.: Raumordnungspolitische und regionalwirtschaftliche Bewertung unterschiedlicher Strukturen der Wasserversorgung. In: BfLR (Hg.) Informationen zur Raumentwicklung, Heft 3/4. 1988, S. 169 - 174

ordnungsrechtliche Regelungen, deren "grundsätzliche Tauglichkeit"[14] im allgemeinen nicht in Frage gestellt wird, vorhanden sind.

Strubelt[15] betrachtet Vollzugsdefizite als "eine ganz spezielle Variante des Nichtentscheidens und Nichtvollziehens"[16]. Am Beispiel Stuttgarts führt er an, wie über die Sanierung städtischer Grundwasservorkommen nicht entschieden wurde, weil die Trinkwasserversorgung aufgrund der Fernversorgung zunächst nicht gefährdet war.

Der wasserwirtschaftlichen Fachplanung wird vorgeworfen, daß ihre Verfahrensweise besonders in der Vergangenheit vorherrschend eindimensional, an technischer Machbarkeit und betriebswirtschaftlicher Optimierung orientiert war; weniger dagegen "an einer Balance von Gesichtspunkten der Versorgung mit einer ressourcenschonenden Vorsorgepolitik"[17]. In diesem Zusammenhang wird die mangelhafte Koordinationsbereitschaft der wasserwirtschaftlichen Fachplanung gegenüber der fachübergreifenden räumlichen Planung bedauert[18].

Besondere Bedeutung gewinnt diese mangelhafte Koordination deshalb, weil die Raumordnung als fachübergreifende Gesamtplanung von ihrer Aufga-

---

[14]Kampe, D.: Möglichkeiten der Umsetzung neuer Ansätze räumlicher Wasservorsorgepolitik. In: BfLR (Hg.) Informationen zur Raumentwicklung, Heft 3/4. 1988, S. 192

[15]Vgl. Strubelt, W.: Wasservorsorge als Konfliktfeld. In: BfLR (Hg.) Informationen zur Raumentwicklung, Heft 3/4. 1988, S. 125 - 130

[16]Strubelt, W.: ebd., S. 125

[17]Kampe, D./Strubelt, W.: Aspekte raumplanerischer Wasservorsorgepolitik. In: BfLR/Köszegfalvi, G./Strubelt, W. (Hg.) Aktuelle Probleme der räumlichen Forschung und Planung. Ein Vergleich zwischen Ungarn und der Bundesrepublik Deutschland. Seminare, Symposien, Arbeitspapiere, Heft 23, Bonn 1987, S. 54 sowie allgemein S. 51 - 59; vgl. auch UBA: Stellungnahme zur Grundwasserentnahme in der Nordheide. (unveröffentlichtes Manuskript) Berlin 1984

[18]Vgl. z.B. Kampe, D./Strubelt, W.: Aspekte raumplanerischer Wasservorsorgepolitik. In: BfLR/Köszegfalvi, G./Strubelt, W. (Hg.) Aktuelle Probleme der räumlichen Forschung und Planung. Ein Vergleich zwischen Ungarn und der Bundesrepublik Deutschland. Bonn 1987; BfLR (Hg.): Seminare, Symposien, Arbeitspapiere 23, S. 51 - 59

benstruktur her am ehesten der vielschichtigen Konfliktsituation entspricht, in die die Wasserversorgung eingebunden ist[19].

Des weiteren wird der Verlust ortsnaher Wasservorkommen auf den starken politischen Druck, "der von Siedlungswesen, Verkehr und Industrie, insbesondere in den größeren Siedlungszentren, ausging"[20] also auf den Druck ökonomisch stärkerer Nutzungen zurückgeführt. Die Verlagerung der Nutzungskonflikte ins außergemeindliche Umland wird demgegenüber als Weg des geringeren Widerstandes betrachtet[21]. Insofern werden eine isolierte Denk- und Handlungsweise der wasserwirtschaftlichen Fachplanung und unausgewogene Machtverhältnisse bei der Nutzungsverteilung als maßgebliche Einflußfaktoren für die Ineffizienz der Verfahrensabläufe angeführt.

Bezogen auf die Vollzugsdefizite sieht Kampe[22] den Bedarf "einer tiefergehenden gesellschafts- und politikwissenschaftlichen Analyse, um deren Ursachen aufzudecken".

Da die vorliegende Arbeit diesem Bedarfshinweis Rechnung zu tragen versucht, sollte an dieser Stelle bereits kurz das Ziel der Arbeit beschrieben und ihr praktischer Wert begründet werden. (Die Zielsetzung im einzelnen wird weiter unten dargelegt - s. Kap. II.1)

Am Beispiel eines konkreten Entscheidungsprozesses in der Wasserversorgung sollen Mängel der Effizienz von Verfahren und Ergebnis nachgewiesen und deren Ursachen benannt und belegt werden. Dahinter steht die Absicht, aus der Defizitanalyse Verbesserungsvorschläge für künftige Entscheidungsprozesse ableiten zu können. Dabei soll insbesondere die Rolle der Raumordnung analy-

---

[19]Vgl. BMI (Hg.): Wasserversorgungsbericht. - Bericht über die Wasserversorgung in der Bundesrepublik Deutschland -. Berlin 1982

[20]Kampe, D.: Einführung. In: BfLR (Hg.) Informationen zur Raumentwicklung, Heft 2/3. 1983, S. I

[21]Vgl. z.B. Kampe, D./Strubelt, W.: Aspekte raumplanerischer Wasservorsorgepolitik. In: BfLR/Köszegfalvi, G./Strubelt, W. (Hg.) Aktuelle Probleme der räumlichen Forschung und Planung. Ein Vergleich zwischen Ungarn und der Bundesrepublik Deutschland. Seminare, Symposien, Arbeitspapiere, Heft 23, Bonn 1987, S. 51 - 59

[22]Kampe, D.: Einführung. In: BfLR (Hg.) Informationen zur Raumentwicklung, Heft 3/4. 1988, S. II

siert werden, da die räumliche Gesamtplanung aufgrund ihrer Aufgabenstruktur für die Lösung der Effizienzprobleme geeigneter als eine Fachplanung zu sein scheint. Zudem wurden auf dem Feld der Raumplanung bereits alternativ zu den gegebenen Handlungsmustern Vorgehensweisen einer "räumlichen Wasserversorgungspolitik" erörtert[23].

Das Erfordernis, Verbesserungsvorschläge für zukünftige Entscheidungsprozesse in der Wasserversorgung zu entwickeln, ergibt sich aus der weiterhin bestehenden Diskrepanz zwischen offiziellen, gerade in den letzten Jahren verschärften gütewirtschaftlichen und raumstrukturellen Zielsetzungen mit dementsprechenden Lösungsansätzen einerseits und der tatsächlichen Entwicklung in der Wasserversorgung andererseits:

- Güte- und mengenwirtschaftlichen Anforderungen an die Gewässer ist z.B. mit der 5. Novelle des Wasserhaushaltsgesetzes (WHG) von 1986 erhöhte Bedeutung zuerkannt worden. So sind die Bestimmungen über die Einleitung von gefährlichen Stoffen und der Umgang mit ihnen verschärft und erweiterte Möglichkeiten zur Festsetzung von Wasserschutzgebieten und zur Schonung von Grundwasservorräten aufgenommen worden. Ferner hat die sparsame Verwendung von Wasser in die Grundsätze Eingang gefunden.[24]

- Dem Grundwasserschutz dient auch die Ergänzung im Raumordnungsgesetz (ROG) von 1986 zum Schutz des Bodens.

- Im Oktober 1987 faßte das Bundeskabinett den Beschluß über die "Schwerpunkte des Grundwasserschutzes", der in der Hauptsache den Schutz des Grundwassers vor Schadstoffeinträgen beinhaltet. Es wurden aber auch quantitative Aspekte, wie die Erhaltung der Grundwasserneubildung und die Schonung der Grundwasservorräte, u.a. durch eine rationelle Verwendung von Wasser, sowie die Sicherung von Flächen für die Wasserversorgung berücksichtigt.

- Ähnlich wie der Grundsatz zum Schutz des Bodens im ROG dient auch die Bodenschutzkonzeption der Bundesregierung vom Februar 1985 der

---

[23]Vgl. BfLR (Hg.): Neue Ansätze raumordnungspolitischer Wasservorsorge. Informationen zur Raumentwickung, Heft 3/4.1988

[24]Vgl. auch Piest, R.: Ziele und Strategien raumordnerischer Wasservorsorge. In: BfLR (Hg.) Informationen zur Raumentwicklung, Heft 3/4. 1988, S. 121 - 123

Grundwassersicherung - in qualtitativer und auch in quantitativer Hinsicht.

- Die Länderarbeitsgemeinschaft Wasser (LAWA) hat sich in ihrem Wasserversorgungsbericht (1986) und ihrem Grundwasserschutzprogramm (1987) für die Ausweisung von Wasserschutzgebieten und Wasservorranggebieten ausgesprochen.

- Auch die Umweltministerkonferenz (UMK) verwies im Mai 1984 auf die Flächensicherung als Bestandteil der als notwendig erachteten Verstärkung des vorsorgenden Umweltschutzes.

- In der Entschließung der Ministerkonferenz für Raumordnung (MKRO) "Schutz und Sicherung des Wassers" vom 21. März 1985 sind die Sicherung von Flächen für die Wassergewinnung und die Bevorzugung der Nutzung verbrauchsnaher Wasservorkommen gegenüber einer Fernversorgung als Leitvorstellungen verankert worden. Ferner haben u.a. die Forderung nach dem Schutz der Gewässer vor Schadstoffeinträgen, Einsparungen beim Verbrauch und die qualitätsangepaßte Verwendung der unterschiedlichen Wasservorkommen Eingang in die Entschließung gefunden.[25]

Ein zentrales Element dieser Zielsetzungen ist augenscheinlich die flächenhafte Sicherung durch die Ausweisung von Wasserschutzgebieten und Wasservorranggebieten. Hier besteht jedoch noch ein erhebliches Vollzugsdefizit: Nach neueren Erhebungen der Länderarbeitsgemeinschaft Wasser (LAWA) aus dem Jahre 1986 sind immer noch ca. 38% der notwendigen Schutzgebietsfläche ungeschützt[26]. Die LAWA stellte in ihrem Grundwasserschutzprogramm von 1987[27] fest: "Die Ausweisung neuer Wasserschutzgebiete bereitet zunehmend Schwierigkeiten, weil viele Raumnutzungen mit den übli-

---

[25]Vgl. auch Piest, R.: ebd., S. 121 - 123

[26]Vgl. Der Bundesminister für Umwelt, Naturschutz und Reaktorsicherheit: Schwerpunkte des Grundwasserschutzes. In: BfLR (Hg.) Informationen zur Raumentwicklung, Heft 3/4. 1988, S. 242

[27]LAWA (Länderarbeitsgemeinschaft Wasser): Bericht über Gefährdungspotentiale und Maßnahmen zum Schutz des Grundwassers in der Bundesrepublik Deutschland. (LAWA-Grundwasserschutzprogramm 1987) In: BfLR (Hg.) Informationen zur Raumentwicklung, Heft 3/4. 1988, S. 258

chen Schutzauflagen nicht in Einklang zu bringen sind und die betroffenen Gemeinden durch eine Schutzgebietsausweisung ihre Entwicklungschancen behindert sehen."

Kampe und Strubelt[28] wiesen auch 1987[29] weiterhin auf den Druck ökonomisch stärkerer Nutzungen hin, der speziell bezogen auf die Ausweisung von Wasserschutzgebieten dazu führe, daß Wassergewinnunggebiete nur unzulänglich gesichert würden und der Nutzungskonflikt ins außergemeindliche Umland verlagert würde.

Gerade bei der räumlichen Wasservorsorge zeigt sich die raumordnerische Betroffenheit, denn es stellt sich das Problem der Flächennutzungskonkurrenz und damit der Abwägung unterschiedlicher Nutzungsansprüche und Interessen. Die vorliegende Arbeit versucht, mit der Analyse des Nordheide-Konfliktes Ansatzpunkte für eine Problemlösung aufzuzeigen.

---

[28]Vgl. Kampe, D./Strubelt, W.: Aspekte raumplanerischer Wasservorsorgepolitik. In: BfLR/Köszegfalvi, G./Strubelt, W. (Hg.) Aktuelle Probleme der räumlichen Forschung und Planung. Ein Vergleich zwischen Ungarn und der Bundesrepublik Deutschland. Seminare, Symposien, Arbeitspapiere, Heft 23, Bonn 1987, S. 51 - 59

[29]Vgl. Kampe zuvor z.B. 1983

2. Konfliktfall Nordheide

Die Grundwasserentnahme Hamburgs aus der Nordheide liefert ein typisches Beispiel für die problematisierte Entwicklung in der Wasserversorgung. Aufgrund von Vollzugsdefiziten und dem Konkurrenzdruck anderer Nutzungen wich Hamburg mit seiner Wasserversorgung ins Umland bzw. ins Nachbarland Niedersachsen aus. Niedersachsen stellte diesem Vorhaben anscheinend aufgrund der Analogie zu eigenen Vorgehensweisen keine Alternativen gegenüber. (Die Einbindung des Nordheidebeispiels in die Gesamtentwicklung von Hamburg und Niedersachsen wird in Kapitel II.3 noch ausführlicher dargelegt.)

Der Fall Nordheide zeigt, daß diese Ausweichstrategie keine Lösung war, sondern die Konflikte nur räumlich und zeitlich verlagert hat:

1974 bewilligte der Regierungspräsident in Lüneburg den Hamburger Wasserwerken GmbH (HWW) die Entnahme von 25 Mio. cbm Grundwasser pro Jahr aus der Nordheide zur Versorgung des Ballungsraums Hamburg. Das etwa in 50km Entfernung südlich von Hamburg gelegene Entnahmegebiet ist zu mehr als einem Drittel Naturschutzgebiet.[1]

(25 Mio. cbm ergeben einen Anteil in der Größenordnung von 15% im Vergleich zum gesamten Wasseraufkommen der HWW im Jahre 1974[2]. Der Vergleich mit dem Wasseraufkommen der öffentlichen Wasserversorgung Niedersachsens zu dieser Zeit ergibt einen Anteil in der Größenordnung von 5%[3].)

Eine an der Universität Hannover angeregte wissenschaftliche Studie (Quast-Studie), welche die "ökologischen, nicht am wasserrechtlichen Verfahren betei-

---

[1] Vgl. u.a. Buchwald, K.: Die Auseinandersetzungen um die Wasserentnahme der Hamburger Wasserwerke in der Nordheide. In: Landschaft + Stadt 15 (1), 1983, S. 4

[2] Vgl. Statistisches Landesamt (Hg.): Statistisches Jahrbuch 1976/77. Freie und Hansestadt Hamburg [1977], S. 147

[3] Vgl. Statistisches Bundesamt/Wiesbaden (Hg.): Statistisches Jahrbuch 1979 für die Bundesrepublik Deutschland. Stuttgart und Mainz, August 1979, S. 538

ligten Folgewirkungen"[4] untersuchte[5], wurde 1979 veröffentlicht und wirkte alarmierend auf Öffentlichkeit und Behörden. Öffentlicher Widerstand wurde laut: Vor Ort wurde eine Bürgerinitiative gegründet, die Interessengemeinschaft Grundwasserschutz Nordheide e.V. (IGN). Eine breite Diskussion in den politischen Gremien bis hin zum Landtag wurde ausgelöst, wobei nicht zuletzt auch das Entscheidungsverfahren problematisiert wurde.[6]

Seit dieser Zeit befürchten auf der einen Seite die Gegner des Entnahmeprojektes vor allem irreparable Schäden im Naturhaushalt, während auf der anderen Seite - jedoch ohne diese Befürchtungen gänzlich zu ignorieren - auf Versorgungsnotwendigkeiten hingewiesen wird. Die öffentliche Wasserversorgung sieht im Raum Hamburg selbst keine ausreichenden Zugriffsmöglichkeiten auf qualitativ geeignete Wasservorkommen mehr.[7]

Seit Anfang 1983 fördern die Hamburger Wasserwerke - gegenüber der bewilligten Entnahmemenge freiwillig in geringerem Umfang - Grundwasser aus der Nordheide. Erfolge eines seit Anfang der achtziger Jahre betriebenen Wasserspar-Engagements der HWW werden dem Wasserwerk Nordheide gutgeschrieben[8]. Zudem begünstigen rückläufige Bedarfsprognosen die Möglichkeit einer verringerten Wasserentnahme[9]. Die Reduzierung kann aber im wesentlichen als

---

[4]Buchwald, K.: Die Auseinandersetzungen um die Wasserentnahme der Hamburger Wasserwerke in der Nordheide. In: Landschaft + Stadt 15 (1), 1983, S. 10

[5]Vgl. Buchwald, K.: Grundwasserentnahme im Heidepark - heutige Situation und nötiger Widerstand. U.a. in "Naturschutz" und Naturparke. 4. Vierteljahr 1980 Heft 99, S. 1 - 7

[6]Vgl. Buchwald, K.: Die Auseinandersetzungen um die Wasserentnahme der Hamburger Wasserwerke in der Nordheide. In: Landschaft + Stadt 15 (1), 1983, S. 1 - 15; UBA: Stellungnahme zur Grundwasserentnahme in der Nordheide. (Vervielfältigtes Manuskript) Berlin 1984

[7]Vgl. u.a. Buchwald, K.: Die Auseinandersetzungen um die Wasserentnahme der Hamburger Wasserwerke in der Nordheide. In: Landschaft + Stadt 15 (1), 1983, S. 1 - 15; Hamburger Wasserwerke GmbH (HWW): WasserMagazin. Kundeninformation der Hamburger Wasserwerke GmbH. November 1985, z.B. S. 2

[8]Vgl. u.a. Hamburger Wasserwerke GmbH (HWW) (Hg.): WasserMagazin. Kundeninformation der Hamburger Wasserwerke GmbH. November 1987, S. 8

[9]Vgl. Drobek, W.: Stand der Wasserversorgung der Freien und Hansestadt Hamburg. In: Wasser Abwasser. gwf. Das Gas- und Wasserfach, 108. Jahrgang, Heft 20, 1967, S. 155; HWW: Handlungskonzept zur dauerhaften Sicherung der Wasserversorgung. 1986

Resultat der Aktivitäten der IGN in Verbindung mit der politischen Diskussion verstanden werden. (Der Anteil des Nordheide-Wassers am gesamten Wasseraufkommen der HWW liegt seitdem in einer durchschnittlichen Größenordnung von 10%[10]). Der Entscheidungsprozeß ist im großen und ganzen als abgeschlossen zu betrachten.

Buchwald, Kritiker des Hamburger Projektes, sieht den Nordheide-Konflikt als "exemplarisch für eine Reihe ähnlich verlaufender, von Fachbehörden und Landesregierungen gegen den heftigen Widerstand der Natur- und Umweltschutzverbände durchgesetzter großräumiger Eingriffe in gesellschaftlich unverzichtbare Landschaftsräume"[11].

Auf der anderen Seite ist aber auch davon auszugehen, daß sowohl die HWW wie die zuständigen Behörden mit der offenen Problematisierung des Entscheidungsverfahrens und der Ineffizienz in Hinblick auf Ergebnis und Verlauf nicht zufrieden sind.

Die mangelnde Effizienz des Entscheidungsprozesses zeigt sich insbesondere bei den im folgenden aufgeführten Nachteilen:

- das Erfordernis jahrelanger Auseinandersetzungen, um ursachenbezogene Alternativen zur Wasserentnahme in der Nordheide (Wassersparen) in Angriff zu nehmen und Kompromisse einzugehen;

- eine extrem lange Prozeßdauer (bereits Mitte der sechziger Jahre hatten die HWW die Absicht bekundet, in der Lüneburger Heide Wasser zur Versorgung Hamburgs zu gewinnen und entsprechende Grundwassererkundungen und Verhandlungen aufgenommen, um dann 1971 beim Regierungspräsidenten einen Bewilligungsantrag zu stellen);

- ökologische Folgewirkungen (die Bewertung ihrer Tragweite bleibt dahingestellt), die im wasserrechtlichen Verfahren nicht beachtet wurden,

---

[10]Vgl. HWW (Hg.): Geschäftsbericht 1986. [1987]; HWW (Hg.): WasserMagazin. Kundeninformation der Hamburger Wasserwerke GmbH. November 1987, S. 8; Der Niedersächsische Minister für Ernährung, Landwirtschaft und Forsten (MELF): Grundwassererschließung für das Wasserwerk Nordheide. Wasserwirtschaftliche Untersuchungen und Beweissicherungsmaßnahmen. (Unveröffentlichtes Manuskript) Stand: 15.05.86

[11]Buchwald, K.: Die Auseinandersetzungen um die Wasserentnahme der Hamburger Wasserwerke GmbH in der Nordheide. In: Landschaft + Stadt 15 (1), 1983, S. 13 (Prof. Dr. Buchwald hatte die oben erwähnte Quast-Studie angeregt)

heute aber im Zuge wachsenden Umweltbewußtseins in breiten Kreisen kritisiert werden und mittelbar durch landschaftspflegerische Maßnahmen ausgeglichen werden (sollen);

- der unerwartete Widerstand von Bürgern und Betroffenen fünf Jahre nach erteilter Bewilligung - hauptsächlich in Reaktion auf die Quast-Studie, die auf das Risiko von Schäden im Naturhaushalt bei Entnahme der bewilligten Wassermenge hinwies;

- ein enormer Aufwand an Öffentlichkeitsarbeit bei Bezirksregierung und Wasserwerken infolge dieses Widerstandes, nachdem der politisch-administrative Entscheidungsprozeß bereits zu einem rechtsverbindlichen Ergebnis geführt hatte;

- das gespannte Verhältnis zwischen der Interessengemeinschaft auf der einen sowie der Genehmigungsbehörde und der Antragstellerin auf der anderen Seite, das insbesondere in der Anfangsphase eine konstruktive Zusammenarbeit verhinderte;

- das Mißtrauen der Bürgerinitiative vor allem gegenüber den Verantwortlichen des politisch-administrativen Systems: Die Vertreter der Bürgerinitiative zweifeln heute noch an der angemessenen Berücksichtigung ihrer Interessen im Entscheidungsprozeß und kritisieren die unzureichende Beteiligung der Interessengemeinschaft;

Ein besonders Problem stellte der starke Rechtsschutz einer wasserrechtlichen Bewilligung dar, der die Möglichkeit der Bewilligungsbehörde auf veränderte gesellschaftspolitische und wasserwirtschaftliche Sichtweisen zu reagieren, weitgehend einschränkt.

Im Rahmen einer Stellungnahme zur Grundwasserentnahme der Hamburger Wasserwerke aus der Nordheide stellte das Umweltbundesamt (UBA) 1984[12] fest, daß im konkreten Fall während der langen Planungszeiträume in technisch-wissenschaftlicher Sicht wie in gesellschaftspolitischer Sicht Veränderun-

---

[12] Vgl. Umweltbundesamt (UBA): Stellungnahme zur Grundwasserentnahme in der Nordheide. (Vervielfältigtes Manuskript) Berlin 1984, S. 4ff (Die Stellungnahme des UBA wurde vom damaligen Bundesminister des Innern auf Anregung der IGN - im Rahmen einer Wahlkampfveranstaltung - in Auftrag gegeben. Direkte oder ausschließlich auf die Stellungnahme zu beziehende Reaktionen sind nicht festzustellen.)

gen stattgefunden haben, wodurch das Projekt nach der 1974 erteilten Bewilligung Gegenstand öffentlicher Diskussion geworden sei. Durch die darauf in Gang gesetzten Aktivitäten habe sich das Projekt zum bestuntersuchtesten in der Bundesrepublik Deutschland entwickelt, jedoch ohne über die zusätzlichen Erkenntnisse Einfluß auf das bewilligte Vorhaben nehmen zu können. Im nachhinein führte die Umweltbehörde die Problematik des Nordheide-Projektes auf materiell-inhaltliche Zielkonflikte zwischen den Belangen der Wasserwirtschaft und denen konkurrierender Nutzungen, insbesondere des Naturschutzes, zurück. Dabei wies das UBA darauf hin, daß der Entscheidungsprozeß aus "traditioneller wasserwirtschaftlicher Sicht" keine Mängel zeigt. Die bewährten Untersuchungen und Beteiligungen seien erfolgt.[13]

---

[13]Vgl. UBA: Stellungnahme zur Grundwasserentnahme in der Nordheide. (Vervielfältigtes Manuskript) Berlin 1984, S. 3 - 4

II. Analyseansatz

1. Arbeitsziele

Die Fallanalyse soll als Grundlage dienen, auf der ein neues, problemgerechtes Verfahrensmodell entwickelt werden kann. Ausgangspunkt soll dabei die Untersuchung sein, welche Verfahrensdefizite im Nordheide-Fall für ineffiziente Prozeßvorgänge verantwortlich gemacht werden können. Zu fragen ist, weshalb das Verfahren erst nach langjährigen Auseinandersetzungen zu einer Problemlösung geführt hat, die ansatzweise auch die Interessen vor Ort Betroffener sowie die übergeordneten regional- und umweltpolitischen Zielsetzungen berücksichtigt hat. Freilich ist überhaupt nur eine suboptimale Lösung möglich gewesen, da wegen der langen Prozeßdauer vorab getroffene Entscheidungen und bereits eingeleitete Maßnahmen eine bessere Problemlösung verhindert haben.

Der Untersuchung liegen folgende Thesen zugrunde:
- Eine nicht ausreichend umfassende und ausgewogene Berücksichtigung aller Interessen bei der Entscheidungsfindung ist verantwortlich dafür, daß die Entscheidungen nicht an den Ursachen der Wasserproblematik ansetzen und Verfahren und Ergebnis von Bürgern und Betroffenen (langfristig) nicht akzeptiert wurden.
- Die mangelnde Zustimmungsfähigkeit ruft Widerstand hervor - beides ein Resultat gesellschaftspolitischer Veränderungen - der zu unproduktiven Auseinandersetzungen führt, wenn auch das weitere Verfahren keine angemessene Interessenberücksichtigung gewährleistet und somit eine Problemlösung behindert. (Die gesellschaftspolitischen Veränderungen umfassen das allgemein gestiegene Umweltbewußtsein sowie den Anspruch von Bürgern und Betroffenen, stärker am Entscheidungsprozeß beteiligt zu werden, da sie nicht mehr bereit sind, die Entscheidungen des politisch-administrativen Systems einfach hinzunehmen[1].)

---

[1] Vgl. Klages, H.: Wandel im Verhältnis der Bürger zum Staat. Speyerer Vorträge, Heft 10. - Speyer 1988

- Ohne eine umfassende und ausgewogene Berücksichtigung aller Interessen bei der Entscheidungsfindung wird es nicht gelingen, der Vielschichtigkeit der Konfliktsituation, in die die Wasserversorgung heute eingebunden ist, im Entscheidungsprozeß gerecht zu werden: Zum einen stellt die inhaltliche Komplexität (vielfältige Neben-, Folge- und Rückwirkungen) die Entscheidungsprozesse in der Wasserversorgung vor die Aufgabe, mehr als zuvor Wechselwirkungen zu erfassen. Zum anderen erfordert die damit verbundene verfahrensbezogene Komplexität (vielschichtige Betroffenheit als Folge vielschichtiger Wechselwirkungen) mehr als zuvor die Beteiligung von Bürgern und Betroffenen. Ein Mehr an Partizipation ist erforderlich, um die Erfassung der Auswirkungen eines Entscheidungsgegenstandes hinsichtlich ihrer jeweiligen Bedeutung für die Beteiligten konkretisieren und bewerten zu können. Dabei gilt, daß nicht nur die Gesamtschau der Umweltauswirkungen, sondern ebenso die Bewertung einzelner Umweltauswirkungen oftmals einer qualitativen, subjektiven - und damit differierenden - Bewertung unterliegen.

Um dann in einem effizienten Verfahren zu einer umfassenden, ausgewogenen Entscheidung zu gelangen, verlangt die Komplexität nicht nur die Vollständigkeit der Beteiligten, sondern auch ein Höchstmaß an ausgewogener Koordination und Kooperation. Dabei bedarf nicht erst die Abwägung unterschiedlicher Belange einer politischen Entscheidung, sondern bereits die Bewertung einzelner Umweltauswirkungen.[2]

Um diese Thesen überprüfen zu können, soll der Nordheide-Konflikt unter zwei Perspektiven analysiert werden:

1) Aufdeckung der Schwachstellen des Verfahrens, die zur räumlichen und zeitlichen Konfliktverlagerung geführt haben;

2) Aufdeckung der Schwachstellen des Verfahrens, die eine zufriedenstellende Berücksichtigung der Interessen vor Ort Betroffener sowie der übergeordneten regional- und umweltpolitischen Zielsetzungen verhindert haben; Interessen und Ziele, die die Legitimität der erteilten Bewilligungen seit 1979 in Frage gestellt haben.

---

[2]Vgl. z.B. Bullinger, D.: Entscheidungsprozess-Analysen im Bereich der Umweltpolitik: Bemerkungen zur Vorgehensweise. Basel 1982

Zu 1)

Da der Nutzungskonflikt zu Beginn des Entscheidungsprozesses noch nicht offensichtlich war, muß aus heutiger Sicht von einem Informationsdefizit gesprochen werden: zum einen hinsichtlich der Auswirkungen der geplanten Wasserentnahme, zum anderen hinsichtlich der (langfristig relevanten) Betroffenheit bestimmter Belange.

Mit dem Ziel, die Ausgangsthesen am Fallbeispiel zu überprüfen und die Ursachen der Konfliktverlagerung genauer zu bestimmen, muß herausgearbeitet werden, wie sich die Diskrepanz zwischen erfolgter Interessenberücksichtigung und später erkannter Betroffenheit darstellte. D.h., es muß beantwortet werden, welche der aus heutiger Sicht betroffenen Interessen nicht am Entscheidungsprozeß beteiligt waren.

Darauf aufbauend soll geklärt werden, inwieweit strukturelle und verlaufsbezogene Rahmenbedingungen des Verfahrens verantwortlich für diese Diskrepanz waren. Als Rahmenbedingungen, die für Art und Umfang der entscheidungsrelevanten Informationen maßgeblich sind, kommen in Betracht:

- der Kreis der beteiligten Akteure;
- die Art und Weise der Einbeziehung der Öffentlichkeit;
- die Transparenz des Verfahrens;
- die Ressourcen- und Kompetenzverteilung beteiligter Akteure;
- der Zeitpunkt der Beteiligung jeweiliger Akteure;

Darüber hinaus muß untersucht werden, wie "externe Ereignisse"[3] das Verfahren beeinflußt haben. Damit sind Ereignisse gemeint, die nicht aus dem Prozeßverlauf bzw. aus den Handlungen der beteiligten Akteure resultieren, sondern eher zufällig den Verfahrensablauf von außen beeinflußt haben. Solche Ereignisse können einerseits defizitäre Ausprägungen der Rahmenbedingungen zufällig behoben haben, andererseits aber auch zu ineffizienten Konfliktverläufen geführt haben, sofern die Rahmenbedingungen darauf nicht reagiert haben.

---

[3]Diesen Begriff verwendeten auch Kunreuther, H./Linnerooth, J. et al: Risikoanalyse und politische Entscheidungsprozesse. Standortbestimmung von Flüssiggasanlagen in vier Ländern. IIASA, Laxenburg, Österreich (Hg.) Berlin, Heidelberg, New York, Tokio 1983

Für die Aufdeckung der Schwachstellen, die zur Konfliktverlagerung geführt haben, ist der Zeitraum relevant, in dem die Entscheidung, in der Nordheide Wasser zur Versorgung Hamburgs zu gewinnen, entwickelt und durchgesetzt wurde: also der Zeitraum von der entsprechenden Absichtsbekundung der HWW bis zum Erteilen aller notwendigen rechtlichen Genehmigungen.

Zu 2):

Seit 1979 hat es sich nicht mehr um eine Konfliktverlagerung gehandelt, sondern um einen offen ausgetragenen Interessenkonflikt, bei dem Ergebnis wie Verfahren problematisiert worden sind. Hierbei muß von Koordinations- und Kooperationsproblemen ausgegangen werden. Demnach soll herausgearbeitet werden, weshalb artikulierte Interessen vor Ort Betroffener sowie übergeordnete regional- und umweltpolitische Zielsetzungen erst nach jahrelangen Auseinandersetzungen ansatzweise durch eine Problemlösung berücksichtigt wurden, die im großen und ganzen von allen Beteiligten akzeptiert werden konnte.

Über die genannten Rahmenbedingungen und die externen Ereignisse hinaus müssen die Kommunikationsform und das Verhältnis der Akteure untereinander untersucht werden, da hier unnötiger "Konfliktstoff" liegen kann.

Betrachtungszeitraum ist jetzt die gesamte Phase der Auseinandersetzung, von der Veröffentlichung der Quast-Studie im April 1979 bis zum Beginn der vorliegenden Arbeit Ende 1987. Obwohl währenddessen bereits Problemlösungen gefunden worden sind und die Auseinandersetzung entschärft wurde, waren dennoch bis zum Ende der Betrachtung ineffiziente Verfahrensvorgänge zu beobachten.

Die Aufdeckung der Defizite soll die Grundlage bereitstellen, auf der das Modell eines partizipationsorientierten Verfahrens entwickelt werden kann, das die Schwachstellen aufhebt und für die Zukunft eine stärkere Berücksichtigung regional- und umweltpolitischer Zielsetzungen sicherstellt anstelle einer erneuten Konfliktverlagerung. Ferner soll ein solches Verfahren gewährleisten, daß der Konflikt in einem produktiven Entscheidungsprozeß, ohne überflüssige Reibungsverluste, gelöst wird. Zusätzlich zu der Defizitanalyse bietet sich die Untersuchung an, inwieweit Schwachstellen des Verfahrens im Laufe des Prozesses behoben worden sind, denn letztendlich sind Problemlösungsansätze gefunden worden. So können aus der Fallanalyse möglicherweise bereits unmittelbar Ansätze für das Verfahrensmodell abgeleitet werden.

Die Entwicklung des Modells eines partizipationsorientierten Verfahrens ist nicht mehr Bestandteil dieser Arbeit. Diese schließt mit konzeptionellen Perspektiven zur Klärung der Frage, inwieweit die räumliche Planung zur Verbesserung der Verfahren beitragen kann. Damit soll ein Argumentationsbeitrag zur Modellkonzeption bereitgestellt werden.

2. Methodik

Die Untersuchungsergebnisse basieren im wesentlichen auf der Primäranalyse von Akten und Dokumenten (vor allem Schriftwechsel, Informationsschriften und Gesprächs-, Sitzungs- und Veranstaltungsprotokolle) sowie auf qualitativen Interviews mit Beteiligten. Insgesamt liegen ca. 480 Dokumente im weitesten Sinne (Pressenotizen und Stellungnahmen in Fachzeitschriften eingeschlossen) vor. Davon sind ca. 350 Primärunterlagen. Sekundäranalysen lagen nicht vor.

Die befragten Beteiligten (Mitglieder der Hamburger Wasserwerke, der niedersächsischen Wasserwirtschaftsverwaltung und der IGN als Hauptakteure sowie der damalige Direktor des Instituts, an dem die Quast-Studie erstellt wurde, Buchwald, und ein Vertreter des Umweltbundesamtes) erwiesen sich im allgemeinen als hinreichend informationsbereit. Dabei war im Hinblick auf die Hauptakteure die Bereitschaft der Bürgerinitiative allerdings größer als die der Hamburger Wasserwerke und der niedersächsischen Wasserwirtschaftsverwaltung. Antragstellerin und Genehmigungsbehörde ließen durchaus (nicht unerwartete) Vorbehalte gegenüber einer wissenschaftlichen - und damit öffentlich zugänglichen - Durchleuchtung der Verfahrensvorgänge erkennen.

Zur Strukturierung des gesammelten Informationsmaterials und als Grundlage für Verständnis und Nachvollziehbarkeit der detaillierten, die Dynamik des Prozesses erfassenden Analyse (s.u.) wird der Entscheidungsprozeß zunächst wie folgt schematisiert: Ausgangspunkt ist eine **"Chronologische Beschreibung"** des Prozesses anhand von Schlüsselereignissen oder Entscheidungen, die den Fortgang des Prozesses bestimmt haben. Die Schlüsselereignisse werden danach unterschieden, ob sie aus dem Prozeßverlauf bzw. den Handlungen der Akteure resultieren oder ob sie eher zufällig den Verfahrensablauf von außen beeinflußt haben (externe Ereignisse). Die Ereignisse oder Entscheidungen werden im Ablauf des Verfahrens zueinander in Beziehung gesetzt. Damit die Prämissen für das Handeln der daran beteiligten Akteure verständlich sind, werden diese vorab mit ihren Kompetenzen und Funktionen vorgestellt.

Der chronologische Ablauf des Verfahrens wird dann in Anlehnung an Kunreuther/Linnerooth et al[1] in **"Runden politischer Interaktion"** gegliedert. Darunter sind Prozeßabschnitte zu verstehen, in denen jeweils eine spezielle Thematik im Mittelpunkt der Diskussion steht. Den Beginn einer solchen Runde bildet ein Ereignis, das den neuen thematischen Schwerpunkt einleitet. Beendet wird eine Runde im Idealfall durch eine Entscheidung über den anstehenden Diskussionsgegenstand. Möglich ist es aber auch, eine Runde durch ein Umschwenken in der Ausrichtung der Diskussion zu beenden, z.B. weil die laufende Diskussion zu keinem Ergebnis führt oder sich der Dateninput ändert. Dabei können sich auch Untergliederungen ergeben, wenn innerhalb einer größeren Runde ein Teilproblem diskutiert wird.

In Ergänzung zu einer verbalen chronologischen Beschreibung werden mit Hilfe einer Punkt-Pfeil-Darstellung die Beziehungen der Ereignisse oder Entscheidungen und die Rundeneinteilung im Ablauf des Geschehens veranschaulicht.[2]

Um einen ersten Überblick darüber zu gewinnen, wie konträr die von den Akteuren vertretenen Interessen gelagert waren und wessen Interessen am Ende einer jeweiligen Runde inwieweit Berücksichtigung fanden, wird für jede Runde nach Kunreuther/Linnerooth et al[3] - allerdings vereinfacht - eine **"Parteien-Interessenmatrix"** erstellt.

Die Strukturierung des vorhandenen Informationsmaterials durch die Reduktion der komplexen Verfahrensvorgänge auf die Beziehung von Schlüsselereignissen oder Entscheidungen trägt wesentlich dazu bei, Übersicht über den Prozeßverlauf zu gewinnen. Daneben wird bereits eine inhaltliche Interpretation vorgenommen. Für den Leser wird ein so modellierter Verfahrensverlauf leichter nachvollziehbar und zugleich einprägsam - verstärkt durch die graphische Darstellung.

---

[1] Vgl. Kunreuther, H./Linnerooth, J. et al: ebd., S. 33

[2] Auch Kunreuther, H./Linnerooth, J. et al: ebd., S. 29 - 31 verwenden eine solche Darstellungsform für ähnliche Zwecke. Bei Kunreuther/Linnerooth et al: Program Evaluation Review Technique (PERT)-Diagramm

[3] Vgl. Kunreuther, H./Linnerooth, J. et al: ebd., S. 31

Die Einteilung in Runden politischer Interaktion und die Anfertigung der Parteien-Interessenmatrix tragen zur weiteren Strukturierung und Vereinfachung der Darstellung des Entscheidungsprozesses bei. Der langjährige Prozeß kann in Abschnitte "zerlegt" werden.

Im Anschluß an die Schematisierung wird der Prozeß, basierend auf der Einteilung in Runden politischer Interaktion in seiner Dynamik analysiert. Es werden die politischen Interaktionen, d.h. der Austausch von Positionen und Argumenten, untersucht. Dadurch werden unterschiedliche Problemsichten sowie zugrundeliegende Motive (gemeint sind die eigentlichen organisatorischen, politischen und persönlichen Zielvorstellungen[4]) und Interessen sichtbar. Diese Untersuchung soll zeigen:

- wer wann welche inhaltlichen Positionen vertreten und mit welchen Argumenten begründet hat, inwieweit er diese Positionen durchsetzen konnte und welche Problemsichten und Motivation dem Handeln zugrundelagen;
- welche Rahmenbedingungen wie die Informationsbasis und die Durchsetzungsfähigkeit beeinflußt haben und inwieweit der Konflikt durch ungeeignete Kommunikationsformen und Beziehungsprobleme zusätzlich verschärft worden ist.

Der Gegenüberstellung der politischen Interaktionen, genauer die Gegenüberstellung ineffizienter Prozeßverläufe mit den Rahmenbedingungen läßt auf die Defizite des Verfahrens schließen. D.h., es können die Schwachstellen aufgedeckt werden, an denen entweder die Ineffizienz direkt durch die gegebenen Rahmenbedingungen verursacht worden ist oder sich abzeichnenden ineffizienten Prozeßverläufen nicht gegengesteuert werden konnte.

Die Einteilung in Runden politischer Interaktion erleichtert die Gegenüberstellung der ineffizienten Prozeßverläufe mit den Rahmenbedingungen. Dadurch, daß der Diskussionsschwerpunkt und damit die Interessenkonstellation während einer Runde relativ konstant ist, wird die Zahl der Faktoren reduziert, die den Prozeßverlauf beeinflussen können.

---

[4] Vgl. Kunreuther, H./Linnerooth, J. et al: ebd., S. 25

Vor der Problematisierung der Bewilligung, d.h. vor 1979, können die politischen Interaktionen anhand des chronologischen Ablaufs bzw. anhand der in Runden gegliederten Abfolge von Schlüsselereignissen oder Entscheidungen untersucht werden. In diesem Abschnitt des Verfahrens lassen sich die Interaktionen noch problemlos diesen Strukturmerkmalen zuordnen.

Der weitaus schwieriger faßbare, weil weitaus weniger anhand von Schlüsselereignissen oder Entscheidungen nachvollziehbare Verlauf der Konfliktphase erfordert eine andere Herangehensweise:

Ausgehend von den jeweils zu diskutierenden Fragestellungen werden bei der Analyse dieses Prozeßabschnitts die strittigen Punkte herausgestellt. Eine übergeordnete Gliederung der Kontroversen ist durch die Einteilung in Runden politischer Interaktion gegeben. An jenen Streitfragen orientiert sich dann die Analyse der politischen Interaktionen.

Die Konzentration auf die Untersuchung der Kontroversen ergibt sich aus dem Umstand, daß es sich in dieser Phase des Entscheidungsprozesses nicht mehr um eine Verlagerung des Konfliktes gehandelt hat, sondern um eine offen ausgetragene Auseinandersetzung. Es müssen keine versteckten Konfliktpotentiale mehr gesucht werden, da die Konfliktpunkte offensichtlich sind.

Zur Vervollständigung der methodischen Ausführungen müssen abschließend Einschränkungen der Modellierbarkeit aufgezeigt werden. Es ist wichtig, diese Einschränkungen zu erklären und sich ihrer bewußt zu sein, um Fehlinterpretationen und Verwirrungen zu vermeiden:

Grenzen zeigt die vorgestellte Schematisierung im konkreten Fall zunächst bei der Darstellung fortlaufender Aktivitäten von Beteiligten; solcher Aktivitäten, die in ihrer Gesamtheit den Ablauf beeinflussen, jedoch als einzelne Ereignisse nicht relevant werden. Die Bedeutung dieser Handlungen im Prozeßverlauf kann nur behelfsweise berücksichtigt werden, indem z.B. in der graphischen Darstellung symbolisch ein einzelnes Ereignis stellvertretend für die Gesamtheit steht. Dabei geht allerdings die Information über die zeitliche Ausdehnung der gesamten Aktivitäten verloren. Auf die zeitliche Dimension kann in der verbalen Beschreibung zwar hingewiesen werden, trotzdem bleibt die Berücksichtigung dieser Aktivitäten insgesamt - wieder zugunsten der Überschaubarkeit - gegenüber den Schlüsselereignissen hinter ihrer eigentlichen Bedeutung zurück. Dieser Nachteil ist jedoch ein ausschließlich schematisches Problem. In der anschließenden detaillierten Analyse und damit bei der Bestimmung der Ursachen des Konfliktes können die betreffenden Handlungen ihrer tatsächlichen Bedeutung entsprechend berücksichtigt werden.

Hinsichtlich der Einteilung in Runden ergeben sich folgende Abweichungen vom Idealmodell:

- Nicht immer können Runden gebildet werden, die tatsächlich mit genau einem Ereignis oder einer Entscheidung beginnen und enden. Beispielsweise endet im vorliegenden Entscheidungsprozeß eine Runde mit drei Ereignissen (s. S. 69, Nr. 24, 25, 26). Das kann im konkreten Entscheidungsprozeß zum einen darauf zurückgeführt werden, daß gleichzeitig inhaltliche und verfahrensbezogene Probleme eine Rolle spielen und Konsequenzen haben, zum anderen darauf, daß mehrere Akteure von einander unabhängige Entscheidungskompetenzen besitzen. Zudem muß nicht immer das Ereignis, mit dem eine Runde endet, auch die nächste Runde einleiten (s. S. 76, Nr. 19, S. 57, Nr. 20).

- Durch die symbolische Festlegung eines einzelnen Ereignisses stellvertretend für eine Gesamtheit von Aktivitäten geht, wie oben angedeutet, die Information über deren zeitliche Ausdehnung verloren. Um die Überschaubarkeit der Graphik zu gewährleisten, muß insoweit auf die Darstellung der tatsächlichen Beziehungen durch Pfeile verzichtet werden. Auf diese Beziehungen wird allerdings in der verbalen Beschreibung hingewiesen (s. S. 69ff, Nr. 21, 22).

- Daneben können Beziehungen zwischen einzelnen Ereignissen über eine Runde hinausgehen, wenn ein Ereignis zeitlich zwar einer bestimmten Runde zuzuordnen ist, Einfluß auf den Diskussionsverlauf aber erst später gewinnt (s. S. 69, z.B. Nr. 11, 20).

Zur Vollständigkeit, die bei der Rekonstruktion der Verfahrensvorgänge erreicht werden kann, muß einschränkend bemerkt werden, daß insbesondere Motive und innerbehördliche Vorgänge möglicherweise nicht lückenlos erfaßt werden. In diesem Fall übertragen sich Transparenzprobleme von Entscheidungsprozessen auf den Prozeßbetrachter. Angesichts der Fülle vorliegender Primärunterlagen, des Korrektivpotentials durch die Befragung gegnerischer Parteien und der Tatsache, daß der weitgehend abgeschlossenen Prozeß erheblich an Brisanz verloren hat, ist jedoch davon auszugehen, daß diese Lücken ausreichend klein gehalten werden können.

3. Die Entwicklung der Wasserversorgung in Hamburg und Niedersachsen

Im folgenden wird die Problementwicklung der öffentlichen Wasserversorgung für die im Nordheide-Fall beteiligten Länder Hamburg und Niedersachsen dargelegt. Dadurch kann gezeigt werden, daß die Grundwasserentnahme Hamburgs aus der Nordheide typisch für die Gesamtentwicklung in den beiden Bundesländern war, insofern sich dieses Projekt nahtlos in eine traditionelle Konfliktvermmeidung bzw. -verlagerung einfügte: Auf der einen Seite versuchte Hamburg "Sachzwängen", die durch diese Ausweichstrategie geschaffen worden waren, wiederum mit derselben Strategie zu begegnen. Auf der anderen Seite zeigte Niedersachsen anscheinend aufgrund der Analogie zu den eigenen Vorgehensweisen Verständnis für das Vorhaben der Hansestadt.

Bezogen auf die Formulierung von Verbesserungsvorschlägen macht die Darstellung der Problementwicklung sichtbar, ob und inwieweit in diesen beiden Bundesländern inzwischen veränderte Voraussetzungen (hinsichtlich der Wasserbilanz sowie wasserpolitischer Zielvorgaben) für Entscheidungsprozesse in der Wasserversorgung eingetreten sind.

3.1 Problementwicklung in Hamburg

3.1.1 Zur geschichtlichen Entwicklung

Folgendes Zitat beschreibt die Ausgangssituation: "Von alters her war es selbstverständlich, für jede Nutzung Wasser unbeschränkt zur Verfügung zu haben. Dabei unterlag Hamburg lange Zeit - wie auch andere Ballungszentren in vergleichbarer Lage - der Illusion, Wasser sei in seiner Gesamtheit, in Menge und Güte, unerschöpflich."[1]

Bis Mitte des neunzehnten Jahrhunderts erfolgte die Wasserversorgung der Bevölkerung in Hamburg weitgehend privat. Allerdings gab es in Teilen bereits

---

[1] Heck, R. (Geschäftsführer der Hamburger Wasserwerke GmbH): Wasserversorgung und Umweltfragen am Beispiel Hamburg. In: DVGW-Schriftenreihe Wasser Nr. 31, Eschborn 1982, S. 35

Ansätze einer zentralen Wasserversorgung durch die sogenannten "Wasserkünste" (im Bergbau entwickelte technische Einrichtungen zur Förderung von Wasser[2]). Diese Wasserkünste entnahmen Wasser aus der Alster, das freilich aufgrund städtischer Abwässer auf Dauer keine zufriedenstellende Qualität aufwies.

Der große Brand von 1842 zerstörte die Wasserkünste an der Binnenalster. Bis dahin hatte es in Hamburg vier Wasserkünste gegeben. Als letzte Anlage, die Wasser aus der Alster entnommen hatte, wurde um 1850 ein an der Außenalster errichtetes Wasserwerk stillgelegt.[3] 1848 wurde in der Hansestadt ein zentrales Rohrleitungsnetz in Betrieb genommen. In dieses Netz wurde allerdings nur abgesetztes, unfiltriertes Elbwasser eingespeist.[4]

Die Elbe diente sowohl der Trinkwasserversorgung als auch der Abwasserentsorgung. Im Sommer 1892 führten Cholera-Bakterien, die mit den Abwässern eines Schiffes in die Elbe gelangt waren, über das Trinkwassernetz zu einer Seuchenkatastrophe, bei der innerhalb weniger Wochen mehr als 8500 Menschen starben.

Obwohl eine um die Jahrhundertwende praktizierte Sandfiltration an damaligen Maßstäben gemessen eine hygienisch einwandfreie Versorgung schaffte, zeigten sich bereits zu dieser Zeit Unzulänglichkeiten der Wasserversorgung aus der Elbe. Geruchs- und Geschmacksmängel des Trinkwassers wurden beanstandet. So wurde 1905 das erste Grundwasserwerk in Betrieb genommen, dem zügig weitere folgten.[5]

---

[2]Vgl. Brockhaus Konversations-Lexikon. 14. vollständig neubearbeitete Auflage. Leipzig 1892-1895, Bd.16, S. 529; Der Niedersächsische Umweltminister: Vorentwurf zum Fachplan Wasserversorgung in Niedersachsen 1988. (Unveröffentlichtes Manuskript), Hannover

[3]Vgl. Baubehörde Hamburg (Hg.) Fachplan Wasserversorgung Hamburg. 1983; Heck, R.: Wasserversorgung und Umweltfragen am Beispiel Hamburg. In: DVGW-Schriftenreihe Wasser Nr. 31. Eschborn 1982, S. 35 - 55

[4]Vgl. HWW (Hg.): WasserMagazin. Kundeninformation der Hamburger Wasserwerke GmbH. Oktober 1981

[5]Vgl. Heck, R.: Wasserversorgung und Umweltfragen am Beispiel Hamburg. In: DVGW-Schriftenreihe Wasser Nr. 31, Eschborn 1982, S. 35 - 55;

Nach 1945 mußten zunächst die durch Kriegseinwirkungen entstandenen Schäden an Betriebsanlagen der Hamburger Wasserwerke GmbH - die 1924 als Rechtsnachfolgerin einer Deputation für die Stadtwasserkunst[6] gegründet worden war - beseitigt werden. Anschließend stieg der Wasserbedarf im Zuge des Wirtschaftswachstums stark an. Zur Bedarfsdeckung mußten neue Förder- und Werkskapazitäten geschaffen und das Leitungsnetz ausgedehnt werden.[7]

Seit 1964 ist die Trinkwasserversorgung aus der Elbe aus Qualitätsgründen eingestellt[8]. "Die Elbwasserverschmutzung war zu einem nicht mehr tragbaren Risiko für die direkte Trinkwassergewinnung geworden".[9]

Der erste unmittelbare Bezug zum Nordheide-Konflikt ergab sich 1967 als die Hamburger Wasserwerke nach neuen Versorgungsstrategien suchten: Im genannten Jahr verwies Drobek - damaliger Geschäftsführer der Hamburger Wasserwerke - auf eine sich abzeichnende unausgeglichene Wasserbilanz: Einer bis zum Jahre 2000 fast linear ansteigenden Wasserbedarfsprognose zufolge müsse eine Menge von 150000 cbm/Tag bereitgestellt werden, um bis zum Jahre 1985 auch den Spitzenbedarf "voll durch Grundwasser decken zu können"[10].

Der Wasserbedarf der öffentlichen Versorgung lag seinerzeit bei rund 136 Mio. cbm/a. Die Eigenförderung der Industrie betrug ungefähr das Doppelte. Davon

---

[6] Die Deputation für die Stadtwasserkunst wurde durch "Rath- und Bürgerschluß" vom 04.01.1849 konstituiert. (Eine Vorläuferrolle spielte offenbar die 1844 geschaffene Wasserkunstdeputation.) Ihre Aufgabe bestand in der Verwaltung der Stadtwasserkunst, soweit diese nicht unmittelbar von der zuständigen (3.) Sektion der Stadtwasserkunst innerhalb der Baubehörde wahrgenommen wurde. Durch die Neuorganisation der Verwaltung per Gesetz vom 02.1.1896 wurde eine selbständige Deputation für die Stadtwasserkunst geschaffen (Vgl. HWW: Antwortschreiben an die Verfasserin vom 26.07.90)

[7] Vgl. Baubehörde Hamburg (Hg.): Fachplan Wasserversorgung Hamburg. 1983

[8] Vgl. Heck, R.: Wasserversorgung und Umweltfragen am Beispiel Hamburg. In: DVGW-Schriftenreihe Wasser Nr. 31, Eschborn 1982, S. 35 - 55;

[9] HWW (Hg.): WasserMagazin. Kundeninformation der Hamburger Wasserwerke GmbH. Oktober 1981, S. 3

[10] Drobek, W.: Gedanken über eine Großstadt-Wasserversorgung um die Jahrtausendwende. I. Teil: Wasserbedarf und Wasserbedarfsdeckung. In: Wasser Abwasser. gwf. Das Gas- und Wasserfach, 108. Jahrgang, Heft 40, 1967, S. 1125

wurden allerdings schätzungsweise 80% aus der Elbe entnommen und als Kühlwasser verwendet.[11]

Drobek ging von einem auch in Zukunft kaum oder nur schwer lösbaren Problem bei der Ausweisung von Wasserschutzgebieten in dichter besiedelten Räumen aus. Aufgrund des Konkurrenzdrucks anderer Nutzungen bzw. übergeordneter Belange der Landesplanung würden einige Wasserwerke im Raum Hamburg bis zur Jahrtausendwende aufgegeben werden müssen.[12] Wegen Unsicherheiten in bezug auf Ausweichplanungen in Hamburg und "weil innerhalb der Grenzen der Freien und Hansestadt Hamburg keine wesentlichen, wirtschaftlich zu erschließenden Grundwasserreserven vorhanden sind, müssen wir bereits heute in den Nachbarländern Schleswig-Holstein und Niedersachsen Umschau nach weiteren Wassergewinnungsgebieten halten"[13].

---

[11]Vgl. Drobek, W.: Stand der Wasserversorgung der Freien und Hansestadt Hamburg. In: Wasser Abwasser. gwf. Das Gas- und Wasserfach, 108. Jahrgang, Heft 20, 1967, S. 555

[12]Vgl. Drobek, W.: Gedanken über eine Großstadt-Wasserversorgung um die Jahrtausendwende. I. Teil: Wasserbedarf und Wasserbedarfsdeckung. In: Wasser Abwasser. gwf. Das Gas- und Wasserfach, 108. Jahrgang, Heft 40, 1967, S. 1121 - 1131

[13]Drobek, W.: ebd., S. 1127

Abb. 1: Übersichtsskizze: Die Lage Hamburgs zu Wasservorkommen in den benachbarten Bundesländern Niedersachsen und Schleswig-Holstein

Dabei fielen, so Dobrek, erhebliche Grundwasservorkommen im Raum Neumünster in Schleswig-Holstein, die die HWW jahrelang in Betracht gezogen hatten, aufgrund der vorrangigen Deckung des in Schleswig-Holstein angestiegenen Wasserbedarfs für eine Verwendung in Hamburg aus. Als Gebiete möglicher neu zu erschließender Wasservorkommen sah Drobek[14] in Schleswig-Holstein den Raum Schwarzenbek, Mölln und Lauenburg sowie in Niedersachen die Göhrde und die Lüneburger Heide.

Im Zusammenhang mit der Erschließung großer Wasserschutzgebiete in Überschußräumen von Nachbarländern führte er ein zeitliches und ein Durchsetzungsproblem an:

Drobek ging davon aus, daß die Planung neuer Grundwasserwerke relativ lange Zeit erfordern wird, da die Zuweisung der Wasserentnahmegebiete von der Aufstellung wasserwirtschaftlicher Rahmenpläne abhängig gemacht werden müsse, diese aber wegen der hohen Kosten noch nicht in ausreichendem Umfang fertiggestellt seien. "Außerdem müssen sich die Wünsche einer Großstadt bei der Wasserbedarfsdeckung in benachbarten Bundesländern einer zielbewußten Raumordnungspolitik unterordnen."[15]

(Wie im folgenden noch ausgeführt wird, entschloß sich die HWW u.a. durch finanzielle Unterstützung die niedersächsische Rahmenplanung in eigenem Interesse voranzutreiben und ebnete sich dadurch den Weg zu einem Wasserwerk in der Nordheide.)

Zudem skizzierte Drobek[16] einige mitunter gigantische Fernwasserpläne, wie eine Fernwasserleitung aus Skandinavien, Bezug von Trinkwasser aus Talsperren im Harz und eine Trinkwasserversorgung aus den Alpen, sowie die Meerwasserentsalzung. Diese Pläne betrachtete er als z.T. noch sehr lückenhaft geprüft. Ferner stünde kein 'absolutes Muß'[17] für die Verwirklichung hinter allen diesen Plänen. Dennoch seien die technischen und wirtschaftlichen Konzep-

---

[14]Vgl. Drobek, W.: ebd., S. 1121 - 1131

[15]Drobek, W.: ebd., S. 1128

[16]Vgl. Drobek, W.: ebd., S. 1121 - 1131

[17]Drobek, W.: ebd., S. 1128

tionen nicht uninteressant. Einzig zum Bezug von Trinkwasser aus dem Harz äußerte Drobek sich insofern optimistisch, als daß er es für möglich hielt, "in der nächsten Zeit Trinkwasser aus dem Harz zu beziehen"[18]. Vorerst noch ungelöste Probleme bei den Fernwasserprojekten sah er angesichts der sehr langen Transportwege: Lösungen für die qualitativen Beeinträchtigungen, die sich durch die langen Aufenthaltszeiten des Wassers in den Transportleitungen ergeben, müßten erst noch weiter erforscht werden[19].

Zur Schließung der Deckungslücke in der Wasserversorgung, die sich durch den prognostizierten Bedarfszuwachs ergab, kristallisierten sich die Göhrde und die nördliche Lüneburger Heide als zu erschließende Wassergewinnungsgebiete heraus. Letztendlich fiel die Wahl auf die Nordheide, da dieses Gebiet näher an Hamburg liegt, wodurch die Kosten geringer gehalten werden konnten.[20]

Auf der Grundlage der (teilweise utopisch wirkenden) zur Auswahl stehenden Alternativen mußte die Entscheidung für eine Wasserversorgung aus einem der Nachbarländer zwangsläufig als einzig realistische Möglichkeit erscheinen.

Die vorangegangenen Ausführungen machen deutlich, daß die damals angestellten Überlegungen zur Wasserentnahme der HWW im außerhamburgischen Umland oder zum Fremdwasserbezug in eine sehr stark betriebswirtschaftlich und technisch orientierte Wasserversorgung eingebunden waren.

Als zu beeinflussender Bereich wurde traditionell die Wasserbedarfsdeckung, nicht dagegen der Wasserbedarf bzw. dessen Entwicklung oder die Menge und Güte des Wasserdargebots berücksichtigt[21]. Allerdings war bereits 1967 nach Auskunft der Wasserwerke die Geschäftsführung der HWW beim Senat gegen die Elbwasserverschmutzung angegangen[22].

---

[18]Drobek, W.: ebd., S. 1129

[19]Vgl. Drobek, W.: ebd., S. 1121 - 1131

[20]Vgl. HWW: Gesprächsprotokoll. Hamburg, Januar 1989

[21]Vgl. Drobek, W.: Gedanken über eine Großstadt-Wasserversorgung um die Jahrtausendwende. I. Teil: Wasserbedarf und Wasserbedarfsdeckung. In: Wasser Abwasser. gwf. Das Gas- und Wasserfach, 108. Jahrgang, Heft 40, 1967, S. 1121 - 1131

[22]Vgl. HWW: Gesprächsprotokoll. Hamburg, Januar 1989

3.1.2 Die derzeitige Situation

Anhand des Handlungskonzeptes der HWW zur dauerhaften Sicherung der Trinkwasserversorgung vom April 1986 werden im folgenden der gegenwärtige Stand der öffentlichen Wasserversorgung in Hamburg und die aktuellen Konzeptionen dargelegt:

Obwohl der tatsächliche Wasserverbrauch im Versorgungsgebiet der HWW 1985 mit einer Differenz von rund 22 Mio. cbm/a weit unter den 1967 prognostizierten Werten lag und bis zum Jahre 2000 heute mit einem weiteren Rückgang um rund 4 Mio. cbm/a auf dann 138,2 Mio. cbm/a gerechnet wird, ist die Situation der öffentlichen Trinkwasserversorgung in Hamburg weiterhin problematisch. "In zunehmendem Maße - insbesondere wegen veränderter Umweltbedingungen - ist das Problem der Verknappung von qualitativ hochwertigem Trinkwasser erwachsen"[23].

Die HWW greift auch gegenwärtig "bei der Trinkwasserversorgung aus Qualitätsgründen im wesentlichen nur auf Grundwasser als Rohwasser zurück. Der Rückgriff auf Oberflächenwasser aus Flüssen und Seen stellt mit wenigen Ausnahmen keine wirtschaftlich und ökologisch vertretbare Alternative mehr dar."[24]

Die Schadstoffbelastung der Elbe ist seit 1964 (dem Jahr, in dem die Trinkwasserversorgung aus dem Strom eingestellt wurde) noch gestiegen. Hamburg ist nach Buchwald "der Hauptverschmutzer der Elbe mit abbaubaren organischen Verbindungen"[25], nach Angaben der HWW stammen jedoch rund 90%

---

[23]HWW: Handlungskonzept zur dauerhaften Sicherung der Trinkwasserversorgung. 1986, S. 3

[24]HWW: ebd., S. 3

[25]Buchwald, K.: Die Auseinandersetzungen um die Wasserentnahme der Hamburger Wasserwerke in der Nordheide. In: Landschaft + Stadt 15, (1), 1983, S. 3, nach: Der Rat von Sachverständigen für Umweltfragen: Umweltprobleme der Nordsee. Sondergutachten. 1980

der bedeutsamen Schadstoffe der Schmutzfracht von den Oberliegern, also aus der DDR und der Tschechoslowakei.[26]

Die Verschmutzung der Elbe wirkt sich auch auf die elbnahen Grundwasserbrunnen der Elbmarsch aus[27].

Tendenziell wird für die Zukunft von einer Abnahme des derzeit in den Wasserwerken der HWW verfügbaren Dargebots ausgegangen. "Die prognostizierte Entwicklung des Grundwasserdargebots zeigt empfindliche Beeinträchtigungen der Mengen durch Grundwassergefährdungen"[28]. Als potentielle Gefährdungen werden ein erhöhter Mineralgehalt und anthropogene Einflüsse berücksichtigt[29].

"Hinzu kommt, daß parallel zur Gefährdung des Grundwassers durch geogene und anthropogene Belastungen die gesetzlichen Anforderungen an die Trinkwassergüte weiter steigen werden"[30]. (Diese im April 1986 geäußerte Erwartung wurde bereits ein halbes Jahr später mit dem Inkrafttreten der novellierten Trinkwasserverordnung erfüllt.)

Außerdem fördert die HWW in der Nordheide bislang unterhalb der bewilligten Fördermenge, da die Wasserentnahme dort zu erheblichen Konflikten geführt hat[31].

Die Grundwasser-Eigenförderung der Verbrauchergruppe Industrie, Gewerbe und öffentlicher Sektor wird 1986 mit einem Anteil von 48% an dem Gesamt-

---

[26] Vgl. HWW (Hg.): WasserMagazin. Kundeninformation der Hamburger Wasserwerke GmbH. November 1985, S. 3

[27] Vgl. Buchwald, K.: Die Auseinandersetzungen um die Wasserentnahme der Hamburger Wasserwerke in der Nordheide. In: Landschaft + Stadt 15, (1), 1983, S. 1 - 15 auch nach: Lachmund, D.: Wie ein Gesicht ohne Augen. In: Der Spiegel Nr. 44/1982, S. 72 - 91; HWW (Hg): WasserMagazin. Kundeninformation der Hamburger Wasserwerke GmbH. November 1985, S. 4

[28] HWW: Handlungskonzept zur dauerhaften Sicherung der Trinkwasserversorgung. 1986, S. 3

[29] Vgl. HWW: Handlungskonzept zur dauerhaften Sicherung der Trinkwasserversorgung. 1986

[30] HWW: ebd., S. 3

[31] Vgl. u.a. HWW (Hg.): WasserMagazin. Kundeninformation der Hamburger Wasserwerke GmbH. November 1987, S. 8

grundwasserbedarf dieser Gruppe beziffert[32]. Hier sieht die HWW ein Potential für die öffentliche Wasserversorgung: "In diesem Segment wird heute noch überwiegend Grundwasser in Trinkwasserqualität betrieblich dort eingesetzt, wo eine Minderqualität die gleichen Zwecke erfüllen kann"[33].

In ihrem Handlungskonzept dokumentiert die HWW einen Bruch mit ihrer traditionellen Versorgungsstrategie. Darauf deuteten bereits die detaillierte Analyse der Hamburger Wasservorkommen, der Hinweis auf die Reduzierung der Fördermenge in der Nordheide und das Trinkwasserpotential hin, welches in der Eigenförderung gesehen wird.

Diesen Wandel manifestiert zunächst eine veränderte Aufgabenstruktur der HWW:

"Der Gesellschafter (Anm.: zu 100% die Freie und Hansestadt Hamburg[34]) hat den Unternehmensauftrag der Hamburger Wasserwerke GmbH Anfang 1986 neu formuliert und im 'Zielbild für die Hamburger Wasserwerke GmbH' neben der Sicherstellung der Trinkwasserversorgung Hamburgs die Aufgabe der Förderung rationeller Wasserverwendung sowie der Unterstützung der Wasser- und Umweltpolitik des Senats festgelegt"[35].

Dementsprechend besteht die Strategie der Versorgungssicherheit, die die HWW in ihrem "Handlungskonzept zur dauerhaften Sicherung der Trinkwasserversorgung" 1986 festgelegt hat, im wesentlichen aus:
- dem Schutz der Grundwasserressourcen vor geogenen und anthropogenen Einflüssen und
- der Sicherstellung des Sparverhaltens der Abnehmer - aber auch der Eigenversorger - im Sinne einer rationellen Verwendung von Trinkwasser.

---

[32] Vgl. HWW: Handlungskonzept zur dauerhaften Sicherung der Trinkwasserversorgung. 1986, S. 7/8

[33] HWW: ebd., S. 8

[34] Vgl. HWW: Antwortschreiben an die Verfasserin vom 26.07.90

[35] HWW: Handlungskonzept zur dauerhaften Sicherung der Trinkwasserversorgung. 1986, S. 3

Diese Strategie ist das Resultat der Prüfung weiterer Alternativen. Das Erschließen neuer Ressourcen wie auch das Aufbereiten von belastetem Rohwasser werden als "weder ökologisch noch wirtschaftlich akzeptable Lösungen"[36] betrachtet. "Das Erschließen neuer Ressourcen bedeutet nur eine regionale Verschiebung des Problems von Eingriffen in den Naturhaushalt, und der Weg der Aufbereitung belasteter Rohwässer führt im Extremfall zu Chemiewerken mit neuen ökologischen Belastungen"[37].

Wesentliche Handlungsbereiche der Strategie sind die Festsetzung von Wasserschutzgebieten, die Beteiligung der Hamburger Wasserwerke an Maßnahmen der zuständigen Fachbehörden zum Entschärfen und Abschirmen von Schadstoffquellen (z.B. Mülldeponie) und die Umsetzung von Wassersparmaßnahmen einhergehend mit flankierender Öffentlichkeitsarbeit.

Bisher ist jedoch erst für ein Wassergewinnungsgebiet ein Schutzgebiet ausgewiesen, für ein weiteres läuft das Verfahren. Für neun von den übrigen achtzehn Gebieten wird die Festsetzung von Wasserschutzgebieten aufgrund günstiger geologischer Voraussetzungen nicht als erforderlich erachtet.[38] Es wird angenommen, daß sich das Gefährdungspotential durch die Ausweisung von Wasserschutzgebieten halbiert[39].

Bereits eingetretene Erfolge des Wasserspar-Engagements der HWW werden dem Wasserwerk Nordheide gutgeschrieben, indem, wie oben erwähnt, die Entnahme dort unterhalb der bewilligten Menge liegt[40].

Die Beachtung ökologischer Belange seitens des Wasserversorgers hat im Gegensatz zu den Vorgehensweisen Mitte/Ende der sechziger Jahre, die zur Wasserentnahme in der Nordheide geführt haben, ein weitaus stärkeres Gewicht erhalten. Beachtenswert ist dabei auch, wie oben zitiert, der im Unternehmens-

---

[36] HWW: ebd., S. 5

[37] HWW: ebd., S. 5

[38] Vgl. HWW: Handlungskonzept zur dauerhaften Sicherung der Trinkwasserversorgung. 1986

[39] Vgl. HWW: ebd., S. 4

[40] Der Niedersächsische Minister für Ernährung, Landwirtschaft und Forsten (MELF) (Hg.): Pressemitteilung Nr. 30 vom 04.03.86

auftrag formulierte ausdrückliche Bezug zur Wasser- und Umweltpolitik des Senats.

Ferner werden heute auch die Beeinflussung des Wasserbedarfs und des im Stadtstaat selber vorhanden Wasserdargebots einbezogen. Weitere Unternehmungen zur Wasserentnahme im Umland werden dem Handlungskonzept zufolge zunächst nicht angestrebt.[41] Allerdings werden Untersuchungen im schleswig-holsteinischen Schwarzenbeck angestellt. Der Gedanke, dort Wasser zu entnehmen, bestand schon in den sechziger Jahren, wurde seinerzeit aber zugunsten der Nordheide nicht weiterverfolgt[42]. Auch an Niedersachsen hat Hamburg weitere Bezugswünsche geäußert[43]. Hier wird deutlich, daß das Versorgungsinteresse bei der HWW natürlich nach wie vor an erster Stelle steht.

Trotz der Veränderungen weisen die Zunahme der Elbwasserverschmutzung und die mangelnde Ausweisung von Wasserschutzgebieten auf Vollzugsdefizite in der Wasserversorgung hin.

3.2 Problementwicklung in Niedersachsen

3.2.1 Die Entwicklung bis zum "Generalplan Wasserversorgung"

In den mittelalterlichen Städten Niedersachsens fußte die Wasserversorgung auf örtlichen Schachtbrunnen und Rohrleitungen aus Holz, später Gußeisen, um Wasser aus größerer Entfernung heranzuführen. Die "Brunnen wurden von Interessengemeinschaften, den 'Brunnennachbarschaften' errichtet und unterhalten"[44]. In der vorindustriellen Zeit mußten die Wasserversorgungsanlagen erweitert werden, denn durch Gewerbe und Handel (Hanse) nahm die Be-

---

[41]Vgl. HWW: Handlungskonzept zur dauerhaften Sicherung der Trinkwasserversorgung. 1986

[42]Vgl. HWW: Gesprächsprotokoll. Hamburg, Januar 1989

[43]Vgl. Der Niedersächsische Umweltminister - Referat für Umweltberichterstattung und Öffentlichkeitsarbeit (Hg.): Expert. Wasserversorgung in Niedersachsen. 1988

[44]Der Niedersächsische Umweltminister: Vorentwurf zum Fachplan Wasserversorgung in Niedersachsen 1988. (Unveröffentlichtes Manuskript) Hannover, S. 1

völkerung in den Städten stark zu. Zur Wasserförderung wurden zunehmend Wasserkünste eingesetzt.

Mit beginnendem Industriezeitalter im 19. Jahrhundert stieg der Wasserbedarf mit der vornehmlich in den Städten weiter anwachsenden Bevölkerung. Die zunehmende Verschmutzung von Oberflächengewässern, die der Trinkwasserversorgung dienten, und oberflächennahen Grundwasservorkommen hatte zur Folge, daß auch in Niedersachsen vereinzelt Cholera- und Typhusepidemien auftraten. Dies führte neben dem steigenden Wasserbedarf dazu, daß mit dem Bau moderner Wasserversorgungsanlagen in den Städten begonnen wurde.

Aber auch in Kleinstädten und auf dem Lande im bergigen südlichen Niedersachsen setzte die Entwicklung zur zentralen Wasserversorgung sehr früh ein. Hier lag der Grund in den ungünstigen geologischen Verhältnissen, die es dem einzelnen nur begrenzt erlaubten, Trinkwasser aus örtlichen Brunnen zu gewinnen.

Die ersten größeren zentralen Wasserwerke in Hannover und Braunschweig, in denen Flußwassser gewonnen und durch Langsamfiltration aufbereitet wurde, mußten wegen der zunehmenden Belastung der Flüsse durch häusliche und industrielle Abwässer nach kurzer Zeit wieder aufgegeben und durch Grundwasserwerke ersetzt werden.

Anlaß zur Planung von Trinkwassertalsperren im Harz sowie zur Verlegung von Fernleitungen gaben die durch verseuchte Uferfiltratbrunnen hervorgerufene Typhusepidemie 1926 in Hannover und Beeinträchtigungen der Flußwassergewinnung in Bremen durch Einleitung von Kaliabwasser in die Weser.

Die Zerstörung von Wasserversorgungsanlagen im 2. Weltkrieg sowie der Zustrom von Flüchtlingen und Vertriebenen nach Niedersachsen stellte die Wasserversorgung nach 1945 vor besondere Aufgaben.

Im Trockenjahr 1947 gab es in den Marsch- und Moorgebieten Ostfrieslands einen Wassernotstand. Erst 22% der Bevölkerung wurden aus öffentlichen Wasserversorgungsanlagen mit Trinkwasser versorgt. Ein Großteil der Einwohner versorgte sich aus der hygienisch bedenklichen Sammlung von Regenwasser in Zisternen, denn trotz großer Grundwasservorkommen in den Marschen und Moorgebieten des nördlichen Niedersachsens war dieses Gebiet aufgrund natürlicher Gegebenheiten weniger geeignet für die Trinkwassergewinnung. Infolge der langen Trockenheit fiel die Zisternenversorgung zeitweise aus. Dieser unhaltbare, durch die lokale Einzelförderung anscheinend nicht zu bewältigende Zustand führte zur Gründung des Oldenburgisch-Ostfriesischen Wasserverbandes und zum Ausbau eines überregionalen Verbundnetzes. Auch in anderen Marschgebieten kam es zum Aufbau großer regionaler Wasserversorgungsunternehmen.

Günstigere Ausgangsbedingungen waren im mittleren Landesteil, von der Lüneburger Heide bis in den Osnabrücker Raum mit dem sandigen und kiesigen Untergrund, anzutreffen: Durch die günstigen hydrogeologischen Verhältnisse war das Grundwasser in Oberflächennähe vorhanden, so daß für den einzelnen oder für Interessengemeinschaften häufig die Möglichkeit bestand, Wasser in ausreichender Menge und Güte aus Brunnen zu fördern. Demzufolge findet in diesem Gebiet die Einzelwasserversorgung auch heute noch stärkere Verbreitung als in anderen Landesteilen.

Generell aber mußten zur Deckung des steigenden Wasserbedarfs, der insbesondere mit dem Wiederaufbau der Städte einherging, zahlreiche Wasserversorgungsanlagen gebaut werden. Das System der Trinkwassertalsperren und Fernleitungen der Harzwasserwerke wurde daher ergänzt.[45]

In Niedersachsen haben den vorangegangenen Ausführungen zufolge hauptsächlich Qualitätsprobleme des Wasserdargebots in den Städten, inbesondere des Oberflächenwasserdargebots, sowie regional unterschiedliche hydrogeologische Ausgangsbedingungen in der Vergangenheit zu Fernwasserleitungen und überregionalen Verbundnetzen geführt. Dieser "Tendenz zur großräumigen Versorgung"[46] entsprach dann auch der im April 1974 vorgestellte "Generalplan Wasserversorgung Niedersachsen".

---

[45]Vgl. MELF - Referatsgruppe Wasserwirtschaft - (Hg.): Generalplan Wasserversorgung Niedersachsen. 1974; Der Niedersächsische Umweltminister: Vorentwurf zum Fachplan Wasserversorgung in Niedersachsen 1988. (Unveröffentlichtes Manuskript) Hannover

[46]Der Niedersächsische Minister des Innern (Hg.): Raumordnungsbericht 1972. Bericht der Landesregierung gem. §6 des Niedersächsischen Gesetzes über Raumordnung und Landesplanung. Schriftenreihe der Landesplanung Niedersachsen. Sonderveröffentlichung, S. 39

Das erklärte Ziel dieses Plans war die es, "die Bevölkerung zu jeder Zeit mit Trinkwasser in ausreichender Menge und hygienisch einwandfreier Qualität sowie die Wirtschaft mit dem benötigten Brauchwasser in der erforderlichen Qualität ..."[47] zu versorgen. Dieses Ziel sollte vorrangig durch eine übergebietliche Versorgung sichergestellt werden.

Die Wasserversorgung Niedersachsens wurde zu dieser Zeit "nicht von vornherein als gesichert"[48] angesehen. Gleichwohl wurden im Vergleich mit anderen Bundesländern die Bedingungen in Niedersachsen, den in Zukunft erwarteten Bedarf zu decken, als relativ günstig eingeschätzt ("Niedersachsen kann als ein wasserreiches Land angesehen werden, was insbesondere für die Grundwasservorkommen zutrifft"[49]).

Vor allem aus dem erwarteten Bedarfsanstieg leitete sich die Annahme ab, daß regionale Engpässe, die sich damals bereits abzeichneten, "immer häufiger auftreten und nur durch einen überregionalen Wasserausgleich zu beseitigen"[50] sind.

Der Generalplan enthielt eine umfassende Bestandsaufnahme der damaligen Wasserversorgung sowie Vorstellungen über eine zukünftig großräumige Wasserversorgung: "Zur Abdeckung des steigenden Bedarfes ist insbesondere ein überregionales Versorgungssystem mit Großwasserwerken und Fernwasserleitungen aufzubauen. Ein Ausgleich zwischen Wassermangel- und Wasserüberschußgebieten wird dadurch gewährleistet."[51]

Zwar galt die Ansicht, daß die Resultate einer umfassenden wasserwirtschaftlichen Rahmenplanung notwendig sind, "um in Form einer Generalplanung eine erschöpfende Aussage über das gesamte Wasserdargebot, den Wasserbedarf

---

[47]MELF - Referatsgruppe Wasserwirtschaft - (Hg.): Generalplan Wasserversorgung Niedersachsen. 1974, S. 22

[48]MELF - Referatsgruppe Wasserwirtschaft - (Hg.): ebd., S. 1

[49]MELF - Referatsgruppe Wasserwirtschaft - (Hg.): ebd., S. 1

[50]MELF - Referatsgruppe Wasserwirtschaft - (Hg.): ebd., S. 1

[51]MELF - Referatsgruppe Wasserwirtschaft - (Hg.): ebd., S. 22

und seine Entwicklung auf absehbare Zeit sowie die Möglichkeit der überregionalen Wasserbedarfsdeckung in ausreichender Menge und Güte treffen zu können"[52]. Obwohl die Rahmenplanung erst in Angriff genommen war, wurde aber der Generalplan dennoch erstellt: "Da die Fertigstellung der wasserwirtschaftlichen Rahmenpläne noch einige Zeit in Anspruch nehmen wird, andererseits eine Grundlage für Landesplanung, Bauleitplanung und wasserwirtschaftliche Rahmenentwürfe bereits heute erforderlich ist, wurde der Generalplan Wasserversorgung Niedersachsen auf der Grundlage der gegenwärtigen Kenntnisse aus der wasserwirtschaftlichen Rahmenplanung erarbeitet. Hiermit konnte und durfte nicht gewartet werden, wenn Entwicklungen vermieden werden sollen, die einer übergebietlichen Versorgung entgegenstehen oder sie erschweren. In der Vergangenheit hat sich deutlich gezeigt, daß durch Einzelmaßnahmen der Versorgungsträger oder der Industrie eine nach überregionalen Gesichtspunkten ausgerichtete Wasserversorgung nicht gewährleistet werden kann."[53] Zugleich wurde betont, daß der Ausbau eines solchen überregionalen Systems nur als Aufgabe des Landes sinnvoll sei.

Wie oben bereits angedeutet, ging der Generalplan von einem Anstieg des Trinkwasserbedarfs bis zum Jahre 2000 (das Jahr, auf das die vorliegenden Prognosen abgestellt waren) aus. Die direkte Verwendung von Flußwasser für die Trinkwasserversorgung wurde aufgrund der Abwasserbelastung der Flüsse für die Zukunft ausgeschlossen. Die Möglichkeit, das Flußwasser mittels der Grundwasseranreicherung als Trinkwasser zu nutzen, wurde als Ausnahme gesehen. Als möglich und notwendig wies der Generalplan dagegen die Verwendung des Oberflächendargebots in größerem Umfang durch den Bau von Talsperren in den Quellgebieten und Oberläufen der Flüsse aus.

Obwohl erwartet wurde, daß "der weitaus überwiegende Teil des Wasserbedarfes der zentralen Wasserversorgung" auch künftig aus dem Grundwasser gedeckt werden kann, wurden diesbezüglich Einschränkungen für einzelne

---

[52] MELF - Referatsgruppe Wasserwirtschaft - (Hg.): ebd., S. 1

[53] MELF - Referatsgruppe Wasserwirtschaft - (Hg.): ebd., S. 1

Versorgungsräume[54] gemacht: "Bei dem weiter zunehmenden Wasserbedarf werden jedoch vielerorts die bisher genutzten örtlichen Grundwasservorkommen nicht mehr ausreichen"[55]. Erst nach der Erkundung des gesamten nutzbaren Grundwasserdargebotes sei zu entscheiden, ob die Wasserversorgung in den einzelnen Räumen langfristig durch dort vorhandene Grundwasservorkommen oder durch überregionale Zulieferung von Trinkwasser aus anderen Räumen zu sichern ist. Zum Schutz der Wasservorkommen wurde bereits auf das Erfordernis hingewiesen, Wasserschutzgebiete auszuweisen.[56]

Rund ein dreiviertel Jahr vor der Bewilligung der Grundwasserentnahme Hamburgs aus der Nordheide wurde im Generalplan die besondere Bedeutung hervorgehoben, die "den Grundwasservorkommen in der Lüneburger Heide für einen überregionalen Ausgleich innerhalb des Landes und für eine Versorgung Hamburgs"[57] zukommen.

Als wesentlicher Teil des wasserwirtschaftlichen Rahmenplans, der das Gebiet der Nordheide einschließt (Wasserwirtschaftlicher Rahmenplan "Obere Elbe"), wurde ein 1967 eingeleitetes Arbeitsprogramm "Grundwassererkundung im Raum der Lüneburger Heide" noch im Erscheinungsjahr des Generalplans abgeschlossen[58]. Insofern ist anzunehmen, daß der Generalplanung bereits Erkenntnisse aus diesen Erkundungsarbeiten zugrunde lagen, auf welche sich die Aussage zugunsten der Wasserversorgung Hamburgs aus der Heide stützen konnte.

---

[54]Im Generalplan 1974 waren in Niedersachsen 46 Versorgungsräume nach verwaltungspolitischen, organisatorischen und versorgungstechnischen Gesichtspunkten gegeneinander abgegrenzt.

[55]MELF - Referatsgruppe Wasserwirtschaft - (Hg.): Generalplan Wasserversorgung Niedersachsen. 1974, S. 17

[56]Vgl. MELF - Referatsgruppe Wasserwirtschaft - (Hg.): Generalplan Wasserversorgung Niedersachsen. 1974

[57]MELF - Referatsgruppe Wasserwirtschaft - (Hg.): ebd., S. 17

[58]Vgl. u.a. Bezirksregierung Lüneburg: Über das Bewilligungsverfahren Wasserwerk Nordheide. (Unveröffentl. Manuskript) Lüneburg 10.01.82; MELF - Referatsgruppe Wasserwirtschaft - (Hg.): Generalplan Wasserversorgung Niedersachsen. 1974; Montz, A./Staschen, G./Thies, H.-H.: Grundwassererschließung für die Hamburger Wasserwerke in der Nordheide. In: Neues Archiv für Niedersachsen, Heft 2/1987, S. 184-195

Dem Generalplan zufolge verstand die Zentralinstanz der niedersächsischen Wasserwirtschaftsverwaltung (1974 der Niedersächsische Minister für Ernährung, Landwirtschaft und Forsten) die Sicherung der Wasserversorgung lediglich als Anstrengung in organisatorischer und finanzieller Hinsicht und als Anforderung an einen hohen Gemeinsinn. Ansonsten aber sei die Sicherstellung der Versorgung lösbar durch den Aufbau eines überregionalen Versorgungssystems. Allerdings war in der Zielformulierung bereits der Schutz des Naturhaushaltes enthalten, denn das Versorgungsziel (s.o.) hatte wörtlich die Einschränkung: "... ohne schädliche Beeinträchtigung des Naturhaushaltes ...".

Über die Grenzen Niedersachsens hinaus auch Hamburg (und Bremen) mit Wasser zu versorgen, war anscheinend selbstverständlich.[59]

3.2.2 Die aktuelle Entwicklung

Der gegenwärtige Stand der Wasserversorgung in Niedersachsen sowie die aktuelle Versorgungsstrategie kann dem 1988 vorgelegten Plan "Wasserversorgung in Niedersachsen" entnommen werden.

Danach liegt der angenommene Bedarfszuwachs der öffentlichen Wasserversorgung in Niedersachsen bis zum Jahre 2000 unter den Erwartungen des Generalplans von 1974. Seit 1983 stagnieren Wasserförderung und Wasserabgabe[60]. Der Bedarf der öffentlichen Wasserversorgung wird weiterhin hauptsächlich aus dem Grundwasser (87%) und zu einem Teil aus den Harztalsperren (13%) gedeckt. "Eine direkte Entnahme aus Flüssen ist im Verhältnis dazu unbedeutend; das soll vor allem wegen der nach wie vor bedenklichen Belastung der oberirdischen Gewässer so bleiben"[61].

Zur Gewässergüte heißt es: "Die Beschaffenheit des Trinkwassers ist in Niedersachsen insgesamt noch gut. Nur in Einzelfällen wurden die gesetzlich vorgege-

---

[59]Vgl. MELF - Referatsgruppe Wasserwirtschaft - (Hg.): Generalplan Wasserversorgung Niedersachsen. 1974

[60]Der Niedersächsische Umweltminister - Referat für Umweltberichterstattung und Öffentlichkeitsarbeit (Hg.): Expert. Wasserversorgung in Niedersachsen. 1988, S. 54

[61]Der Niedersächsische Umweltminister - Referat für Umweltberichterstattung und Öffentlichkeitsarbeit (Hg.): ebd., S. 41

benen Qualitätsnormen überschritten und zusätzliche Maßnahmen zur Qualitätssicherung notwendig. Dennoch geben in den letzten Jahren festgestellte Grundwasserverunreinigungen, insbesondere die flächenhafte Belastung mit Nitrat und punktuelle Belastungen, z.B. mit Chlorkohlenwasserstoffen, Anlaß zur Sorge um die Qualität der Wasservorkommen".[62] Der neue Nitratgrenzwert von 50 mg/l wurde nur von 2% aller erfaßten Wasserwerke in den Jahren 1977 bis 1982 überschritten. "Allerdings weisen inzwischen 19% der öffentlichen Wasserwerke erhöhte Nitratwerte im Trinkwasser von 25 - 50 mg/l auf"[63]. Insbesondere im südlichen Niedersachsen "sind einige Wasserwerke bereits heute akut gefährdet"[64].

Der flächenbezogene Gewässerschutz ist soweit realisiert, daß bisher für 60% der Einzugsgebiete in Niedersachsen Schutzgebiete festgesetzt oder im Verfahren sind[65]. Im Landes-Raumordnungsprogramm 1982 und in den Regionalen Raumordnungsprogrammen sind die Einzugsgebiete der Trinkwasserwerke grundsätzlich als Vorranggebiete für die Wassergewinnung ausgewiesen und "Gebiete mit besonderer Bedeutung für die Wasserversorgung" als geeignete Reservegebiete festgelegt. Als weitere Schutzmaßnahme wird gemäß §52 Niedersächsisches Wassergesetz (NWG) eine Gewässergüteüberwachung durchgeführt, die auch die Oberflächengewässer einschließt.

Nach Zahlen für das Jahr 1983 weist die Wasserversorgung in Niedersachsen traditionsgemäß einen hohen Anteil an überregionaler Versorgung auf. So werden fast 23% der gesamten Wassergewinnung der öffentlichen Versorgung

---

[62] Der Niedersächsische Umweltminister - Referat für Umweltberichterstattung und Öffentlichkeitsarbeit (Hg.): ebd., S. 41

[63] Der Niedersächsische Umweltminister - Referat für Umweltberichterstattung und Öffentlichkeitsarbeit (Hg.): ebd., S. 25

[64] Der Niedersächsische Umweltminister - Referat für Umweltberichterstattung und Öffentlichkeitsarbeit (Hg.): ebd., S. 25

[65] Vgl. Der Niedersächsische Umweltminister - Referat für Umweltberichterstattung und Öffentlichkeitsarbeit (Hg.): ebd., S. 30.

"nicht in den Räumen gefördert, wo sie gebraucht wurden"[66] - ohne die Abgabe Niedersachsens an Hamburg, Bremen und Bremerhaven.

Im Hinblick auf die zukünftige Sicherung der Wasserversorgung in Niedersachsen werden die Voraussetzungen aufgrund reicher Wasservorkommen mit guter Qualität als "günstig"[67] eingeschätzt. Folgende Maßnahmen zur Sicherstellung der Versorgung werden im Fachplan ausgeführt:

Einem nicht auszuschließenden Anstieg des Pro-Kopf-Verbrauchs soll durch gezielte Wassersparmaßnahmen entgegengewirkt werden. Als Beitrag der Landesregierung, so heißt es im Fachplan von 1988, wird diese ein Wassersparprogramm entwickeln und konsequent durchsetzen, welches alle möglichen Handlungsebenen berücksichtigt. Die Wirksamkeit der Sparmaßnahmen wird allerdings von einer freiwilligen Mitarbeit der Versorgungsunternehmen und der Bürger abhängig gemacht.

Zudem wird in dem sparsamen Umgang ein Nutzen für den Naturschutz gesehen - die Berücksichtigung dieses Belangs bei der Sicherstellung der Wasserversorgung wird 1988 nicht nur abstrakt als Ziel formuliert (wie 1974), darüber hinaus wird der Nutzungskonkurrenz das Kapitel "Wassergewinnung und Naturschutz" gewidmet, in welchem die Problematik dargelegt und anwendungsorientierte Ziele formuliert werden.

Der Schutz des Grundwassers vor Schadstoffbelastungen wird im Wasserversorgungsplan "als wesentliche Voraussetzung zur langfristigen Sicherung der öffentlichen Wasserversorgung"[68] betrachtet. "Maßnahmen zur Reinhaltung der Wasservorkommen haben grundsätzlich Vorrang vor einer Aufbereitung des Wassers in Wasserwerken und vor einer Neuerschließung von Wasser an ande-

---

[66]Der Niedersächsische Umweltminister - Referat für Umweltberichterstattung und Öffentlichkeitsarbeit (Hg.): ebd., S. 37

[67]Der Niedersächsische Umweltminister - Referat für Umweltberichterstattung und Öffentlichkeitsarbeit (Hg.): ebd., S. 41

[68]Der Niedersächsische Umweltminister - Referat für Umweltberichterstattung und Öffentlichkeitsarbeit (Hg.): ebd., S. 32

rer Stelle"[69]. Demzufolge soll ein umfassendes Grundwasserschutzprogramm entwickelt und durchgesetzt werden. Außerdem sollen grundsätzlich für alle Trinkwasserwerke Wasserschutzgebiete festgesetzt werden.

Im Gegensatz zu 1974 wird die überregionale Versorgung für die Zukunft nicht mehr präferiert. Statt dessen heißt es 1988: "Die Bedarfsdeckung aus regionalen Wasservorkommen ist gegenüber dem Ausbau von überregionalen Versorgungssystemen zu bevorzugen"[70]. "Auch in Zukunft kann der Wasserbedarf der öffentlichen Wasserversorgung zumeist aus regionalen Vorkommen gedeckt werden, die vorrangig erhalten werden müssen"[71]. Wo dies nicht möglich ist, wird eine überregionale Versorgung als "Wasserbezug von benachbarten Versorgungsunternehmen mit langfristig nicht benötigten Wassergewinnungskapazitäten"[72], unter Berücksichtigung ökologischer und wirtschaftlicher Aspekte, der Neuerschließung von Wasser vorgezogen.

Die Absicht der Harzwasserwerke, durch die der überwiegende Teil der überregionalen Trinkwasserversorgung in Niedersachsen stattfindet, "ihre Liefermöglichkeiten durch neu zu bewilligende Wassermengen auszuweiten"[73] wird im Plan "Wasserversorgung in Niedersachsen" als "nicht weiter zu verfolgen"[74] erklärt. Dementsprechende, Anfang der achtziger Jahre angenommene Bedarfsansprüche werden aufgrund der seit einigen Jahren stagnierenden Wasserabgabe und der zu erwartenden Entwicklung in Frage gestellt.

Verbleibenden Ansprüchen soll durch Gewässerschutz, Wassersparmaßnahmen, dem Ausbau des Verbundes zwischen regionalen Versorgungsunter-

---

[69]Der Niedersächsische Umweltminister - Referat für Umweltberichterstattung und Öffentlichkeitsarbeit (Hg.): ebd., S. 32

[70]Der Niedersächsische Umweltminister - Referat für Umweltberichterstattung und Öffentlichkeitsarbeit (Hg.): ebd., S. 36

[71]Der Niedersächsische Umweltminister - Referat für Umweltberichterstattung und Öffentlichkeitsarbeit (Hg.): ebd., S. 37

[72]Der Niedersächsische Umweltminister - Referat für Umweltberichterstattung und Öffentlichkeitsarbeit: ebd., S. 36

[73]Der Niedersächsische Umweltminister - Referat für Umweltberichterstattung und Öffentlichkeitsarbeit (Hg.): ebd., S. 38

[74]Der Niedersächsische Umweltminister - Referat für Umweltberichterstattung und Öffentlichkeitsarbeit (Hg.): ebd., S. 39

nehmen und durch eine Wiederinbetriebnahme von stillgelegten, aber noch erhaltenen örtlichen Wasserwerken in Notzeiten entgegengewirkt werden.[75]

Die Nutzung der mächtigen Grundwasserspeicher der Lüneburger Heide für die Trinkwasserversorgung umliegender Ballungsräume wird zwar nicht ausgeschlossen. Dahingehende konkrete Überlegungen, die über die erfolgte vorsorgliche raumordnerische Sicherung hinausgingen, werden zunächst jedoch zurückgestellt.

So wird auch kein Erfordernis mehr gesehen, für diese Region eine überregionale Gesellschaft zu gründen.[76] Damit wird eine Überlegung verworfen, die seit den sechziger Jahren Bestandteil der niedersächsischen Wasserpolitik war: Noch bevor im Generalplan 1974 von einem überregionalen Versorgungssystem als Aufgabe des Landes die Rede war, spielte in den sechziger Jahren der Gedanke einer überregionalen Gesellschaft in bezug auf die Wasserversorgung aus der Lüneburger Heide eine Rolle[77]. Anfang der achtziger Jahre wurde der Absicht, eine solche Gesellschaft einzuführen, noch verstärkt nachgegangen[78].

Anders als 1974 wird die überregionale Versorgung in Niedersachsen 1988 von der Zentralinstanz der niedersächsischen Wasserwirtschaftsverwaltung (seit 1986 der Niedersächsische Umweltminister) also nicht mehr als vorrangig eingestuft - auch aufgrund der geänderten Voraussetzung, daß der angenommene Bedarfsanstieg der öffentlichen Wasserversorgung unter den Erwartungen von 1974 liegt. Die Neuerschließung von Wassergewinnungsmöglichkeiten wird zunächst nicht als notwendig betrachtet. Statt dessen haben die Sicherung des vorhandenen Dargebots und Einsparungen beim Verbrauch stärkeres Gewicht erhalten. Außerdem finden Belange des Naturschutzes mehr Berücksichtigung.

---

[75]Vgl. Der Niedersächsische Umweltminister - Referat für Umweltberichterstattung und Öffentlichkeitsarbeit (Hg.): Expert. Wasserversorgung in Niedersachsen. 1988

[76]Vgl. Der Niedersächsische Umweltminister - Referat für Umweltberichterstattung und Öffentlichkeitsarbeit (Hg.): ebd.

[77]Vgl. Der Niedersächsische Umweltminister: Gesprächsprotokoll. Hannover, September 1988

[78]Vgl. z.B. Niedersächsischer Landtag - Neunte Wahlperiode: Drucksache 9/3161 (Antwort auf eine Große Anfrage der CDU-Fraktion vom 13.01.82), 26.01.82, S. 12 - 18

Inwieweit Neuerschließungen tatsächlich in absehbarer Zukunft nicht erforderlich werden, hängt sicherlich davon ab, wann und in welchem Umfang Grundwasserschutzprogramm und Wassersparprogramm wirksam werden und die Ausweisung von Wasserschutzgebieten vollzogen wird. Bisher sind erst 40% der Trinkwassereinzugsgebiete als Schutzgebiete ausgewiesen. Nach Abzug der für 97 Einzugsgebiete laufenden Verfahren zur Unterschutzstellung verbleiben 2100 qkm des Einzugsgebietes von Trinkwassergewinnungsanlagen, für die noch keine Ausweisungsverfahren eröffnet sind[79].

Betreffend die Grundwasserentnahme Hamburgs aus der Nordheide wird im Plan "Wasserversorgung in Niedersachsen" 1988 angeführt, daß die niedersächsische Landesregierung mit Hamburg über die Reduzierung der Wasserförderung verhandelt hat, "um das nicht auszuschließende Restrisiko für das Naturschutzgebiet zu vermindern"[80].

---

[79]Vgl. Niedersächsischer Landtag - Elfte Wahlperiode: Drucksache 11/3029 (Antwort auf eine Kleine Anfrage der Grünen vom 26.09.88), 21.01.89

[80]Der Niedersächsische Umweltminister - Referat für Umweltberichterstattung und Öffentlichkeitsarbeit (Hg.): Expert. Wasserversorgung in Niedersachsen. 1988, S. 34

4. Schematisierung des Entscheidungsprozesses

Als Grundlage für das Verständnis und die Nachvollziehbarkeit der Analyse und Beurteilung des Entscheidungsprozesses wird in diesem Kapitel der Prozeß zunächst schematisiert. Strukturelemente dieser Schematisierung sind die Vorstellung der Akteure mit ihren Kompetenzen und Funktionen, die Beschreibung des Prozeßverlaufs anhand von Schlüsselereignissen oder Entscheidungen und die Einteilung des Verfahrens in Runden politischer Interaktionen (s. Kap. II.2).

4.1 Einführende Vorstellung der Akteure

Die Akteure werden in drei Kategorien eingeteilt[1]:

1. der Antragsteller als Auslöser des Entscheidungsprozesses;
2. das politisch-administrative System (Landesregierungen und -verwaltungen) als Entscheidungsträger;
3. Interessengruppen/Betroffene.

Antragsteller: Hamburger Wasserwerke GmbH (HWW)

In der Freien und Hansestadt Hamburg war bis 1987 grundsätzlich die Baubehörde für das Wasserrecht und die Wasserwirtschaft zuständig. Damit obliegt ihr auch die "Globalverantwortung für die gesamte private und öffentliche Wasserversorgung Hamburgs"[2] (1987 ist ein Teil dieses Zuständigkeitsbereichs der Umweltbehörde übertragen worden[3]). Neben der Übertragung von Teilzuständigkeiten auf andere Behörden ist der HWW die öffentliche Wasserversorgung "durch Gesellschaftsvertrag und Gestattungsvertrag übertragen worden. Im Rahmen dieser Aufgabe betätigen sie (Anm.: die Wasserwerke) sich auch

---

[1] So auch bei Kunreuther, H./Linnerooth, J. et al: Risikoanalyse und politische Entscheidungsprozesse. Standortbestimmung von Flüssiggasanlagen in vier Ländern. IIASA, Laxenburg, Österreich (Hg.) Berlin, Heidelberg, New York, Tokyo 1983

[2] Baubehörde Hamburg (Hg.): Fachplan Wasserversorgung Hamburg. 1983, S. 7

[3] Vgl. Senat der Freien und Hansestadt Hamburg, Staatliche Pressestelle (Hg.): Amtlicher Anzeiger. Teil II des Hamburgischen Gesetz- und Verordnungsblattes, Nr. 76, 21.04.87

auf den Gebieten der Gewässerkunde und Versorgungsplanung sowohl innerhalb wie auch außerhalb Hamburgs."[4]

Landesregierungen und -verwaltungen:

Niedersächsischer Minister für Ernährung, Landwirtschaft und Forsten (MELF); Niedersächsischer Umweltminister

Der MELF war bis 1986 in Niedersachsen die Zentralinstanz der Wasserwirtschaftsverwaltung. "Neben den vorbereitenden gesetzgeberischen Aufgaben nimmt das Ministerium die Richtlinienkompetenz und Koordinierung für wasserwirtschaftliche Maßnahmen sowie den überregionalen Ausgleich und übergeordnete Aufgaben von besonderer Bedeutung wahr."[5]

Zugleich ist der MELF laut Niedersächsischem Naturschutzgesetz oberste Naturschutzbehörde und übt die Fachaufsicht über die nachgeordneten Naturschutzbehörden aus.

Seit 1986 ist der Niedersächsische Umweltminister die Zentralinstanz der Wasserwirtschaftsverwaltung.

Bezirksregierung Lüneburg

Die Bezirksregierungen in Niedersachsen (vor 1978 als Regierungspräsidien bezeichnet) sind als Mittelinstanz obere Wasserbehörden. Als obere Wasserbehörden hatten die Bezirksregierungen nach §18 NWG[6] in jedem Fall über wasserrechtliche Bewilligungen zu entscheiden. (Nach geltendem NWG §22 entscheidet die obere Wasserbehörde über die Bewilligung und die Erlaubnis, wenn die Entnahme von Grundwasser 2,5 Mio. cbm/a übersteigt.) Technische Fachbehörde der oberen Wasserbehörde ist im konkreten Fall das Wasserwirtschaftsamt Lüneburg.[7]

---

[4] Baubehörde Hamburg (Hg.): Fachplan Wasserversorgung Hamburg. 1983, S. 7

[5] Zölsmann, H.: Wasserwirtschaftsverwaltung in der Bundesrepublik Deutschland. In: Bretschneider, H./Lecher, K./Schmidt, M. (Hg.) Taschenbuch der Wasserwirtschaft. 6., vollständig neu bearbeitete Auflage. Hamburg, Berlin 1982, S. 397

[6] NWG vom 01.12.70

[7] Vgl. Zölsmann, H.: Wasserwirtschaftsverwaltung in der Bundesrepublik Deutschland. In: Bretschneider, H./Lecher, K./Schmidt, M. (Hg.) Taschenbuch der Wasserwirtschaft. 6., vollständig neu bearbeitete Auflage. Hamburg, Berlin 1982, S. 391 - 410

Zugleich sind die Bezirksregierungen laut Niedersächsischem Naturschutzgesetz obere Naturschutzbehörden.

Senat der Freien und Hansestadt Hamburg

Der Senator für Wasserwirtschaft, Energie und Stadtentsorgung führt die Fachaufsicht über die HWW und ist deshalb von den Problemen mit der Wasserförderung in der Nordheide betroffen.

Landkreis Harburg

Der Landkreis Harburg (Niedersachsen) hat aufgrund einer Vereinbarung mit der HWW aus dem Jahre 1970 Anspruch auf 20% der von den Hamburger Wasserwerken in der Nordheide geförderten Grundwassermenge.

Interessengruppen/Betroffene:

Interessengemeinschaft Grundwasserschutz Nordheide e.V. (IGN)

Die Interessengemeinschaft wurde 1979 als Reaktion auf die Veröffentlichung der Quast-Studie, die ein ökologisches Risiko bei der Grundwasserentnahme der HWW in der Nordheide feststellte, gegründet. Weitere Gründungsanlässe waren Informationen aus durch Grundwasserentnahmen geschädigten Gebieten (z.B. Hessisches Ried) sowie der Baubeginn des Wasserwerks Nordheide als sichtbares Anzeichen für Aktivitäten der HWW.[8]

Laut Satzung der IGN vom 18.08.1980 ist der Zweck der Interessengemeinschaft "die Pflege des Landschafts- und Naturschutzes in der Nordheide durch Erhaltung des natürlichen Grundwasserreservoirs"[9]. Zudem setzt sich die IGN dafür ein, daß entnahmebedingte Gebäudeschäden abgewendet bzw. entschädigt werden. Die Bürgerinitiative hat sich die Entwicklung von alternativen Lösungen der Wasserversorgung zur Aufgabe gemacht.[10] Die Mit-

---

[8]Vgl. IGN: Gesprächsprotokoll. Hanstedt, Februar 1988; IGN (Hg.): Grundwasserentnahme in der Nordheide. (Broschüre) 6. Auflage, 1986

[9]IGN: "Satzung" vom 18.08.1980, S. 1

[10]Vgl. u.a. IGN: ebd.

glieder der Interessengemeinschaft kommen aus allen Bevölkerungsschichten. Sie wohnen fast alle in der Heide oder fühlen sich mit ihr verbunden[11].

Der Konflikt wurde nach erteilter Bewilligung hauptsächlich durch die Aktivitäten der IGN ausgelöst.

Niedersächsisches Landvolk, Kreisverband Harburg e.V. (Kreislandvolkverband)

Das Niedersächsische Landvolk, Kreisverband Harburg e.V. - als organisierter Zusammenschluß von Landwirten zur Vertretung landwirtschaftlicher Interessen - war bereits im wasserrechtlichen Bewilligungsverfahren mit Einwendung und Widerspruch beteiligt.

---

[11]Vgl. IGN (Hg.): Grundwasserentnahme in der Nordheide. (Broschüre) 6. Auflage, 1986

Abb. 2: Chronologische Darstellung[12]

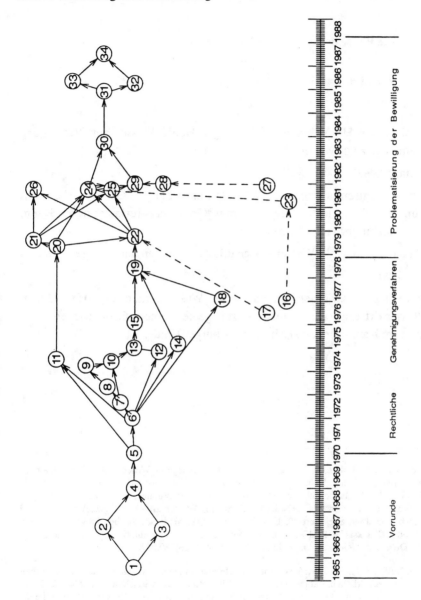

[12]Die gestrichelten Linien deuten auf den Einfluß "externer" Ereignisse.

4.2 Chronologie des Entscheidungsprozesses

4.2.1 Die Phase der Konfliktverlagerung

4.2.1.1 Vorrunde

(1) 1965

Absicht der HWW, in der Lüneburger Heide Wasser zur Versorgung Hamburgs zu gewinnen.[13]

(2) Anfang 1967

Die Absichtserklärung der HWW (1) führte beim Wasserwirtschaftsamt Lüneburg dazu, das Arbeitsprogramm "Grundwassererkundung im Raum der Lüneburger Heide" einzuleiten.

(Teil der Arbeit am Wasserwirtschaftlichen Rahmenplan "Obere Elbe".)[14]

(3) April 1967

Vereinbarung zwischen den Hamburger Wasserwerken (GmbH) und dem Wasserwirtschaftsamt Lüneburg zur gemeinsamen Grundwassererkundung im Raum südlich Harburg/Lüneburger Heide.

---

[13]Vgl. z.B. Bellin, K./Löken, W.: Hydrologische Untersuchungen - Wesentlicher Teil der Arbeit am Wasserwirtschaftlichen Rahmenplan "Obere Elbe". In: Wasserwirtschaft 64 (1974) 12, S. 370 - 375; Drobek, W.: Gedanken über eine Großstadt-Wasserversorgung um die Jahrtausendwende. I. Teil: Wasserbedarf und Wasserbedarfsdeckung. In: Wasser Abwasser. gwf. Das Gas- und Wasserfach, 108. Jahrgang, Heft 40, 1967, S. 1121 - 1131; Niedersächsischer Landtag - Zehnte Wahlperiode: Drucksache 10/1362 (Antwort der Landesregierung auf eine Kleine Anfrage der Abg. Dr. Duensing, Gellersen, Dr. Pohl (CDU) vom 08.03.83), 30.06.83

[14]Vgl. z.B. Bellin, K./Löken, W.: Hydrologische Untersuchungen - Wesentlicher Teil der Arbeit am Wasserwirtschaftlichen Rahmenplan "Obere Elbe". In: Wasserwirtschaft 64 (1974) 12, S. 370 - 375; Bezirksregierung Lüneburg: Über das Bewilligungsverfahren Wasserwerk Nordheide. (Unveröffentlichtes Manuskript), Lüneburg 10.01.82; Montz, A./Staschen, G./Thies, H.-H.: Grundwassererschließung für die Hamburger Wasserwerke in der Nordheide. In: Neues Archiv für Niedersachsen, Heft 2/1987, S. 184 - 195

(4) 1968/69

Diskussion um die Trägerschaft eines Wasserwerks, d.h. um die Zuständigkeit der Wasserentnahme in der Nordheide zwischen den zuständigen Stellen Hamburgs und Niedersachsens.[15]

(5) Juni 1970

Vereinbarung zwischen den Hamburger Wasserwerken GmbH und dem Landkreis Harburg.

(Zusicherung des Landkreises, die HWW beim Bau des Wasserwerkes, bei der Verlegung der erforderlichen Leitungen, bei der Erlangung wasserrechtlicher Bewilligungen und bei der Durchführung der damit verbundenen Maßnahmen nach Kräften zu unterstützen. Nach Durchführung des Projektes soll der Landkreis bis zu 20% der mittleren Tageskapazität aus dem Werk von den HWW auf der Basis der Selbstkosten beziehen können. Auslösende Ereignisse: erste Ergebnisse aus der Grundwassererkundung (3); Diskussion um die Trägerschaft (4).)

(6) Dez. 1971

Antrag der HWW auf Bewilligung (§19 NWG)[16] einer Entnahme von 37 Mio. cbm Grundwasser/Jahr aus der Nordheide an den Regierungspräsidenten in Lüneburg.[17]

---

[15]Vgl. Der Niedersächsische Umweltminister: Gesprächsprotokoll. Hannover, September 1988

[16]NWG (Niedersächsisches Wassergesetz) vom 01.12.70 (Auch die folgenden Angaben beziehen sich auf diese Fassung des NWG.)

[17]Vgl. z.B. HWW (Hg.): Grundwasserwerk Nordheide. (Informationsschrift), ohne Jahr

Tab. 1: Parteien-Interessenmatrix der Vorrunde

Interessen \ Parteien	HWW	Freie und Hansestadt Hamburg	Lüneburger Wasserwirtschaftsverwaltung	Land Niedersachsen	Landkreis Harburg
Ergebnisbezogene Interessen:					
Reibungslose Sicherstellung der Wasserversorgung. Hamburgs im eigenen Einflußbereich unter Beachtung techn.- ökon. Aspekte	X	X			
Durchführung einer vorbildlichen wasserwirtschaftlichen Rahmenplanung als Voraussetzung für eine sinnvolle Bewirtschaftung des Wassers			X		
Übergeordnete, nach landespolitischen Gesichtspunkten geordnete Nutzung des Wasserdargebots				X	
Kostengünstige Wasserversorgung für den Landkreis					X

4.2.1.2 Rechtliche Genehmigungsverfahren

(6) Dez. 1971[18]

Antrag der HWW auf Bewilligung (§19 NWG) einer Entnahme von 37 Mio. cbm Grundwasser/Jahr aus der Nordheide an den Regierungspräsidenten in Lüneburg.

(7) Zwischen Dez. 1971 und April 1973

Behördentermin im Bewilligungsverfahren.[19]

(8) April 1973

Ortsübliche Bekanntmachung (§21 NWG).

(9) März 1974

Öffentlicher Erörterungstermin (§22 NWG) in Jesteburg im Rahmen des wasserrechtlichen Bewilligungsverfahrens.

(10) Mai 1974

Ein weiterer Behördentermin im Bewilligungsverfahren (in Salzhausen).

(Erörterung darüber, daß die Bewilligungsbehörde wahrscheinlich nach Lage der Dinge und im Hinblick auf den Ausgang des Öffentlichen Erörterungstermins - entsprechend auch einer Forderung des Wasserwirtschaftsamtes - nur eine Bewilligung über 25 Mio. cbm/a erteilen werde.)

(11) Juni 1974

Verwaltungsabkommen zwischen Niedersachsen und Hamburg über die Wassergewinnung von Hamburg in Niedersachsen.

("Niedersachsen wird daran mitwirken, daß der gegenwärtige und künftige Trinkwasserbedarf Hamburgs aus Grundwasservorkommen der Lüneburger Heide und des Raumes Lüchow-Dannenberg gedeckt werden kann,

---

[18] Die Antragstellung der HWW wird an dieser Stelle wiederholt, da sie gleichzeitig das Ergebnis der Vorrunde wie das auslösende Ereignis der rechtlichen Genehmigungsverfahren darstellte.

[19] Vgl. Bezirksregierung Lüneburg: Gesprächsprotokoll. Lüneburg Februar 1989 (Das Gespräch vom Februar 89 hat ergeben, daß es mehrere Behördentermine gegeben hat.); MELF (Hg.): Grundwassererschließung für das Wasserwerk Nordheide. Wasserwirtschaftliche Untersuchungen und Beweissicherungsmaßnahmen. (Unveröffentlichtes Manuskript), Stand: 15.05.1986 (Laut MELF gab es behördeninterne Beratungen vor und nach der öffentlichen Auslegung vom 21.05. - 20.06.73.)

soweit dafür keine andere zweckmäßige Deckungsmöglichkeit besteht ..."[20]; dafür Zusicherung an Niedersachsen, daß Hamburg für den Fall einer künftigen Wassergewinnung in diesen Gebieten im Einvernehmen mit Niedersachsen einen noch zu vereinbarenden Anteil zur örtlichen Versorgung an niedersächsische Wasserverteilungsunternehmen abzugeben hätte, die in der Umgebung der Wassergewinnungs- und Transportanlagen liegen; ferner müsse Hamburg an Niedersachsen einen finanziellen Ausgleich zahlen, wenn durch die Entnahme Hamburgs auf niedersächsischem Gebiet Nachteile für die Wasserversorgung in Niedersachsen entstünden[21]; Bezugnahme in diesem Abkommen zu (5) und (6).)[22]

(12) Vor Erteilen des Bewilligungsbescheides im Dez. 1974

Ein 1971 eingeleitetes Untersuchungsprogramm "Hydrologisches Sonderprogramm Zentralheide" lieferte ausreichende Erkenntnisse für die Bewilligung; Durchführung des Programms unter Federführung des Wasserwirtschaftsamtes Lüneburg.

(Zusätzliches Untersuchungsprogramm, um die Auswirkungen der geplanten Grundwasserentnahme auf das Grundwasserpotential vor Bewilligung abzuschätzen, aber auch um grundsätzliche Erfahrungen zu gewinnen; folgende Untersuchungen wurden im Rahmen des Programms angestellt: Erfassen des unberührten Zustandes - Pumpversuche - Entwickeln von Grundwassermodellen (hydrologisches Modell) - Simulation der künftigen Gesamtentnahme; das Sonderprogramm ist zum Zeitpunkt der Bewilli-

---

[20]Bürgerschaft der Freien und Hansestadt Hamburg - 8. Wahlperiode: (Drucksache 8/85) Anlage. Verwaltungsabkommen zwischen dem Land Niedersachsen (Niedersachsen) und der Freien und Hansestadt Hamburg (Hamburg) über Wassergewinnung für Hamburg in Niedersachsen.
S. 3

[21]Vgl. Bürgerschaft der Freien und Hansestadt Hamburg - 8. Wahlperiode: (Drucksache 8/85) Anlage. Verwaltungsabkommen zwischen dem Land Nidersachsen (Niedersachsen) und der Freien und Hansestadt Hamburg (Hamburg) über Wasserversorgung für Hamburg und Niedersachsen. 11.06.1984, S. 4

[22]Vgl. Ders.: Drucksache 8/85. Erläuterungen zum Verwaltungsabkommen über Wassergewinnung für Hamburg in Niedersachsen vom 4./11. Juni 1974, 11.06.1974, S. 4 - 5

gung (13) noch nicht abgeschlossen; Ergebnisse sind jedoch bereits bekannt[23].)[24]

(13) Dez. 1974

Bewilligungsbescheid (§25 NWG) des Regierungspräsidenten Lüneburg an die HWW über die Entnahme von 25 Mio. cbm/a.

(Bewilligung mit Auflagen.)

(14) März 1975

Raumordnungsverfahren für die Rohrleitungen nach Hamburg wird abgeschlossen; Genehmigungserteilung nach §14 Niedersächsisches Gesetz über Raumordnung und Landesplanung (NROG)[25].

(15) Jan. 1976

Rahmenvertrag zwischen den HWW und dem Niedersächsischen Landvolk, Kreisverband Harburg.

(Erheblicher Beweisvorteil für die Mitglieder des Verbandes beim Eintritt von Schadensfällen durch die Grundwasserentnahme; Landvolk nimmt den gegen den Bewilligungsbescheid (13) erhobenen Widerspruch zurück.)

---

[23]Vgl. z.B. Bellin, K./Löken, W.: Hydrologische Untersuchungen - Wesentlicher Teil der Arbeit am Wasserwirtschaftlichen Rahmenplan "Obere Elbe". In: Wasserwirtschaft 64 (1974) 12, S. 370 - 375; Bezirksregierung Lüneburg: Gesprächsprotokoll. Lüneburg, März 1988; ders.: Über das Bewilligungsverfahren Wasserwerk Nordheide. (Unveröffentlichtes Manuskript), Lüneburg 10.01.82; MELF: Grundwassererschließung für das Wasserwerk Nordheide. Wasserwirtschaftliche Untersuchungen und Beweissicherungsmaßnahmen. (Unveröffentlichtes Manuskript) Stand: 15.05.86

[24]Vgl. z.B. Bellin, K./Löken, W.: Hydrologische Untersuchungen - Wesentlicher Teil der Arbeit am Wasserwirtschaftlichen Rahmenplan "Obere Elbe". In: Wasserwirtschaft 64 (1974) 12, S. 370 - 375; Bezirksregierung Lüneburg: Über das Bewilligungsverfahren Wasserwerk Nordheide. (Unveröffentlichtes Manuskript) Lüneburg, 10.01.82; ders.: Gesprächsprotokoll. Lüneburg, März 1988; MELF: Grundwassererschließung für das Wasserwerk Nordheide. Wasserwirtschaftliche Untersuchungen und Beweissicherungsmaßnahmen. (Unveröffentlichtes Manuskript) Stand: 15.05.86

[25]Vgl. Bezirksregierung Lüneburg: Gesprächsprotokoll. Lüneburg, Februar 1989; HWW (Hg.): Wasserwerk Nordheide. Zeitlicher Ablauf des Wasserrechtlichen Verfahrens (Informationsblatt), ohne Jahr

(16) Dez. 1976

Gesetz über Naturschutz und Landschaftspflege (Bundesnaturschutzgesetz).

(Höherer Stellenwert des Naturschutzes.)[26]

(17) 1976

Berichte über unerwartete Folgeschäden großer Grundwasserentnahmen im Hessischen Ried.[27]

(18) Feb. 1977

Anlagengenehmigung nach § 42a NWG für die HWW wird erteilt.

(Genehmigung mit Ergänzungen und weiteren Auflagen.)[28]

(19) Frühjahr 1978

Baubeginn.

---

[26]Vgl. Ebert, A.: Einführung. In: Beck, C.H.. Naturschutzrecht. 2., neubearbeitete und ergänzte Auflage. Stand: 30.November 1982, München ohne Jahr

[27]Vgl. z.B. IGN (Hg.): Grundwasserentnahme in der Nordheide. (Broschüre) 6. Auflage, 1986

[28]Vgl. z.B. HWW (Hg.): Wasserwerk Nordheide. Zeitlicher Ablauf des wasserrechtlichen Verfahrens. (Informationsblatt), ohne Jahr

Tab. 2: Parteien-Interessenmatrix für die Runde der rechtlichen Genehmigungsverfahren

Interessen \ Parteien	HWW	Freie und Hansestadt Hamburg	Land Niedersachsen	Obere Wasserbehörde	WWA	Obere Naturschutzbehörde	Nieders. Landvolk Kreisverb. Harburg
Ergebnisbezogene Interessen:							
Reibungslose Sicherstellung der Wasservers. HH im eigenen Einflußbereich unter Beachtung techn.- ökon. Aspekte	X	X					
Sicherstellung im Bewilligungsbescheid, daß Schäden (Dauerschäden) für die Land- und Forstwirtschaft und im Naturschutzgebiet vermieden werden					X		
Berücksichtigung der Belange des Naturschutzes						X	
Übergeordnete, nach landespolitischen Gesichtspunkten geordnete Nutzung des Wasserdargebots				X			
Volle und reibungslose Entschädigung für sämtliche sich durch die Grundwasserentnahme ergebenden Nachteile der Land- und Forstwirtschaft							X
Verfahrensbezogene Interessen:							
Nachweislich korrekte Durchführung des wasserrechtlichen Bewilligungsverfahrens					X		

4.2.2 Die Konfliktphase
(Runde der Problematisierung)

(20) April 1979

Quast-Studie (Quast: Name der Bearbeiter)

(Wissenschaftliche Untersuchungen ergeben ein ökologisches Risiko bei der bewilligten Grundwasserentnahme der HWW in der Nordheide; auslösende Ereignisse: Presseberichte über das Verwaltungsabkommen (11); Bezugnahme zur bewilligten Entnahme (13).)[29]

(21) Juli 1979

Landtagsanfrage einer SPD-Abgeordneten betreffend das Großwasserwerk der HWW am Nordrand der Lüneburger Heide.

(Anlaß sind erneute Bedenken in der Samtgemeinde Hanstedt und dem umliegenden Raum gegen die geplante Wasserentnahme der HWW nach Veröffentlichung der Quast-Studie (20); neue Überprüfung der Genehmigung zur Wasserentnahme wird angeregt.[30] Regelmäßige Landtagsanfragen zur Heidewasserproblematik in den folgenden Jahren; ebenfalls mehrfache Thematisierung der Grundwasserentnahme Hamburgs aus der Nordheide im Landkreis und in den Samtgemeinden (Kreistag, Gemeindevertretungen, Ausschüsse, politische Parteien), in Umweltverbänden, aber auch in der Hamburger Bürgerschaft; insbesondere die weiteren Diskussionen im örtlichen politischen Raum werden auf die Initiative der IGN (22) zurückgeführt[31].)

(22) Sep. 1979

Offener Brief von Karl-Hermann Ott (später Vorsitzender der IGN) an die auf Landes-, Kreis- und Samtgemeindeebene verantwortlichen Politiker; Ott kündigt an, daß eine Interessengemeinschaft oder Bürgerinitiative

---

[29] Vgl. Quast, J. G./Quast, R. unter Mitarbeit von Krause, E.: Untersuchungen über die Auswirkung von Grundwasserentnahmen auf den Haushalt und Struktur des Naturschutzparkes Lüneburger Heide. Erstellt am Institut für Landespflege und Naturschutz der Technischen Universität Hannover; Direktor: Prof. Dr. K. Buchwald. Im Auftrage des Niedersächsischen Landesverwaltungsamtes für Naturschutz, Landschaftspflege und Vogelschutz, 1979

[30] Vgl. Niedersächsischer Landtag - Neunte Wahlperiode: Drucksache 9/918. (Kleine Anfrage der Abg. Frau Heinlein (SPD) vom 24.07.79)

[31] Vgl. Bezirksregierung Lüneburg: Gesprächsprotokoll. Lüneburg, Februar 1989; Der Niedersächsische Umweltminister: Gesprächsprotokoll. Hannover, September 1988

gegründet wird, "wenn keine der Parteien, Institutionen und Verbände" zum Schutz der Landschaft willens oder in der Lage ist[32]; inoffizieller Gründungszeitpunkt der Interessengemeinschaft[33].

(Auslösende Ereignisse der Gründung: die Aussagen der Quast-Studie (20), Berichte über Folgeschäden großer Grundwasserentnahmen im Hessischen Ried (17), der Baubeginn als sichtbares Anzeichen für das Projekt der HWW (19).[34] Wesentliche Ereignisse der folgenden Jahre sind auf die nun beginnende fortlaufende Informations- und Öffentlichkeitsarbeit der IGN - einschließlich ihrer positiven Resonanz bei der Bevölkerung - sowie auf ihre beharrlichen Forderungen gegenüber den Verantwortlichen zurückzuführen.)

(23) März 1981

Niedersächsisches Naturschutzgesetz.

(Höherer Stellenwert des Naturschutzes.[35])

(24) Sep. 1981

Ergänzende beweissichernde Untersuchungen im Naturschutzgebiet zu dem in der Quast-Studie (20) aufgeworfenen ökologischen Risiko durch die Grundwasserentnahme im Auftrag der Bezirksregierung Lüneburg "Gemeinsamer Bericht".[36]

(Die daraus gewonnenen neuen Erkenntnisse bestätigen zwar die Möglichkeit bestehender Risiken, sind der Bezirksregierung jedoch nicht stich-

---

[32]Ott, K.-H.: Offener Brief an die auf Landes-, Kreis und Samtgemeindeebene verantwortlichen Politiker. 08.09.79

[33]Vgl. IGN: Gesprächsprotokoll. Oldenburg, Oktober 1988

[34]Vgl. z.B. IGN: Grundwasserentnahme in der Nordheide. (Broschüre) 6. Auflage. 1986; IGN: Gesprächsprotokoll. Hanstedt, Februar 1988

[35]Vgl. MELF: Vorwort. In: MELF (Hg.): Niedersächsisches Naturschutzgesetz. [Hannover 1981]

[36]Nieders. Landesverwaltungsamt - Dezernat Naturschutz, Landschaftspflege, Vogelschutz/Nieders. Landesamt für Bodenforschung, U.-Abt. Hydrogeologie/Nieders. Landesamt für Bodenforschung, U.-Abt. Bodenkartierung/Wasserwirtschaftsamt Lüneburg (Bearb.): Gemeinsamer Bericht über die Ergebnisse der in den Jahren 1980/81 durchgeführten ergänzenden Untersuchungen zur Beweissicherung für das Wasserwerk Nordheide der Hamburger Wasserwerke GmbH im Naturschutzgebiet "Lüneburger Heide". (Zusammenfassung der Einzelberichte: Naturschutz, Hydrogeologie, Bodenkunde und Gewässerkunde). Auftraggeber: Bezirksregierung Lüneburg, 1981

haltig genug, um in das bewilligte Recht einzugreifen: Es hätten keine konkreten Aussagen getroffen werden können, inwieweit eine Gefahr besteht. Die Bezirksregierung sieht aber die Möglichkeit zusätzlicher Auflagen. Auslösende Ereignisse dieser Untersuchungen: die Aussagen der Quast-Studie (20)[37], neue Naturschutzgesetzgebung und gewachsener Stellenwert des Naturschutzes (16, 23)[38], die Initiative der Bezirksregierung[39] - möglicherweise unterstützt durch eine Weisung des MELF[40], die Initiative der IGN (22)[41]).

(25) Sep. 1981

Vereinbarung zwischen Hamburg und Niedersachsen in einem gemeinsamen Gespräch auf höchster politischer Ebene über eine umweltgerechte Wasserentnahme.[42]

(Als auslösende Ereignisse können die artikulierten Naturschutzbedenken (21, 22) und möglicherweise die Ergebnisse des etwa zeitgleich mit der Vereinbarung fertiggestellten Gemeinsamen Berichts (24) angenommen werden.)

(26) Okt. 1981

1. Sitzung des vom Nieders. Minister für Ernährung, Landwirtschaft und Forsten initiierten Arbeitskreises Wasserwerk Nordheide in Lüneburg.[43]

---

[37]Vgl. z.B. ders.: Gesprächsprotokoll. Lüneburg, Februar 1989; HWW: Gesprächsprotokoll. Hamburg, Januar 1989

[38]Vgl. Bezirksregierung Lüneburg: Gesprächsprotokoll. Lüneburg, Februar 1989

[39]Vgl. z.B. ders.: Gesprächsprotokoll. Lüneburg, Februar 1989; HWW: Gesprächsprotokoll. Hamburg, Januar 1989

[40]Vgl. MELF: Pressemitteilung vom 09.05.85

[41]Vgl. z.B. Bezirksregierung Lüneburg: Gesprächsprotokoll. Lüneburg, Februar 1989; HWW: Gesprächsprotokoll. Hamburg, Januar 1989; Löken, W.: Beweissicherungsmaßnahmen für das Wasserwerk Nordheide der Hamburger Wasserwerke GmbH. In: Wasser und Boden, Heft 10/1981, S. 488 - 492

[42]Vgl. IGN: Grundwasserentnahme der Hamburger Wasserwerke in der Nordheide - Zwischenbilanz der eingetretenen Schäden. (Ohne Adressat), Ende 09.85

[43]Vgl. Der Niedersächsische Umweltminister: Gesprächsprotokoll. Hannover, September 1988

(Aufgaben des Arbeitskreises laut Protokoll vom 22.10.1981:

- "Begleitende Beratung der Bezirksregierung Lüneburg bei der Aufgabe, einen Ausgleich zwischen den Interessen der Wasserversorgung und denen des Naturschutzes in der 'Lüneburger Heide' im Rahmen der zielbewußten Bewirtschaftung des Grundwassers zu finden
- Weiterleiten der hierbei gewonnenen Informationen an die von den Teilnehmern vertretenen Institutionen
- Beantwortung von Fragen aus der Bevölkerung
- Mithilfe beim Abbau des Mißtrauens zwischen den Bewohnern der Nordheide und der Verwaltung
- Mitwirkung, die Diskussion um das Wasserwerk Nordheide zu versachlichen."

Der Bezirksregierung Lüneburg wird die Geschäftsführung dieses Arbeitskreises übertragen. (Auslösende Ereignisse: Die Initiative der IGN (22) in Verbindung mit der durch sie bewirkten Diskussion im örtlichen politischen Raum (21)[44].)

(27) Vor Ende 1981

Konjunktureller Rückgang in der Hansestadt.[45]

(28) Ende 1981

Entgegen früheren Prognosen war der Wasserverbrauch im Versorgungsgebiet der HWW 1981 gegenüber dem Vorjahr um 2,4% zurückgegangen.[46]

(Auslösende Ereignisse: Erste Erfolge von Wassersparappellen, begünstigt durch die dementsprechende Öffentlichkeitsarbeit der IGN (22)[47]; Konjunktureller Rückgang (27).)

---

[44]Vgl. Der Niedersächsische Umweltminister: Gesprächsprotokoll. Hannover, September 1988

[45]Vgl. HWW (Hg.): WasserMagazin. Kundeninformation der Hamburger Wasserwerke GmbH. April/Mai 1982, S. 21

[46]Vgl. HWW (Hg.): WasserMagazin. Kundeninformation der Hamburger Wasserwerke GmbH. April/Mai 1982, S. 21

[47]Vgl. HWW: Gesprächsprotokoll. Hamburg, Januar 1989

(29) Dez. 1981

Freiwillige Erklärung der HWW, vorerst nur rd. 15 Mio. cbm/a zu fördern.[48]

(Auslösende Ereignisse: Vereinbarungen zwischen Hamburg und Niedersachsen auf höchster politischer Ebene auf eine umweltgerechte Wasserentnahme (25); Rückgang des Wasserverbrauchs (28); die Initiative der IGN in Verbindung mit der durch sie bewirkten Diskussion im örtlichen politischen Raum (22, 21)[49].)

(30) Sep. 1983

Beginn des Großpumpversuchs, ca. ein dreiviertel Jahr nach Förderbeginn und etwa zeitgleich mit der Aufnahme des Routinebetriebes der HWW[50]; Dauer des Großpumpversuchs: Sep. 1983 - Dez. 1984[51]; Ergebnisse: April 1985.

(Großpumpversuch als Folgerung der Bezirksregierung aus den Ergebnissen des "Gemeinsamen Berichts" (24): Erkenntnisse sollen gewonnen werden, aufgrund derer ermittelt werden kann, wie die Brunnen gefahren werden können, so daß Beeinträchtigungen im Naturschutzgebiet vermieden werden; Bei reduzierter Entnahmemenge seitens der HWW (29) ist während des Pumpversuchs eine flexible Fahrweise der Brunnen möglich.)

(31) April - Dez. 1985

Ergebnisse des Großpumpversuchs und Schadensmeldungen.

(Ein Ergebnis des Großpumpversuchs: lokal begrenzte Schäden in der Natur können nicht ausgeschlossen werden; im Dez.: Erstmals wird ein von der IGN gemeldeter Schaden vom Wasserwirtschaftsamt mit Wahrscheinlichkeit auf die Grundwasserentnahme zurückgeführt.)

---

[48]Vgl. IGN: Pressemitteilung vom 21.12.81

[49]Vgl. Bezirksregierung Lüneburg: Gesprächsprotokoll. Lüneburg, Februar 1989; Der Niedersächsische Umweltminister: Gesprächsprotokoll. Hannover, September 1988

[50]Vgl. HWW (Hg.): WasserMagazin. Kundeninformation der Hamburger Wasserwerke GmbH. November 1987, S. 8; HWW: Antwortschreiben an die Verfasserin vom 09.05.1989

[51]Vgl. HWW (Hg.): WasserMagazin. Kundeninformation der Hamburger Wasserwerke GmbH. November 1985

(32) März 1986

Vereinbarung zwischen Niedersachsen und Hamburg auf eine Reduzierung der Wasserentnahme Hamburgs in der Nordheide.[52]

(Auslösendes Ereignis: Ergebnisse des Großpumpversuchs (31); Initiativen der IGN in Verbindung mit der durch sie bewirkten Diskussion im örtlichen politischen Raum (22, 21)[53]; Initiativen der Bezirksregierung im Arbeitskreis[54].)

(33) April 1986

Handlungskonzept der Hamburger Wasserwerke zur dauerhaften Sicherung der Trinkwasserversorgung.[55]

(Ein Schwerpunkt: Wassersparen; dementsprechende Überlegungen der IGN (22) werden aufgegriffen; Öffentlichkeitsarbeit der IGN erleichtert nach Ansicht der HWW die Durchsetzung von Wassersparideen[56].)

(34) 1987

Gespräche zwischen IGN und HWW auf Vorstandsebene, wenn konkrete Fragen zur Diskussion anstanden.

(Die Gespräche können als symbolisch für eine Entspannung im Verhältnis zwischen IGN und Wasserwerken betrachtet werden, die sich in jüngster Zeit abzeichnete.)

---

[52] Vgl. MELF: Pressemitteilung Nr. 30 vom 04.03.86

[53] Vgl. Bezirksregierung Lüneburg: Gesprächsprotokoll. Lüneburg, Februar 1989; Der Niedersächsische Umweltminister: Gesprächsprotokoll. Hannover, September 1988

[54] Vgl. Bezirksregierung Lüneburg: Gesprächsprotokoll. Lüneburg, Februar 1989; Der Niedersächsische Umweltminister: Gesprächsprotokoll. Hannover, September 1988

[55] Vgl. HWW: Handlungskonzept zur dauerhaften Sicherung der Trinkwasserversorgung. 1986

[56] Vgl. HWW: Gesprächsprotokoll. Hamburg, Januar 1989; IGN: Gesprächsprotokoll. Hanstedt, Januar 1989

Tab. 3: Parteien-Interessenmatrix für die Runde der Problematierung

Interessen \ Parteien	HWW	Freie und Hansestadt Hamburg	Bezirks-regierung Lüneburg	Land Niedersachsen	IGN
Ergebnisbezogene Interessen:					
Reibungslose Sicherstellung der Wasserversorgung Hamburgs unter Beachtung technisch-ökonomischer Aspekte	X	X			
Verhinderung ökologischer Folgeschäden durch die Grundwasserentnahme der HWW				X	X
Reibungslose Entschädigung für Gebäudeschäden, die durch die Grundwasserentnahme verursacht wurden				X	X
Verfahrensbezogene Interessen:					
Reibungslose Erfüllung der Dienstpflichten als oberer Wasserbehörde			X		
Wahrung uneingeschränkter Kompetenzen der Bezirksregierung			X		
Weitergehende Mitwirkungsrechte der IGN und der Öffentlichkeit bei der Entscheidungsfindung					X

4.2.3 Weitere Ereignisse

Zusätzlich zu diesen Schlüsselereignissen oder Entscheidungen sind noch Ereignisse hervorzuheben, die zwar keinen nachweisbaren bzw. nachvollziehbaren Einfluß auf den Fortgang des Entscheidungsprozesses hatten, die aber die Dimensionen des Verfahrens verdeutlichen:

- Im November 1980 wird ein Brandanschlag auf die Baubaracken der HWW in Garlstorf verübt. (Die IGN distanzierte sich von diesem Anschlag.)[57]
- Im März 1982 klagt der Verein Naturschutzpark e.V. (VNP) gegen die Bezirksregierung Lüneburg auf Verfahrensfehler im Bewilligungsverfahren (fehlende Erteilung einer Ausnahmegenehmigung nach §53 NNatSchG für die Grundwasserentnahme)[58]. Die Klage wird in erster Instanz hauptsächlich wegen mangelnder Kompetenz des VNP nach §29 (2) BNatSchG zurückgewiesen, da insofern ein Klagerecht nicht begründet sei. Daraufhin erhebt der VNP Beschwerde vor dem Oberverwaltungsgericht. Der Prozeß wird nach Ansicht von Buchwald zu einem Modellprozeß in Hinblick auf die Auslegung von §29 BNatSchG.[59] (Der VNP ist Grundeigentümer im Naturschutzgebiet und hätte insofern bereits im wasserrechtlichen Bewilligungsverfahren Einwendung erheben können[60].)
- Etwa zeitgleich mit der Klage des VNP klagt die IGN für drei Hausbesitzer gegen die Bezirksregierung Lüneburg auf verbesserte Beweissicherung[61].
- Im März 1982 sichert der damalige Bundesminister des Innern anläßlich einer Wahlkampfveranstaltung in Salzhausen der IGN die Unterstützung

---

[57]Vgl. z.B. Buchwald, K.: Die Auseinandersetzungen um die Wasserentnahme der Hamburger Wasserwerke in der Nordheide. In: Landschaft + Stadt 15, (1), 1983, S. 1 - 15; HAN (Harburger Anzeigen und Nachrichten): Wandhoff fordert mehr Sachlichkeit. 13.12.80

[58]Vgl. Buchwald, K.: Die Auseinandersetzungen um die Wasserentnahme der Hamburger Wasserwerke in der Nordheide. In: Landschaft + Stadt 15, (1), 1983, S. 1 - 15

[59]Vgl. z.B. Buchwald, K.: Die Auseinandersetzungen um die Wasserentnahme der Hamburger Wasserwerke in der Nordheide. In: Landschaft + Stadt 15, (1), 1983, S. 1 - 15

[60]Vgl. z.B. Buchwald, K.: ebd.; ders.: Gesprächsprotokoll. Oldenburg, März 1988

[61]Vgl. z.B. Buchwald, K.: Die Auseinandersetzungen um die Wasserentnahme der Hamburger Wasserwerke in der Nordheide. In: Landschaft + Stadt 15, (1), 1983, S. 1 - 15

des Umweltbundesamtes zu[62]. Im Mai 1984 gibt das UBA die schriftliche Stellungnahme zur Grundwasserentnahme in der Nordheide ab[63]. (Auf Bundesebene werden "Rahmenvorschriften auf dem Gebiet des Wasserhaushaltes"[64] erlassen, die in Form des Wasserhaushaltsgesetzes (WHG) vorliegen. Die Unterabteilung Wasserwirtschaft des Bundesministers des Innern "hat die Federführung für das Wasserhaushaltsgesetz und das Wassersicherstellungsgesetz sowie für die Fragen der allgemeinen Wasserwirtschaft und der Gewässerreinhaltung"[65]. Zur betreffenden Zeit war das Umweltbundesamt (UBA) noch dem BMI als der oberen Bundesbehörde nachgeordnet[66].)

---

[62]Vgl. z.B. FDP: Pressemitteilung Nr. 8 vom 09.08.82

[63]Vgl. UBA: Stellungnahme zur Grundwasserentnahme in der Nordheide. (Vervielfältigtes Manuskript) Berlin 1984

[64]Zölsmann, H.: Wasserwirtschaftsverwaltung in der Bundesrepublik Deutschland. In: Bretschneider, H./Lecher, K./Schmidt, M. (Hg.) Taschenbuch der Wasserwirtschaft. 6., vollständig neu bearbeitete Auflage. Hamburg, Berlin 1982, S. 400

[65]Zölsmann, H.: ebd., S. 402

[66]Vgl. Zölsmann, H.: ebd., S. 391 - 410

III. Analyse des Entscheidungsprozesses

1. Die Phase der Konfliktverlagerung

1.1. Vorrunde

1.1.1 Organisation der Voruntersuchungen

Ausgelöst hatte den Entscheidungsprozeß die **Mitte der sechziger Jahre** erklärte **Absicht** der HWW, in der **Lüneburger Heide Wasser** zur **Versorgung Hamburgs** zu gewinnen (1)[1]. Aufgrund der Gewässerverschmutzung und der Flächenknappheit in Hamburg - hervorgerufen durch die Raumbeanspruchung konkurrierender Nutzungen - sahen die Wasserwerke keine Möglichkeit, die Deckungslücke in der Wasserversorgung, die für die Zukunft erwartet wurde, auf eigenem Territorium schließen zu können.

Als Resultat alternativer Überlegungen, dem Versorgungsauftrag durch eine Wasserentnahme im außerhamburgischen Umland oder durch Fremdbezug gerecht zu werden, fiel die Wahl aus technischer und betriebswirtschaftlicher Sicht auf die Lüneburger Heide. Davon unabhängig wurde zu dieser Zeit von der niedersächsischen Wasserwirtschaftsverwaltung die wasserwirtschaftliche Rahmenplanung in Angriff genommen[2]. Gebiete der nördlichen Lüneburger Heide bildeten einen Teilraum des Wasserwirtschaftlichen Rahmenplans "Obere Elbe".

---

[1] Die Ziffern in Klammern beziehen sich auf die Nummerierung der Ereignisabfolge in Kap. II.4

[2] Vgl. Bezirksregierung Lüneburg: Gesprächsprotokoll. Lüneburg, März 1988

Abb. 3: Untersuchungsraum des Wasserwirtschaftlichen Rahmenplans "Obere Elbe"

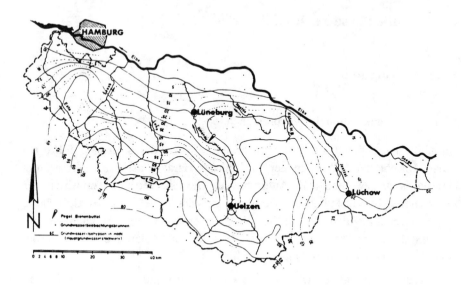

Die Absicht der Hamburger Wasserwerke, in diesem Gebiet Wasser zu entnehmen, hatte dazu beigetragen, "endlich mit dem Schwerpunkt 'Lüneburger Heide' die ansonsten so außerordentlich zäh und langsam anlaufende Arbeit an dem Wasserwirtschaftlichen Rahmenplan voranzutreiben"[3]. "Innerhalb kürzester Frist konnten die Erkundungsarbeiten nach einem vom Wasserwirtschaftsamt Lüneburg am **10. Januar 1967** aufgestellten **Arbeitsprogramm** '**Grundwassererkundung** im Raum der Lüneburger Heide' als Teil der Arbeit am Wasserwirtschaftlichen Rahmenplan 'Obere Elbe' eingeleitet werden"[4] - - Anm.: Hervorhebungen von der Verfasserin (2).

Bellin und Löken hoben dies hervor, weil sie als Vertreter der Wasserwirtschaftsverwaltung in Lüneburg ihre damalige Stellung als (finanziell) benachteiligt gegenüber der Position anderer, politisch wirkungsvollerer öffentlicher Aufgaben betrachteten. Diese Benachteiligung wurde von ihnen insbesondere deshalb bemängelt, weil die wasserwirtschaftliche Rahmenpla-

---

[3] Bellin, K./Löken, W.: Hydrologische Untersuchungen - Wesentlicher Teil der Arbeit am Wasserwirtschaftlichen Rahmenplan "Obere Elbe". In: Wasserwirtschaft 64 (1974) 12, S. 371

[4] Bellin, K./Löken, W.: ebd., S. 371/372

nung wesentlich für wasserwirtschaftliches Handeln sei. Eine sinnvolle Bewirtschaftung des Wassers begriffen sie wiederum als "elementar wichtige Aufgabe" gerade in der Zeit wachsender Umweltprobleme[5]. Da Verwaltungsressorts generell an der Optimierung der eigenen, fachspezifischen Interessen orientiert sind, ist anzunehmen, daß diese Haltung bei der Lüneburger Wasserwirtschaftsverwaltung nicht nur auf die zitierten Wasserfachleute zutraf. Es kann also verallgemeinernd davon ausgegangen werden, daß die Absicht der HWW der oberen Wasserbehörde und dem Wasserwirtschaftsamt willkommen war.

Das Arbeitsprogramm legte u.a. die Aufgabenverteilung zwischen dem federführenden Wasserwirtschaftsamt Lüneburg und der für die Hydrogeologie zuständigen Stelle, dem Niedersächsischen Landesamt für Bodenforschung (NLfB), unter finanzieller Mitwirkung der HWW fest. Laut Bellin und Löken wurde nach gescheiterten Verhandlungen auf Länderebene über Zuständigkeit und Finanzierung vom Wasserwirtschaftsamt **im April 1967** eine **Vereinbarung zur gemeinsamen Grundwassererkundung** im Raum südlich Harburg/Lüneburger Heide mit den Hamburger Wasserwerken geschlossen (3), um deren Mitarbeit und Mitfinanzierung zu sichern[6]. Unterlagen der Bezirksregierung zur Grundwassererforschung in der Lüneburger Heide verweisen jedoch darauf, daß die Beteiligung der HWW an den Erkundungsarbeiten auch auf Besprechungen im Niedersächsischen Landwirtschaftsministerium zurückzuführen ist. In jedem Fall war das Ministerium bereits informiert.

Die Absicht der Wasserwerke, in der Lüneburger Heide Wasser zur Versorgung Hamburgs zu entnehmen, wurde seitens des Wasserwirtschaftsamtes nicht grundsätzlich hinterfragt. Vielmehr ging es der Dienststelle vorrangig darum, die eigenen, als notwendig erachteten wasserwirtschaftlichen Zielsetzungen realisieren zu können. Dadurch verhalfen sich Wasserwirtschaftsamt und HWW gegenseitig zur Verwirklichung der jeweiligen Interessen.

---

[5]Bellin, K./Löken, W.: ebd., S. 370

[6]Vgl. Bellin, K./Löken, W.: ebd., S. 370 - 375

1.1.2 Vorverhandlungen

In den Jahren **1968/69** wurde die Frage, wer **Träger eines Wasserwerkes** in der Nordheide sein soll, zwischen den zuständigen Stellen Hamburgs und Niedersachsens diskutiert (4): Niedersachsen wollte in dem Gebiet selbst bewirtschaften und Wasser an Hamburg verkaufen - dieses Bestreben Niedersachsens stand in Übereinstimmung mit der später im Generalplan von 1974 getroffenen Aussage, daß der Ausbau eines überregionalen Systems nur als Aufgabe des Landes sinnvoll sei. Der Bedarf Hamburgs, Wasser aus Niedersachsen zu beziehen, wurde auch hierbei als gegeben hingenommen. Jedoch wurden Schwierigkeiten für die niedersächsische Industrieansiedlung angesprochen, wenn das gesamte Nordheide-Wasser an Hamburg ginge.

Entgegen den niedersächsischen Überlegungen wollte Hamburg im betreffenden Raum ein eigenes Wasserwerk errichten. "Um bei der Versorgung Hamburgs aus Niedersachsen die beiderseitigen Interessen aufeinander abstimmen zu können, wurde auch die Gründung eines gemeinsamen Trägers erwogen; Partner sollten entweder die beiden Länder (und die beteiligten Landkreise) oder die Hamburger Wasserwerke GmbH und die Harzwasserwerke des Landes Niedersachsen sein."[7]

Nachdem mindestens ein Bericht des NLfB ("Hydrogeologischer Bericht über die Erschließung von Grundwasser in der Lüneburger Heide - Raum I") vorlag, verfolgten die Hamburger Wasserwerke ihre Absicht, ein eigenes Wasserwerk zu errichten, indem sie **1970** eine **Vereinbarung mit dem Landkreis Harburg** trafen. Darin sicherte der Landkreis den Wasserwerken zu, sie bei ihrem Vorhaben zu unterstützen (5). Im Gegenzug gewährleistete die Vereinbarung dem Landkreis, nach Durchführung des Projektes bis zu 20% der mittleren Tageskapazität aus diesem Werk auf der Basis der Selbstkosten beziehen zu können.

Damit überging der Landkreis Harburg zum eigenen ökonomischen Vorteil die landespolitischen Interessen Niedersachsens. Fraglich bleibt, ob möglicherweise ein politischer Dissens zwischen dem Landkreis und der Landesregierung Ein-

---

[7] Bürgerschaft der Freien und Hansestadt Hamburg - 8. Wahlperiode: Drucksache 8/85. Erläuterungen zum Verwaltungsabkommen über Wassergewinnung für Hamburg in Niedersachsen, S. 4

fluß auf diese Haltung des Kreises hatte, zumal seinerzeit das Land Niedersachsen SPD-regiert und der Landkreis CDU-regiert war[8].

Zwar hatte der Landkreis keine Kompetenzen zur Bewilligung oder Anlagengenehmigung, jedoch war er als Träger öffentlicher Belange im Bewilligungsverfahren beteiligt. Die Wasserwerke konnten durch diese Vereinbarung, insbesondere aufgrund der dem Kreis Harburg gewährten Ansprüche, sicher sein, daß der Landkreis im Verfahren keinen Einwand erheben würde.

1971 waren die Erkundungsarbeiten soweit fortgeschritten, daß die HWW ausreichende Hinweise auf das nutzbare Grundwasserdargebot erhalten hatte[9]. Im selben Jahr verhandelten die Wasserwerke mit Grundstückseigentümern im betreffenden Gebiet[10].

Auf der Grundlage der vereinbarten Unterstützung des Landkreises, dem gegebenen Stand der Erkundungsarbeiten und mit den Grundstückseigentümern geführten Verhandlungen konkretisierte sich das Vorhaben der HWW, die Bewilligung für eine umfangreiche Wasserentnahme in der Lüneburger Heide zu beantragen[11].

Informationen über eine Diskussion um die Trägerschaft nach der Vereinbarung der Hamburger Wasserwerke mit dem Landkreis Harburg waren bei der Untersuchung nicht zu erlangen. Weshalb Niedersachsen keine weiteren Bestrebungen unternahm, die Wasservorkommen in dem betreffenden Raum selber zu bewirtschaften, konnte nicht endgültig geklärt werden. Hinweise eines damaligen Mitgliedes der Lüneburger Wasserwirtschaftsverwaltung gehen dahin, daß Niedersachsen in Gesprächen auf höchster politischer Ebene Hamburg

---

[8]Vgl. Landkreis Harburg, Kreisverwaltung: Telefonische Auskunft vom 22.11.90; Statistisches Bundesamt/Wiesbaden (Hg.): Statistisches Jahrbuch für die Bundesrepublik Deutschland 1973. Stuttgart und Mainz, August 1973, S. 130; ders.: Statistisches Jahrbuch für die Bundesrepublik Deutschland 1969. Stuttgart und Mainz. August 1969, S. 118

[9]Vgl. Kreska, O.: Wasserwerk Nordheide. Grundwasserentnahme und Landschaftserhaltung - kein Widerspruch. In: Neue DELIWA-Zeitschrift, Heft 6/84, S. 256 - 258

[10]Vgl. IGN (Hg.): Grundwasserentnahme in der Nordheide. (Broschüre) 6. Auflage, August 1986

[11]Vgl. Montz, A./Staschen, G./Thies, H.-H.: Grundwassererschließung für die Hamburger Wasserwerke in der Nordheide. In: Neues Archiv für Niedersachsen, Heft 2/1987, S. 184 - 195

entgegenkam[12]. Denkbar ist, daß Niedersachsen annahm, Hamburg könne triftige Bedarfsgründe vorweisen. Insofern wäre es wenig erfolgversprechend gewesen, einen konkurrierenden Bewilligungsantrag mit niedersächsischer Trägerschaft zu stellen. Offen bleibt auch, ob und inwieweit die Zusicherung des Landkreises Harburg insoweit einen Einfluß hatte, als das Land Niedersachsen im Falle der Antragstellung eines niedersächsischen Wasserversorgers Schwierigkeiten durch den Landkreis befürchtete, der seine eigenen Interessen offensichtlich eher durch eine Wassergewinnung der HWW zu realisieren glaubte.

1.1.3 Organisation weiterer Untersuchungen

Aufgrund einer erneuten Vereinbarung über eine gemeinsame Zusammenarbeit in der Grundwassererkundung im Raum südlich Harburg/Lüneburger Heide, die zwei Wochen vor der Antragstellung der HWW zwischen dem Wasserwirtschaftsamt und den Wasserwerken geschlossen wurde, war die HWW auch an der Durchführung des sogenannten "Hydrologischen Sonderprogramms Zentralheide" beteiligt.

Die konkrete Absicht der HWW, die Bewilligung für eine umfangreiche Wasserentnahme in der Lüneburger Heide zu beantragen, war mit ein Grund dafür, daß sich die Niedersächsische Wasserwirtschaftsverwaltung 1971 entschloß, das "Hydrologische Sonderprogramm Zentralheide" als zusätzliches Untersuchungsprogramm[13] durchzuführen. Die Federführung hatte das Wasserwirtschaftsamt.

Mit diesem Programm wurden über die sonst üblichen Erhebungen hinaus die für das Bewilligungsverfahren notwendigen Erkundungsarbeiten mit grundlegenden Untersuchungen über Eignung und Eichung hydrologischer Modelle verknüpft.[14] Dabei handelte es sich um Modelle, mit denen u.a.

---

[12]Vgl. Der Niedersächsische Umweltminister. Gesprächsprotokoll. Hannover, September 1988

[13]Vgl. Bezirksregierung Lüneburg: Über das Bewilligungsverfahren Wasserwerk Nordheide. (Unveröffentlichtes Manuskript), Lüneburg 10.01.82

[14]Vgl. z.B. Bellin, K./Löken, W.: Hydrologische Untersuchungen - Wesentlicher Teil der Arbeit am Wasserwirtschaftlichen Rahmenplan "Obere Elbe". In: Wasserwirtschaft 64 (1974) 12, S. 370 - 375; Bezirksregierung Lüneburg: Über das Bewilligungsverfahren Wasserwerk Nordheide. (Unveröffentlichtes Manuskript) Lüneburg, 10.01.82; Montz, A./Staschen, G./Thies, H.-H.:

Grundwasserentnahmen durch Wasserwerke verschiedener Größe an unterschiedlichen Standorten simuliert werden können. Die Zentralheide bot sich nicht nur wegen der für das Bewilligungsverfahren notwendigen Untersuchungen, sondern auch deshalb für das Sonderprogramm an, weil das Gebiet noch weitgehend ungestört von anthropogenen Einflüssen war. Zudem ließen Lage und Zuschnitt des Gebiets und Umfang des Erkundungsprogramms grundsätzliche, auf andere Gebiete des norddeutschen Flachlandes übertragbare Erfahrungen erwarten.[15]

Bellin und Löken gingen davon aus, ein derart umfassender Aufgabenkatalog könne nur dann erfolgversprechend bearbeitet werden, "wenn sich die betroffenen Fachdienststellen unter klarer Federführung zu einer Teamarbeit zusammenfinden, die auf einem gemeinsam erarbeiteten Programm beruht"[16], und die wissenschaftliche Kapazität von Hochschulinstituten einbezogen würde.

Trotz der Einsicht in die Notwendigkeit interdisziplinärer Beteiligungsmöglichkeiten gibt es bei der oberen Naturschutzbehörde rückblickend die Ansicht, daß aus der Sicht des Naturschutzes seinerzeit Überlegungen zu weitergehenden Untersuchungen hätten angestellt werden können: Untersuchungen, die über die erfolgten vegetationskundlichen Kartierungen - finanziert durch die HWW und durchgeführt von der Bundesforschungsanstalt für Naturschutz und Landschaftsökologie - und die Ermittlung der Flurabstände im Einzugsgebiet hinausgegangen wären[17]. Die obere Naturschutzbehörde räumt, allerdings eher verallgemeinernd, den vorhandenen Ressourcen (z.B. Personal) zwar einen gewissen Einfluß auf "den Umfang und die Intensität der Bearbeitung von Mitwirkungsaufgaben"[18] ein (zur Zeit des Bewilligungsverfahrens war die obere Na-

---

Grundwassererschließung für die Hamburger Wasserwerke in der Nordheide. In: Neues Archiv für Niedersachsen, Heft 2/1987, S. 184 - 195

[15] Vgl. z.B. Bellin, K./Löken, W.: Hydrologische Untersuchungen - Wesentlicher Teil der Arbeit am Wasserwirtschaftlichen Rahmenplan "Obere Elbe". In: Wasserwirtschaft 64 (1974) 12, S. 370 - 375

[16] Bellin, K./Löken, W.: ebd., S. 372

[17] Vgl. Kreska, O.: Wasserwerk Nordheide. Grundwasserentnahme und Landschaftserhaltung - kein Widerspruch. In: Neue DELIWA-Zeitschrift, Heft 6/84, S. 256 - 258

[18] Bezirksregierung Lüneburg: Gesprächsprotokoll. Lüneburg, April 1989, S. 2

turschutzbehörde geringer besetzt als heute)[19]. Über diesen Einfluß hinaus sei die Ausstattung der Dienststelle jedoch, so deren Vertreter heute, nicht ausschlaggebend für den "Gang der Dinge"[20] im Fall Nordheide gewesen.

Nach Aussagen von Vertretern der oberen Wasserbehörde wurden Öffentlichkeit und politische Gremien in der gesamten Vorrunde von der Behörde noch nicht beteiligt[21].

Presseberichte in der zukünftigen Lieferregion griffen Anfang 1971 die beabsichtigte Wasserentnahme in der Heide nur insoweit auf, als daß darüber informiert wurde, daß dort reiche Grundwasservorkommen für eine großräumige Versorgung, insbesondere Hamburgs, vorhanden sind[22]. Mitte 1971 berichtete auch die Hamburger Presse über die künftige Errichtung eines Wasserwerkes in der Nordheide[23]. Über die Berichterstattung hinaus liegen keine kritischen Stellungnahmen vor.

1.2 Rechtliche Genehmigungsverfahren: Wasserrechtliches Bewilligungsverfahren, Raumordnungsverfahren und Anlagengenehmigung

1.2.1 Wasserrechtliches Bewilligungsverfahren

1.2.1.1 Antragstellung und Bekanntmachung

Die **Antragstellung** der HWW auf die Entnahme von 37 Mio. cbm Grundwasser pro Jahr aus der Nordheide löste im Dezember 1971 das wasserrechtliche Bewilligungsverfahren aus (6). Die Federführung des Verfahrens lag beim Dezer-

---

[19] Vgl. Bezirksregierung Lüneburg: ebd., S. 2

[20] Bezirksregierung Lüneburg: ebd., S. 2

[21] Vgl. Ders.: Gesprächsprotokoll. Lüneburg, Februar 1989

[22] Vgl. HAN: Die Heide : Wasserlager der Zukunft. 05.01.71

[23] Vgl. Hamburger Morgenpost: Teures Wasser. Drastische Erhöhung bei den Wasserwerken. 23.07.71

nat für Wasserwirtschaft und Wasserrecht des Regierungspräsidenten Lüneburg[24].

In der Zeit nach der Antragstellung und **vor der Bekanntmachung** (8) und der öffentlichen Auslegung des Antrages fanden **Behördentermine** statt (7). Davon ist aufgrund vorliegender Dokumentationen von Vertretern der Lüneburger Wasserwirtschaftsverwaltung und des Ministers für Ernährung, Landwirtschaft und Forsten des Landes Niedersachsen (MELF) sowie aufgrund der seinerzeit geltenden verfahrensrechtlichen Bestimmungen auszugehen[25]. Primärunterlagen dazu lagen nicht vor.

Die verfahrensrechtlichen Bestimmungen sahen vor, daß vor der Bekanntmachung und der öffentlichen Auslegung der Sachverhalt durch die obere Wasserbehörde ermittelt wird. Dabei war die untere Wasserbehörde (der Landkreis) zu hören. Ferner waren außer dem Wasserwirtschaftsamt die Fachbehörden zu beteiligen, deren Belange von dem beabsichtigten Unternehmen berührt werden.

Aus den oben erwähnten Dokumentationen ergeben sich keine näheren Informationen über den Verlauf der Behördentermine. Aus dem Interview mit einem damaligen Mitglied der Lüneburger Wasserwirtschaftsverwaltung ist zwar bekannt, daß die obere Naturschutzbehörde Bedenken gegen das Entnahmeprojekt wegen seiner räumlichen Überlagerung mit dem Naturschutzgebiet vorbrachte[26], jedoch bleibt offen, wann dies geschah. Angesichts der rechtlichen Bestimmung, daß vor Bekanntmachung und Auslegung die Fachbehörden zu beteiligen sind, deren Belange von dem beabsichtigten Unternehmen berührt

---

[24]Vgl. Bezirksregierung Lüneburg: Gesprächsprotokoll. Lüneburg, April 1989

[25]Vgl. Bezirksregierung Lüneburg: ebd.; Erste Ausführungsbestimmung zum niedersächsischen Wassergesetz (NWG) vom 07.07.60, RdErl. d. Nds. MfELuF v. 16.03.61; MELF: Grundwassererschließung für das Wasserwerk Nordheide. Wasserwirtschaftliche Untersuchungen und Beweissicherungsmaßnahmen. (Unveröffentlichtes Manuskript) Stand: 15.05.86; Montz, A./Staschen, G./Thies, H.-H.: Grundwassererschließung für die Hamburger Wasserwerke in der Nordheide. In: Neues Archiv für Niedersachsen, Heft 2/1987, S. 184 - 195

[26]Vgl. Der Niedersächsische Umweltminister: Gesprächsprotokoll. Hannover, September 1988

werden, kann angenommen werden, daß die Bedenken bereits in diesem Anfangsstadium des Bewilligungsverfahrens geäußert wurden.

In jedem Fall wurde dem Naturschutz insoweit Rechnung getragen, als daß zunächst im Naturschutzgebiet vorgesehene Brunnenstandorte aus dem Schutzgebiet hinaus verlegt wurden[27].

Dem ehemaligen Vertreter der Lüneburger Wasserwirtschaftsverwaltung zufolge hätte der Brunnenbau im Naturschutzgebiet möglicherweise einen Eingriff in das geltende Naturschutzgesetz dargestellt und wäre insofern nur schwer zu realisieren gewesen[28].

Nach der ortsüblichen Bekanntmachung lag der Antrag in der Zeit vom 21.05 - 20.06.1973 öffentlich aus. Bis zum 04.07.1973 konnten Einwendungen erhoben werden. Insgesamt gab es 52 Einwendungen, die vom Wasserwirtschaftsamt begutachtet wurden.[29] Einwendungen hatten z.b. Privatpersonen, Gemeinden, der Kreislandvolkverband, Wasserbeschaffungsverbände und Wasserversorgungsgenossenschaften erhoben. Die Einwendungen konnten in die Bereiche: Hausbrunnen; Fischteiche und Quellwasser; gemeindliche Wasserversorgungsanlagen; Wirkungsgefüge Ökologie der Landschaft, Landwirtschaft und Forsten, Naturschutz, fischereiliche Belange eingeteilt werden.

Obwohl ein Naturschutzverein, der Verein Naturschutzpark e.V. (VNP) als Grundeigentümer im Entnahmegebiet Betroffener im Sinne des Wassergesetzes war, machte der Verein keine Einwendungen. Der Grund ist vermutlich darin zu sehen, daß in den Augen des Vorsitzenden die grundwasserunabhängigen Heideflächen eindeutig Priorität besaßen. Eine Austrocknung von Moorflächen durch die Grundwasserentnahme, wovon der Vorzitzende ausging, wurde insofern nicht als Problem gesehen, eher sogar begrüßt.[30]

---

[27]Vgl. Bezirksregierung Lüneburg: Gesprächsprotokoll. Lüneburg, Februar 1989; ders.: Gesprächsprotokoll. Lüneburg, April 1989; Der Niedersächsische Umweltminister: Gesprächsprotokoll. Hannover, September 1988

[28]Vgl. Der Niedersächsische Umweltminister: ebd.

[29]Vgl. Bezirksregierung Lüneburg: Presseinformation vom 25.11.73

[30]Vgl. Töpfer, A.: Aus dem Naturschutzgebiet Lüneburger Heide. In: "Naturschutz" und Naturparke, Heft 68, 1. Vierteljahr 1973; HWW: Schreiben an die Verfasserin vom 09.05.1989

In Verbindung mit der Einwendung des Landvolkverbandes machte die geplante Wasserentnahme dann erstmals Schlagzeilen mit kritischem Unterton. Der Landvolkverband äußerte Befürchtungen, daß das HWW-Vorhaben einen erheblichen Eingriff in die Landschaft darstellt. ("... Veränderungen der Flora und Fauna... Versteppung ..."[31] 'Es ist zu befürchten, das der gesamte Liebreiz der Nordheide-Landschaft, der insbesondere durch den Wasserreichtum der Flüsse und Teiche gegeben ist, verloren geht'[32]) Obwohl die HWW in zahlreichen Versammlungen Beeinträchtigungen der Grundwasserentnahme auf die land- und forstwirtschaftliche Nutzung bestritten hätten, zweifelte der Kreislandvolkverband die Unbedenklichkeit an[33]. Der Presse zufolge wendete sich der Landvolkverband nicht grundsätzlich gegen eine Wasserentnahme zur Versorgung Hamburgs. Er forderte jedoch, daß die Entnahme auf das notwendige Maß beschränkt bliebe und für sämtliche sich für die Land- und Forstwirtschaft ergebenden Nachteile volle Entschädigungen gezahlt würden.[34]

1.2.1.2 Stellungnahmen der behördlichen Dienststellen und der Antragstellerin; politische und öffentliche Reaktionen

Ohne sichtbaren Bezug zu den Einwendungen oder der Landtagsanfrage übersandte das Wasserwirtschaftsamt im Oktober 1983 dem Regierungspräsidenten eine Zusammenfassung über hydrologische und geologische Untersuchungen im Raum Nordheide und gab eine Stellungnahme ab, in der Bedenken gegenüber der beantragten Entnahmemenge von 37 Mio. cbm/a geäußert wurden ("schwerwiegender Eingriff in den Grundwasserhaushalt"). Die Bedenken bezogen sich hauptsächlich auf den Wasserhaushalt, aber auch auf land- und forstwirtschaftliche Belange und die Notwendigkeit, die unter Naturschutz stehenden Gebiete "in der jetzigen Form in jedem Fall" zu erhalten. Das Wasserwirtschaftsamt forderte in dieser Stellungnahme u.a., die Bewilligung zunächst auf eine Entnahmemenge von 25 Mio. cbm/a und eine Geltungsdauer von fünf Jahren zu beschränken. Eine Erhöhung der Entnahmemenge für die

---

[31] Winsener Anzeiger: Landvolk fragt: Wird die Nordheide versteppen? 12.07.73

[32] HAN: Landwirte schlagen Alarm: Versteppung der Nordheide durch Wasserentnahme? 06.07.73

[33] Vgl. Winsener Anzeiger: Landvolk fragt: Wird die Nordheide versteppen? 12.07.73

[34] Vgl. HAN: Landwirte schlagen Alarm: Versteppung der Nordheide durch Wasserentnahme? 06.07.73; Winsener Anzeiger: Landvolk fragt: Wird die Nordheide versteppen? 12.07.73

Zeit danach wurde dabei nicht ausgeschlossen, sofern sich in den ersten fünf Jahren eine dementsprechende Unbedenklichkeit abzeichne. Ferner verlangte das Wasserwirtschaftsamt, daß "ein Absenkungsplan mit der Darstellung des sich voraussichtlich einstellenden Entnahmetrichters" Bestandteil der Bewilligung werde.

Entsprechend bedenklich hieß es in einer Presseinformation des Regierungspräsidenten ("Stand der Planungen für das Wasserwerk 'Nordheide' der Hamburger Wasserwerke; Grundwassererkundungsvorhaben") vom 25.11.1973: "Sorge macht die Minderung der Trockenwetterabflüsse einiger Quellgewässer im Gebiet des künftigen Großwasserwerkes".[35]

Ebenfalls Ende Oktober, in der Vorwahlzeit zur Landtagswahl[36], beschäftigte sich der Niedersächsische Landtag auf Anfrage des Abgeordneten Ahrens aus der Nordheide mit der geplanten Grundwasserentnahme Hamburgs in der Heide. Der Abgeordnete bezog sich auf die Befürchtung nachhaltiger Beeinträchtigungen des oberflächennahen Grundwassers und damit des Naturhaushaltes und der Landwirtschaft.

In seiner Antwort versuchte der MELF die Bedenken mit einem Hinweis auf das problemgerechte Handeln der Bezirksregierung zu zerstreuen: So versicherte er, daß der Regierungspräsident nur bewilligen würde, eventuell mit den nötigen Auflagen, "wenn die Grundwasserentnahme ohne schädliche Beeinträchtigung des gesamten Wasserhaushalts der 'Nordheide' möglich ist".[37]

Bemerkenswert war an der Antwort des Ministers, daß er in der kritischen Anfrage zum Heidewasser die Notwendigkeit einer nach landespolitischen Gesichtspunkten übergeordneten Nutzung des Wasserdargebotes bestätigt sah.[38] (Eine solche Sichtweise wurde bereits in der Diskussion um die Trägerschaft eines Wasserwerkes in der Nordheide, vor der Antragstellung der HWW, ange-

---

[35] Bezirksregierung Lüneburg: Presseinformation vom 25.11.73, S. 4

[36] Vgl. Statistisches Bundesamt/Wiesbaden (Hg.): Statistisches Jahrbuch 1975 für die Bundesrepublik Deutschland. Stuttgart und Mainz, August 1975, S. 144

[37] Niedersächsischer Landtag: 80. Sitzung. Hannover, den 24.10.73, S. 8109

[38] Vgl. Ders.: 80. Sitzung. Hannover, den 24.10.73, S. 8108 - 8110

deutet und später, 1974, im Generalplan Wasserversorgung artikuliert - s. Kap. II.3)

Diese Einschätzung des Fachministers ist allenfalls als latente Kritik an der landespolitischen Überlegungen entgegenstehenden Vereinbarung des Landkreises mit den Wasserwerken einsichtig. (Ein Hinweis auf den Unmut des Ministers gegenüber dieser Vereinbarung findet sich zudem in einer Pressenotiz vom Sommer 1972[39].) Da Niedersachsen den Bedarf Hamburgs, Trinkwasser aus der Heide zu beziehen, nicht grundlegend hinterfragt hatte, wäre die übergeordnete niedersächsische Konzeption aber keinesfalls eine Lösung des angesprochenen Problems, nämlich der befürchteten Auswirkungen der Grundwasserentnahme auf Naturhaushalt und Landwirtschaft, gewesen.

Hinweise auf konkrete Reaktionen einer breiteren Öffentlichkeit (über den Landvolkverband hinausgehend) in diesem Zeitraum liegen nicht vor. Die örtliche Presse berichtete allerdings, daß das HWW-Projekt in der Öffentlichkeit aufgrund der erwähnten Befürchtungen umstritten sei[40].

Im Dezember 1973 gab die HWW als Reaktion auf die Stellungnahme des Wasserwirtschaftsamtes vom Oktober ihrerseits eine Stellungnahme an den Regierungspräsidenten unter Bezugnahme auf die des Wasserwirtschaftsamtes ab. Die Wasserwerke vertraten weiterhin ihren Anspruch, eine Menge von 37 Mio. cbm/a zu entnehmen, da sie aus den vorliegenden Gutachten zu den hydrogeologischen und hydrologischen Erkundungen schlußfolgerten, daß diese Entnahmemenge ein ausgewogenes Verhältnis von Grundwasserentnahme und -dargebot darstellt. Der vom Wasserwirtschaftsamt benutzte Begriff "schwerwiegend" für den mit der beantragten Entnahmemenge verbundenen Eingriff sei nicht zu rechtfertigen.

Des weiteren äußerte sich die HWW zu Auswirkungen der geplanten Wasserentnahme auf betroffene Nutzungen. Im Hinblick auf Belange des Naturschutzes begründeten sie die Unbedenklichkeit z.B. wie folgt: "Örtliche Nässezonen mit wichtigen Moorregionen beispielsweise, die durch oberflächen-

---

[39] Vgl. Winsener Anzeiger: Wasserwerks-Pläne überraschten Undeloh. 19.07.72

[40] Vgl. Winsener Anzeiger: Untersuchungen für Grundwasserentnahme in der Nordheide noch nicht abgeschlossen. 26.10.73

nahe Linsen von undurchlässigem Material entstanden sind, werden auch weiterhin die entsprechende Nässe erhalten". Formulierungen wie "sind kaum zu erwarten" - im speziellen Fall dieser Stellungnahme bezogen auf Beeinträchtigungen von Wald und Heidelandschaft - deuten an, daß ein Restrisiko von vornherein nicht ausgeschlossen und seitens der Antragstellerin akzeptiert wurde.

Die HWW war nicht damit einverstanden, einen Absenkungsplan Bestandteil der Bewilligung werden zu lassen, da dieser "dann maßgeblich für die Betriebsweise incl. aller denkbaren rechtlichen Konsequenzen werden" könnte, obwohl "im voraus entwickelte Absenkpläne u.U. recht erheblich von den tatsächlichen Verhältnissen abweichen können".

Die Darlegung ihrer abweichenden Sichtweise gegenüber dem Wasserwirtschaftsamt in dieser Stellungnahme wirkte eher beschwichtigend, da die Wasserwerke die fachlichen Kompetenzen des Wasserwirtschaftsamtes ausdrücklich anerkannten: Offenbar sollte vermieden werden, daß die fachliche Kontroverse zu unnötigen Reibungsverlusten führt, die die Bewilligung des Antrages noch zusätzlich erschweren.

1.2.1.3 Verhandlungen zwischen den behördlichen Dienststellen und mit der Antragstellerin, Erörterungstermin

Im Februar 1974 wurde die Stellungnahme des Wasserwirtschaftsamtes zwischen Vertretern des Amtes und der oberen Wasserbehörde besprochen. Dabei ging es - auch unter Bezugnahme auf die Stellungnahme der HWW vom Dezember - um das Problem einer Fördermengenbegrenzung.

Die grundsätzliche Frage lautete, ob die Grundwasserabsenkung in dem Umfang, wie sie in den vorliegenden Gutachten ausgewiesen wurde, hingenommen werden könnte. Unter Berücksichtigung der Tatsache, daß für Teilräume des Entnahmegebietes die Grundwasserabsenkung kritischer zu beurteilen sei als für andere, wurde im Laufe des Gesprächs festgestellt, daß es besser sei, von den zulässigen Absenkungswerten auszugehen und nicht die Menge zu begrenzen. Es solle demzufolge die beantragte Menge bewilligt werden, aber in Auflagen und Vorbehalten Eingriffsmöglichkeiten der oberen Wasserbehörde festgehalten werden. Eine solche Vorgehensweise entspräche, laut Protokoll, dem Anliegen der Fachbehörde, die "Auswirkungen der Grundwasserabsenkung durch den Betrieb des Wasserwerkes Nordheide so zu steuern, daß Schäden (Dauerschäden) vermieden werden". Die Frage, inwieweit die vorausgesagten Grundwasserabsenkungen noch hingenommen werden könnten, müsse "im Zusammenwirken mit den einschlägigen Fachdienststellen, die im Rahmen des Beweissicherungsverfahrens in dieses Wasserrechtsverfahren eingeschaltet sind", geklärt werden. (Als Fachdienststellen wirkten - auch in den folgenden Jahren des Wasserwerksbetriebs - an der Beweissicherung mit: Niedersächsisches Landesamt für Bodenforschung (NLfB); Niedersächsisches Landesamt für Wasserwirtschaft, früher Niedersächsisches Wasseruntersuchungsamt und Niedersächsisches Landesverwaltungsamt, Dezernat Binnenfischerei (NLW); Landbauaußenstelle Lüneburg der Landwirtschaftskammer Hannover (LBA); Forstamt Lüneburg der Landwirtschaftskammer Hannover (FA/LWK); NIedersächsisches Forstplanungsamt (NFP); Deutscher Wetterdienst (DWD); Bundesforschungsanstalt für Naturschutz und Landschaftsökologie, Institut für Vegetationskunde, früher: Bundesforschungsanstalt für Vegetationskunde, Naturschutz und Landschaftspflege (BfANL); Wasserwirtschaftsamt Lüneburg (WWA)[41].)

Fraglich bleibt, ob ausschließlich die sich aus den vorliegenden Gutachten ergebende sinnvollere Vorgehensweise der Grund dafür war, daß sich Vertreter der Lüneburger Wasserwirtschaftsverwaltung zuungunsten einer Reduzierung der Fördermenge aussprachen. Denkbar ist, daß auch die Bestrebung, Hamburg entgegenzukommen, ein Gegengewicht darstellte. Schließlich hatten die Hamburger Wasserwerke durch ihre Absicht, Wasser in der Lüneburger Heide zu gewinnen, der Wasserwirtschaftsverwaltung zur Realisierung ihres institutionellen Eigeninteresses verholfen, die Arbeit am Wasserwirtschaftlichen Rahmenplan "Obere Elbe" voranzutreiben.

Im März 1974 fand der **öffentliche Erörterungstermin** in Jesteburg (9) statt. Nach der ersten Ausführungsbestimmung zum NWG war bei diesem Termin über Antrag und Einwendungen zu verhandeln. Die Einwendungserheber zum HWW-Antrag waren zuvor schriftlich über den Termin benachrichtigt worden.

Die örtliche Presse berichtete über den Verlauf des Erörterungstermins hauptsächlich in bezug auf die oben dargelegte Einwendung des Landvolkes. Der Verband habe Mißtrauen gegenüber der Arbeitsweise der Behörden geäußert:

---

[41]Vgl. Montz, A./Staschen, G./Thies, H.-H.: Grundwassererschließung für die Hamburger Wasserwerke in der Nordheide. In: Neues Archiv für Niedersachsen, Heft 2/1987, S. 184 - 195

Seitens des Landvolkverbandes würde gefordert, daß die Gutachten ausgelegt und den Landwirten zur genauen Einsicht gegeben werden. Entscheidungen seien bei dem Termin nicht getroffen worden.[42] Den Berichten zufolge betrachtete der seinerzeit zuständige Dezernent für Wasserwirtschaft und Wasserrecht die Bedenken des Landvolkes eher als emotional bedingt als von fachlichen Erkenntnissen getragen[43]. Die Einsichtnahme in die Gutachten wurde den Betroffenen jedoch ermöglicht[44] - ein nicht rechtlich fixiertes, sondern freiwilliges Entgegenkommen der Behörde.

Unabhängig vom laufenden Bewilligungsverfahren wurde im April 1974 die grundsätzliche Bedeutung der Grundwasservorkommen in der Lüneburger Heide u.a. für eine Versorgung Hamburgs auf Landesebene durch den "Generalplan Wasserversorgung" bestätigt. In dem Plan hieß es aber auch - im Widerspruch zur Antragstellung der HWW -, daß das angestrebte Ziel, der Ausbau einer überregionalen Wasserversorgung, nur als Aufgabe des Landes sinnvoll sei. (S. Kap. II.3)

Im **Mai 1974** wurde ein **weiterer Behördentermin** (in Salzhausen) (10) veranstaltet, an dem Vertreter der HWW, des Wasserwirtschaftsamtes und der oberen Wasserbehörde teilnahmen. Dabei wurde erörtert, "daß die Bewilligungsbehörde wahrscheinlich nach Lage der Dinge und im Hinblick auf den Ausgang des öffentlichen Erörterungstermins am 26.3.1974 in Jesteburg nur eine Bewilligung über 25 Mill cbm/jährlich erteilen würde". Eine Steigerung der Entnahmemenge, etwa durch ein neues Bewilligungsverfahren und nach etwa fünf Jahren sei möglich, sofern Meßergebnisse keine weiteren irreparablen Schäden erwarten ließen. Vorbereitungen zur Bestimmung des Absenkungstrichters für 25 Mio. cbm/a seien angelaufen.

Einer der Vertreter des Regierungspräsidiums bat das Wasserwirtschaftsamt für den Bewilligungsbescheid einen Lageplan zu fertigen, in welchen der

---

[42] Vgl. HAN: (Ohne Titel), 27.03.74; Landeszeitung: Wasser-Vertrag voraussichtlich im Sommer. Die Landwirte befürchten leere Brunnen. 08.05.74

[43] Vgl. Landeszeitung: ebd.

[44] Vgl. Niedersächsischer Landtag - Neunte Wahlperiode: Drucksache 9/1139 (Antwort der Landesregierung auf eine Kleine Anfrage der Abg. Frau Heinlein (SPD) vom 24.07.79), 22.10.79

Absenkungstrichter eingezeichnet ist. Dieser Plan sollte den Einwendungserhebern zu gegebener Zeit mit dem Bewilligungsbescheid zugestellt werden. Offensichtlich hatte die Diskussion während des öffentlichen Erörterungstermins dazu geführt, daß die Forderung des Wasserwirtschaftsamtes vom November 1973, die Fördermenge zu begrenzen, wieder aufgegriffen wurde. Der Auftrag, für den Bescheid einen Absenkungsplan zu fertigen, zeigt die Bestrebungen der oberen Wasserbehörde, zur Transparenz der sachbezogenen Entscheidungsfindung und des Entscheidungstatbestandes beizutragen. Damit widersetzte sich die Behörde freilich dem Anliegen der HWW, einen solchen Plan nicht Bestandteil der Bewilligung werden zu lassen.

Mit Schreiben vom 06.06.1974 erklärten die Wasserwerke ihr Einverständnis zur Fördermengenbegrenzung auf 25 Mio. cbm/a.

1.2.1.4 Verwaltungsabkommen zwischen Hamburg und Niedersachsen, Bewilligung

Wenige Tage später wurde ohne ausdrücklichen Bezug zum laufenden Bewilligungsverfahren ein "**Verwaltungsabkommen** zwischen dem Land Niedersachsen (Niedersachsen) und der Freien und Hansestadt Hamburg (Hamburg) über Wassergewinnung für Hamburg in Niedersachsen" (11) verabschiedet. In dem Abkommen sicherte Niedersachsen der Hansestadt die Unterstützung bei der Deckung des gegenwärtigen und zukünftigen Wasserbedarfs (soweit keine anderen Deckungsmöglichkeiten bestehen) aus Grundwasservorkommen der Lüneburger Heide und des Raumes Lüchow-Dannenberg zu. Als Gegenleistung bestimmte das Abkommen zugunsten Niedersachsens, daß Hamburg für den Fall einer künftigen Wassergewinnung in diesen Gebieten im Einvernehmen mit Niedersachsen einen noch zu vereinbarenden Anteil zur örtlichen Versorgung an niedersächsische Wasserverteilungsunternehmen abzugeben hätte, die in der Umgebung der Wassergewinnungs- und Transportanlagen liegen. Ferner sah das Abkommen vor, daß Hamburg an Niedersachsen einen finanziellen Ausgleich zahlen müßte, wenn durch die Entnahme Hamburgs auf niedersächsischem Gebiet Nachteile für die Wasserversorgung in Niedersachsen entstünden.[45]

---

[45] Vgl. Bürgerschaft der Freien und Hansestadt Hamburg - 8. Wahlperiode: Drucksache 8/85. Anlage. Verwaltungsabkommen zwischen dem Land Niedersachsen (Niedersachsen) und der

Begründet wurde dieses Verwaltungsabkommen damit, daß Niedersachsen "die künftige Nutzung der in Betracht kommenden Grundwasserreserven langfristig und sachgerecht planen"[46] wollte - entsprechend den Zielsetzungen des Generalplans. Die landespolitischen Handlungsmöglichkeiten auf dem Gebiet der Wasserversorgung waren dadurch eingeschränkt, daß Hamburg beispielsweise beim Regierungspräsidenten in Lüneburg jederzeit einen Antrag auf Wassergewinnung im betreffenden Regierungsbezirk stellen konnte[47]. Wie bereits angedeutet, war Niedersachsen mit der eigenständigen Wasserentnahme der HWW in der Heide und dem Verhalten des Landkreises in dieser Sache nicht einverstanden. In den Erläuterungen bezog sich das Verwaltungsabkommen auch auf die gescheiterten Verhandlungen hinsichtlich der Trägerschaft eines Wasserwerkes in Niedersachsen zur Versorgung Hamburgs. Dabei wurde darauf verwiesen, daß zum Interessenausgleich die Gründung eines gemeinsamen Trägers erwogen wurde. Derzeit beabsichtige Hamburg in der Lüneburger Heide in eigener Trägerschaft 35 Mio. cbm Trinkwasser zu gewinnen, wovon der Landkreis Harburg einen vertraglich festgelegten Anteil von 20% der mittleren Tageskapazität beziehen könnte. (Im Abkommen steht tatsächlich 35 Mio. anstatt der Menge von 37 Mio., die 1971 beantragt wurde.)[48]

Insofern ist das Verwaltungsabkommen als Reaktion auf die konkrete Antragstellung der HWW in Lüneburg und ihre Vereinbarung mit dem Landkreis zu verstehen. Die Antragstellung der Hamburger bzw. die bevorstehende Bewilligung offenbarte die eingeschränkten wasserpolitischen Handlungsmöglichkeiten des Landes, die das Land Niedersachsen in Form des Verwaltungsabkommens insgesamt zu erweitern versuchte. Demzufolge enthielt das Abkommen über diesen Einzelfall hinausgehende allgemeine Aussagen.

(Der damalige Direktor des Institutes für Landschaftspflege und Naturschutz der Technischen Universität Hannover, Buchwald, erinnert sich heute, durch

---

Freien und Hansestadt Hamburg (Hamburg) über Wassergewinnung für Hamburg in Niedersachsen, S. 3ff

[46]Bürgerschaft der Freien und Hansestadt Hamburg - 8. Wahlperiode: Drucksache 8/85. Erläuterungen zum Verwaltungsabkommen über Wassergewinnung für Hamburg in Niedersachsen vom 4./1. Juni 1984, S. 4

[47]Vgl. NDR (Norddeutscher Rundfunk) I: Funkbilder aus Niedersachsen. (Mitschnitt der Sendung, Textkopie von der HWW zur Verfügung gestellt), 13.06.74, 11.10 Uhr

[48]Vgl. Bürgerschaft der Freien und Hansestadt Hamburg - 8. Wahlperiode: Drucksache 8/85. Miteilung des Senats an die Bürgerschaft. Abschluß eines Verwaltungsabkommens mit dem Land Niedersachsen über Wassergewinnung für Hamburg in Niedersachsen, S. 1ff

Presseberichte über dieses Verwaltungsabkommen auf das Vorhaben der HWW in der Heide aufmerksam geworden zu sein - tatsächlich griffen mehrere Zeitungen, über den lokalen Bereich hinaus, die Verabschiedung des Verwaltungsabkommens auf[49]. Daraufhin habe er am Institut eine Projektarbeit eingeleitet, um zu untersuchen, ob es in der Nordheide grundwasserabhängige Feuchtgebiete gibt.[50] 1975 fanden entsprechende Untersuchungen im Naturschutzpark jetzt mit Unterstützung des VNP statt[51].)

Im laufenden Bewilligungsverfahren stellten die Hamburger Wasserwerke einen neuen Antrag auf Entnahme von **25 Mio. cbm/a**[52]. Dieser Antrag wurde dann am 13.12.1974 vom Regierungspräsidenten Lüneburg auf der Grundlage ausreichender Erkenntnisse aus dem "**Hydrologischen Sonderprogramm Zentralheide**" (12) mit Auflagen **bewilligt** (13). Warum die HWW einen neuen Antrag mit reduzierter Fördermenge gestellt hat, anstatt daß die Bewilligungsbehörde den Antrag auf die Entnahme von 37 Mio. nur eingeschränkt bewilligt, bleibt offen. (Insgesamt sollen im Laufe des Verfahrens vier Anträge von den Wasserwerken vorgelegen haben. Bei den beiden anderen Anträgen ging es um die Lage der Brunnen. Einige der zunächst geplanten Brunnen wären aufgrund ihrer Auswirkungen nicht genehmigungsfähig gewesen.[53])

Damit war das behördliche Bewilligungsverfahren abgeschlossen, die Bewilligung war zu diesem Zeitpunkt jedoch noch nicht rechtskräftig: Ein Einwendungserheber hatte Klage erhoben[54], da seiner Meinung nach die Unterlagen nicht ordnungsgemäß ausgelegen hätten und die Antragstellung bzw. die Auslegung der Unterlagen nicht ordnungsgemäß bekannt gemacht worden sei[55].

---

[49]Vgl. z.B. Die Welt: Abkommen über Trinkwasserversorgung. 13.06.74; Bild-Zeitung: Wasser-Austausch. 13.06.74; Hamburger Abendblatt: Hamburg sichert sich Trinkwasser im Umland. 22.05.74

[50]Vgl. Buchwald, K.: Gesprächsprotokoll. Oldenburg, März 1988

[51]Vgl. Buchwald, K.: Grundwasserentnahme im Heidepark - heutige Situation und nötiger Widerstand. U.a. in "Naturschutz" und Naturparke, 4. Vierteljahr 1980 Heft 99, S. 1 - 7

[52]Vgl HAN: Hamburg nimmt weniger Heidewasser. 06.11.74

[53]Vgl. Bezirksregierung Lüneburg: Gesprächsprotokoll. Lüneburg, April 1989

[54]Vgl. Montz, A./Staschen, G./Thies, H.-H.: Grundwassererschließung für die Hamburger Wasserwerke in der Nordheide. In: Neues Archiv für Niedersachsen, Heft 2/1987, S. 184 - 195

[55]Vgl. Bezirksregierung Lüneburg. Gesprächsprotokoll. Lüneburg, Februar 1989

Außerdem waren zwölf Widersprüche gegen den Bescheid eingegangen, u.a. vom Landvolkverband für 382 Mitglieder.

Die Widersprüche gegen den Bewilligungsbescheid konnten in Verhandlungen ausgeräumt werden: Betreffend den Einspruch des Landvolkes nahm der Verband Kontakt mit der Bewilligungsbehörde auf. Darauf teilte der Regierungspräsident den Verbandsmitgliedern mit, daß der Einspruch keine Aussicht auf Erfolg hätte. Nebenher verhandelte der Landvolkverband intensiv mit den Hamburger Wasserwerken, mit dem Ergebnis, daß im **Januar 1976** ein **Rahmenvertrag** (15) zwischen diesen beiden Parteien geschlossen wurde, der den Verbandsmitgliedern einen Beweisvorteil beim Eintritt etwaiger, durch die Grundwasserförderung eintretender Schäden zusicherte. Quasi als Gegenleistung nahm der Verband im Februar 1976 seinen Einspruch zurück. Damit wurden zwar die grundsätzlichen Bedenken des Verbandes gegen die Grundwasserentnahme nicht völlig ausgeräumt, aber die Mitglieder des Landvolkverbandes haben sich zunächst damit abgefunden, etwaigen individuellen, wirtschaftlichen Nachteilen vorgebeugt zu haben[56].

Die 1973 seitens des Landvolkes artikulierten Befürchtungen in bezug auf Veränderungen des Landschaftsbildes wurden in dem Rahmenvertrag anscheinend nicht aufgegriffen und zugunsten der Durchsetzung individueller Anliegen vom Landvolkverband nicht mehr oder nur am Rande angesprochen.

1.2.2 Raumordnungsverfahren für die Rohrleitungen und Anlagengenehmigung

Neben der wasserrechtlichen Bewilligung für die Grundwasserentnahme waren für den Bau bzw. für den Betrieb des geplanten Wasserwerkes noch eine raumordnerische Genehmigung zur Rohrverlegung und eine Anlagengenehmigung erforderlich. Beide Verfahren verliefen offenbar reibungslos. Ihre Bedeutung im Verfahrensverlauf lag, wie oben angedeutet, ausschließlich darin, daß durch die daraus resultierenden Genehmigungen zusammen mit der Bewilligung alle erforderlichen Voraussetzungen für den Wasserwerksbau und - betrieb erfüllt waren.

---

[56] Vgl. Bezirksregierung Lüneburg: Gesprächsprotokoll. Lüneburg, Februar 1989

Im **März 1975** wurde das **Raumordnungsverfahren** für die Rohrleitungen nach Hamburg mit der Genehmigungserteilung nach dem geltenden NROG abgeschlossen (14). Im **Februar 1977** wurde die **Anlagengenehmigung** für die HWW mit Ergänzungen und weiteren Auflagen erteilt (18) - nachdem die beteiligten Planungsträger beim Erörterungstermin im April 1975 zu den diesbezüglichen Planungen der HWW keine grundsätzlichen Bedenken geäußert hatten.

Mit dem **Bau der Anlagen** wurde im **Frühjahr 1978** begonnen (19). Das Klageverfahren war zu dieser Zeit noch in der Schwebe. Ein Grund dafür, daß die Wasserwerke trotz schwebenden Verfahrens den Bau bereits in Angriff genommen hatten, ist sicher die Frist im Bewilligungsbescheid, daß bis zum 31.12.1982 mit der Ausübung des bewilligten Rechts begonnen werden mußte. Diese Frist war schon eine Verlängerung des ursprünglich im Bescheid festgesetzten Termins um drei Jahre.

Darüber hinaus bleibt unklar, ob und inwieweit die uneingeschränkte Erwartung der HWW auf eine tatsächlich rechtskräftige Bewilligung oder möglicherweise die Absicht, sogenannte "Sachzwänge" zu schaffen, Einfluß auf den Baubeginn hatte.

2. Die Konfliktphase

2.1 Konfliktentstehung: Reaktionen auf neue Erkenntnisse

2.1.1 Diskussionsgegenstand und Entstehungsgeschichte des Konfliktes

Die Entstehung des Konfliktes kann auf drei Ereignisse zurückgeführt werden:
- Vorrangige Bedeutung hatte die fünf Jahre nach erteilter Bewilligung, im April 1979, erfolgte Veröffentlichung des Ergebnisses der Projektarbeit, die Mitte der siebziger Jahre an der Technischen Universität Hannover eingeleitet worden war (**Quast-Studie**) (20). Veröffentlicht wurde die Studie vom Niedersächischen Landesverwaltungsamt, Dezernat für Naturschutz, Landschaftspflege und Vogelschutz.[1] Diese Untersuchung wies auf ein ökologisches Risiko der bewilligten Grundwasserentnahme hin. Dieses Risiko wurde darin gesehen, "daß durch eine Grundwasserabsenkung, die bei einer Grundwasserentnahme von 25 Mio. cbm/a unvermeidlich ist, in floristischer, faunistischer, ökologischer, geologischer sowie landschaftskundlicher und landschaftsästhetischer Hinsicht wertvolle feuchte Landschaftsteilbereiche des Naturschutzparks gefährdet werden. Der flächenmäßige Anteil dieser absenkungsgefährdeten Landschaftsteilbereiche an der insgesamt von der Grundwasserabsenkung betroffenen Naturparkfläche ist zwar relativ klein, jedoch muß das Schadensausmaß, das bei der Zerstörung dieser für den Naturschutz außerordentlich wertvollen Flächen entsteht, als überaus groß bezeichnet werden, da diese Teilbereiche wesentliche Bestandteile des Landschaftshaushaltes und des Landschaftsbildes sind."[2]

---

[1] Vgl. Buchwald, K.: Grundwasserentnahme im Heidepark - heutige Situation und nötiger Widerstand. U.a. in "Naturschutz" und Naturparke, 4. Vierteljahr 1980 Heft 99, S. 1- 7

[2] Quast, J.-G./Quast, R: Untersuchung über die Auswirkung von Grundwasserentnahmen auf den Haushalt und Struktur des Naturschutzparkes Lüneburger Heide. Kurzfassung. Erstellt am Institut für Landschaftspflege und Naturschutz der Technischen Universität Hannover. Direktor: Prof. Dr. K. Buchwald. Im Auftrage des Niedersächsischen Landesverwaltungsamtes für Naturschutz, Landschaftspflege und Vogelschutz. April 1979, S. 22

- Die Realitätsnähe einer solchen Vorhersage war währenddessen durch Berichte über Folgeschäden großer Grundwasserentnahmen in anderen Gebieten (z.B. **Hessisches Ried** (17)) belegt worden.

- Der etwa zeitgleiche Baubeginn am Wasserwerk, als sichtbares Anzeichen für die Aktivitäten der HWW, rief Befürchtungen, die durch die beiden anderen Ereignisse geweckt waren, ständig ins Bewußtsein der Nordheide-Bewohner.

Eine zweite, gegenüber den ökologischen nebensächliche und erst später relevant werdende Befürchtung war die einer unzulänglichen Absicherung der Hausbesitzer für den Fall, daß die Grundwasserförderung Gebäudeschäden verursacht.

Die zuständigen Behörden wie auch die HWW reagierten unmittelbar nach Erscheinen der Studie auf die neuen Erkenntnisse: Es ist davon auszugehen, daß sich die Bewilligungsbehörde bereits im Mai (einen Monat nach der Veröffentlichung) mit der Studie befaßte, da im selben Monat die Wasserwerke bei der Behörde um Einblick in die Arbeit baten.

Im Juli 1979 antwortete die Bezirksregierung dann auf eine schriftliche Anfrage der Kreisverwaltung Harburg, daß eine Überprüfung der Quast-Aussagen erfolgen wird[3]. Das Ergebnis der Überprüfung lag im September 1981 mit dem Gemeinsamen Bericht vor.

Durch die Initiativen der Verantwortlichen wurde jedoch weder eine breite Diskussion noch eine Auseinandersetzung ausgelöst. Der Konflikt ging vielmehr von der ortsansässigen Bevölkerung aus, die hauptsächlich ökologische Bedenken artikulierte[4]. Als Repräsentant der Nordheide-Bewohner in der Auseinandersetzung um die Grundwasserentnahme verstand sich seit September 1979 die Interessengemeinschaft Grundwasserschutz Nordheide[5]. Zwar

---

[3] Vgl. Landkreis Harburg, der Oberkreisdirektor: Beantwortung der Anfrage der Kreistagsabgeordneten Frau Dr. Marion Luckow vom 12.09.79, Winsen 01.10.79

[4] Vgl. z.B. CDU-Ortsverband Hanstedt: Pressemitteilung vom 23.06.79; Niedersächsischer Landtag - Neunte Wahlperiode: Drucksache 9/918 (Kleine Anfrage der Abg. Frau Heinlein (SPD) vom 24.07.79); Ott (späterer IGN-Vorsitzender): Offener Brief an die auf Landes-, Kreis- und Samtgemeindeebene verantwortlichen Politiker vom 08.09.79

[5] Vgl. Ott, K.-H.: ebd.; IGN: Gesprächsprotokoll. Oldenburg, Oktober 1988

hatte die Unruhe in der Bevölkerung erste **Reaktionen** bei **Politikern** (21) in der Lieferregion ausgelöst. Dennoch kann die **Gründung der Interessengemeinschaft** (22) als Reaktion auf die Auffassung ihrer Mitglieder betrachtet werden, daß weder das politisch-administrative System noch irgendwelche Verbände die Anliegen ihrer Mitglieder zufriedenstellend vertreten würden[6].

2.1.2 Politische Interaktionen: Die Konfliktpunkte

Die Differenzen zwischen den beteiligten Konfliktparteien zeigten sich in folgenden Punkten:

1) Unterschiedliche Interpretation der Ergebnisse der Quast-Studie;

2) Konträre Einschätzungen der Möglichkeit von Alternativen zur Grundwassergewinnung in der Nordheide;

3) Unterschiedliche Bewertung der im Bewilligungsverfahren erfolgten Berücksichtigung des Naturschutzes;

4) Unstimmigkeiten hinsichtlich der Öffentlichkeitsbeteiligung und der Transparenz im Entscheidungsprozeß;

5) Unterschiedliche Ansichten über die erforderlichen Konsequenzen;

6) Unterschiedliche Auffassungen zum Inhalt und zur verfahrensmäßigen Einbindung der von der Bezirksregierung in Auftrag gegebenen Überprüfung.

2.1.2.1 Unterschiedliche Interpretation der Ergebnisse der Quast-Studie

Die unterschiedliche Interpretation bezog sich auf die Einschätzung der ökologischen Gefährdung, die aus der Untersuchung abgeleitet werden konnte: Auf der Grundlage einer vorsorglichen und an qualitativen Maßstäben orientierten Sichtweise wurde die Gefährdung weitaus höher eingeschätzt als basierend auf einer Problemsicht, die an beweisfähigen Aussagen und einer quantitativen Bewertung des in der Studie beschriebenen Risikos orientiert war.

---

[6]Darauf läßt die Ankündigung Karl-Hermann Otts schließen, eine Interessengemeinschaft für den Fall zu gründen, daß "keine der Parteien, Institutionen und Verbände zu entschlossenem Schutz unserer Landschaft willens und in der Lage ist" (Ott, K.-H. 07.09.79).

Dies führte auf der Seite derer, die die vorsorgliche, qualitativ bewertende Sicht vertraten (die Kritiker der bewilligten Grundwasserentnahme[7]), zur Befürchtung irreversibler Schäden und zur Forderung nach Gegenmaßnahmen. Der Grund für diese Befürchtung lag darin, daß ökologische Schäden der Studie zufolge - wenn sie auch nicht mit Sicherheit zu erwarten waren - zumindest nicht ausgeschlossen werden konnten.[8]

Die Tragweite befürchteter Schäden bzw. die Tragweite des in der Quast-Studie beschriebenen Risikos bewerteten sie wie folgt anhand qualitativer Maßstäbe:

Die potentiell betroffenen Feuchtgebiete würden den Wert des Naturschutzgebietes als Ganzes essentiell bestimmen, der Verlust dieser Gebiete hätte also schwerwiegende Folgen für den Naturschutz[9].

Ferner wurde die Tragweite der Gefährdungen mit der Schutzwürdigkeit des Gebietes, welches über die Festsetzung als Naturschutzgebiet durch das sogenannte Europa-Naturschutzdiplom geschützt war[10], und mit der Einmaligkeit des Naturparkes[11] belegt[12].

---

[7]Als Kritiker sind neben der IGN die Initiatoren der Quast-Studie (Prof. Dr. Buchwald als Direktor des Institutes, an dem die Studie erstellt worden war, und Prof. Dr. Preising, als Vertreter der Landesdienststelle, die die Studie veröffentlicht hatte), politische Gremien und einzelne Politiker aus der Lieferregion, Naturschutzverbände sowie der Kreislandvolkverband zu nennen.

[8]Vgl. Alberts, H.: Grundwasserentnahme gefährdet Naturschutzgebiet Lüneburger Heide. In: Norddeutscher Wanderer, Mai 1980, S. 1103 - 1104; Buchwald, K.: Grundwasserentnahme im Heidepark - heutige Situation und nötiger Widerstand. U.a. in "Naturschutz" und Naturparke, 4. Vierteljahr 1980 Heft 99, S. 1- 7; CDU-Kreisverband Harburg-Land: Antrag vom Landesparteitag 1980; Luckow, M. (FDP-Mitglied des Kreistages Harburg-Land): Anfrage zur Beantwortung anläßlich der nächsten Kreistagssitzung, 12.09.79

[9]Vgl. Buchwald, K.: Grundwasserentnahme im Heidepark - heutige Situation und nötiger Widerstand. U.a. in "Naturschutz" und Naturparke, 4. Vierteljahr 1980 Heft 99, S. 1- 7; Schierhorn, G. (IGN): Vortrag anläßlich eines Gesprächs der IGN beim Regierungspräsidenten. (Unveröffentlichtes Manuskript), Hanstedt 24.06.80

[10]Vgl. Buchwald, K.: Grundwasserentnahme im Heidepark - heutige Situation und nötiger Widerstand. U.a. in "Naturschutz" und Naturparke, 4. Vierteljahr 1980 Heft 99, S. 1- 7

[11]Vgl. NDR III: Kein Wasser für Millionen. (Fernsehdiskussion), 28.10.80

[12]Vgl. Alberts, H.: Grundwasserentnahme gefährdet Naturschutzgebiet Lüneburger Heide. In: Norddeutscher Wanderer, Mai 1980, S. 1103 -1104; Buchwald, K.: Grundwasserentnahme im Heidepark - heutige Situation und nötiger Widerstand. U.a. in "Naturschutz" und Naturparke, 4. Vierteljahr 1980 Heft 99, S. 1- 7; CDU-Ortsverband Hanstedt: Pressemitteilung vom 23.06.79

Auf der anderen Seite wehrten die Verantwortlichen[13] die Befürchtungen mit dem Argument ab, daß die Ergebnisse von Quast nicht hinreichend aussagefähig seien.[14]

Der Mangel der Studie wurde darin gesehen, daß diese nur ein Risiko beschreibt, nicht aber zwangsläufige Folgewirkungen: Das Problem läge darin, daß die Studie die Beschreibung bestimmter Risikobereiche um den Zusatz ergänze, im Falle hydrogeologischer Besonderheiten sei das Risiko verringert oder ausgeschlossen.

Da diese Einschränkung nicht genauer ausgeführt worden sei, würden hinreichend konkrete Aussagen zu dem tatsächlichen Gefährdungspotential fehlen. Erst nach Klärung dieser offenen Fragen könne über die Notwendigkeit etwaiger Gegenmaßnahmen entschieden werden.[15]

Die mangelnde Aussagefähigkeit der Quast-Studie - eher ein generelles Problem vorsorgenden Umweltschutzes als ein Makel der Studie - führte dazu, daß Kritiker des Entnahmeprojekts basierend auf "nur" potentiellen Gefährdungen ihre Befürchtungen artikulierten, die Befürworter jedoch diese Bedenken zunächst mit dem Hinweis auf fehlende beweisfähige Aussagen zurückwiesen bzw. zurückweisen konnten.

Auch der weitere Verlauf des Konfliktes zeigte, daß dieses grundlegende Problem, Folgewirkungen nachweislich vorhersagen zu können, wissenschaftlich,

---

[13]Die HWW als für die Projektidee Verantwortliche (einschließlich ihres Aufsichtsratsvorsitzenden, im betreffenden Zeitraum der Finanzsenator) sowie die Bezirksregierung bzw. die obere Wasserbehörde als für die Genehmigung Verantwortliche und der zuständige Fachminister als die der oberen Wasserbehörde übergeordnete Instanz. Für die gesamte Runde der Problematisierung gilt, daß keine Differenzierungen bei der Querschnittsbehörde vorzunehmen sind bzw. vorgenommen werden können. Es konnten keine Abweichungen beim Vergleich der Argumentation des Wasserwirtschaftsdezernats und des Naturschutzdezernats festgestellt werden.

[14]Vgl. Bezirksregierung Lüneburg: Presseinformation Nr. 174/79 vom 02.11.79; ders.: Presseinformation Nr. 55/80 vom 13.03.80; HWW (Hg.): Informationen - Fragen und Fakten zur Grundwassergewinnung in der Nordheide. 01.07.81; Niedersächsischer Landtag - Neunte Wahlperiode: Drucksache 9/1619 (Antwort der Landesregierung auf eine Kleine Anfrage der Abg. Prof. Dr. Ahrens, Frau Heinlein (SPD) vom 05.03.80), 21.05.80

[15]Vgl. Bezirksregierung Lüneburg: Presseinformation Nr. 174/79 vom 02.11.79; ders.: Presseinformation Nr. 55/80 vom 13.03.80; HWW (Hg.): Informationen - Fragen und Fakten zur Grundwassergewinnung in der Nordheide. 01.07.81

also auf der Ebene zu erstellender Gutachten, anscheinend nicht zweifelsfrei lösbar war.

Unabhängig von den Vorbehalten gegenüber der Aussagefähigkeit der Quast-Untersuchung relativierten die Verantwortlichen von vornherein das Ausmaß des dort beschriebenen Risikos. Dies erfolgte unter Hinweis auf den quantitativ geringen Flächenanteil der betreffenden Bereiche[16] (95% der Fläche des Heideparks seien als grundwasserferne Standorte in jedem Fall unbeeinflußt von der Grundwasserentnahme[17]).

Zudem widersprachen sie der Irreversibilität potentieller Folgewirkungen damit, daß durch technische Maßnahmen bzw. durch das Erteilen von Auflagen[18] im Falle einer tatsächlichen Gefährdung gegengesteuert werden könne, Naturschutz und Wasserversorgung in der Heide also vereinbar seien[19].

Ein weiterer, nicht ohne weiteres verallgemeinerungsfähiger Aspekt betrifft die Abwertung der Studie mit der Begründung, daß sie nicht von anerkannten Behördenexperten (so indirekt der Oberkreisdirektor des Landkreises Harburg[20]) erstellt worden sei[21].

---

[16]Vgl. Bezirksregierung Lüneburg: Bemerkungen zum Aufsatz "Grundwasserentnahme im Heidepark durch die Hamburger Wasserwerke GmbH" von Prof. Dr. K. Buchwald. In: Natur und Landschaft, 56. Jg. (1981) Heft 12, S. 472 - 474; HWW (Hg.): Informationen - Fragen und Fakten zur Grundwassergewinnung in der Nordheide. 01.07.81

[17]Vgl. Bezirksregierung Lüneburg: Bemerkungen zum Aufsatz "Grundwasserentnahme im Heidepark durch die Hamburger Wasserwerke GmbH" von Prof. Dr. K. Buchwald. In: Natur und Landschaft, 56. Jg. (1981) Heft 12, S. 472 - 474

[18]Vgl. HWW (Hg.): Informationen - Fragen und Fakten zur Grundwassergewinnung in der Nordheide. 01.07.81; NDR III: Kein Wasser für Millionen. (Fernsehdiskussion), 28.10.80; Niedersächsischer Landtag - Neunte Wahlperiode: Drucksache 9/1139 (Antwort der Landesregierung auf eine Kleine Anfrage der Abg. Frau Heinlein (SPD) vom 24.07.79), 22.10.79; ders.: Drucksache 9/1619 (Antwort der Landesregierung auf eine Kleine Anfrage der Abg. Prof. Dr. Ahrens, Frau Heinlein (SPD) vom 05.03.80), 21.05.80; ders.: Drucksache 9/2154 (Antwort der Landesregierung auf eine Kleine Anfrage der Abg. Frau Heinlein, Prof. Dr. Ahrens (SPD) vom 12.09.80), 05.01.81; Winsener Anzeiger: Trotz Bedenken von Umweltschützern: Hamburg will Wasser aus der Nordheide. 29.10.80

[19]Vgl. NDR III: Kein Wasser für Millionen. (Fernsehdiskussion), 28.10.80.

[20]Vgl. Landkreis Harburg, der Oberkreisdirektor: Beantwortung der Anfrage der Kreistagsabgeordneten Frau Dr. Marion Luckow vom 12.09.79, Winsen 01.10.79

[21]Die Quast-Studie wurde als Diplom-Arbeit an der Technischen Universität Hannover erstellt.

2.1.2.2 Konträre Einschätzungen der Möglichkeit von Alternativen zur Grundwassergewinnung in der Nordheide

Grundlage der differierenden Einschätzungen möglicher Alternativen waren unterschiedliche Prioritätensetzungen: ökologische und regionalpolitische Prioritäten auf der einen Seite, traditionell technisch-ökonomische Prioritäten, die an einer kurzfristig reibungslosen Durchsetzung orientiert waren, auf der anderen Seite. Dies führte dazu, daß unterschiedliche Versorgungsstrategien nicht gleichermaßen als akzeptable Alternativen in Betracht gezogen wurden.

Welche Konsequenzen die technisch-ökonomische, an die Vermeidung von Widerständen angelehnte Prioritätensetzung für das Spektrum in Frage kommender Versorgungsmöglichkeiten hatte, ließ Drobek Mitte der sechziger Jahre erkennen (s. Kap. II.3). Alternativen, wie z.B. Gewässerschutz und Wassersparen, oder eine Kritik an der gegebenen räumlichen Nutzungskonkurrenz und -planung blieben unberücksichtigt. Die Nordheide wurde von der Antragstellerin wie von der Genehmigungsbehörde als einzige Alternative zur Sicherstellung der Wasserversorgung Hamburgs erklärt[22].

Die nun in der Auseinandersetzung von der Kritikerseite vorgeschlagenen Alternativen (dezentrale Lösungen[23], wie z.B. getrennte Trink- und Brauchwassersysteme) wurden von den Entscheidungsträgern aus vorwiegend wirtschaftlichen Gründen abgelehnt[24]. Die HWW verschloß sich jedoch nicht gänzlich etwaigen alternativen Lösungen, z.B. gab sie erste Wasserspartips an ihre Kunden weiter[25]. Die Bewilligungsbehörde begrüßte zwar auch eine sparsame Verwendung des Wassers, wies die Zuständigkeit zur Durchsetzung solcher Maßnah-

---

[22] Vgl. HWW (Hg.): Informationen - Fragen und Fakten zur Grundwassergewinnung in der Nordheide. 01.07.81; Winsener Anzeiger: Gestern abend Bürgerversammlung in Asendorf: Heiße Diskussionen um Nordheide-Wasser. 28.11.79

[23] Vgl. IGN (Hg.): Grundwasserentnahme in der Nordheide. (Broschüre) 1. Auflage. Stand: Februar 1980; IGN (Hg.): Grundwasserentnahme in der Nordheide. Teil 2. (Broschüre) Stand: März 1981

[24] Vgl. HWW (Hg.): Informationen - Fragen und Fakten zur Grundwassergewinnung in der Nordheide. 01.07.81

[25] Vgl. HWW (Hg.): WasserMagazin. Kundeninformation der Hamburger Wasserwerke GmbH. Juli 1981

men jedoch mit dem Argument von sich, daß diesbezüglich der Gesetzgeber gefragt sei.

Zusätzlich zu der Ablehnung des Heidewassers als einzig denkbarer Alternative führte die Gegenseite die "moralische" Nicht-Zuständigkeit der Nordheide für die vom Ballungsraum selbst verursachte und zu verantwortende Problemsituation an[26].

Eine solche Argumentation kann auf die räumliche Trennung von Verbraucher- und Lieferregion zurückgeführt werden: Dadurch, daß die Lieferregion bei der isolierten Betrachtung des Teilaspektes Wasserversorgung eine ausschließlich dienende Funktion hatte, lag es für die Bewohner der betroffenen Region nahe, der Verbraucherregion zu unterstellen, diese beute die Nordheide aus[27]. Zudem offenbarten artikulierte Zweifel der Heidebewohner an der zugespitzten Problematik der öffentlichen Wasserversorgung Hamburgs einen - gewollten oder ungewollten - Informationsverlust zwischen Verbraucher- und Lieferregion. Die auf diesem Informationsdefizit basierenden Zweifel begünstigten natürlich das Argument der Nicht-Zuständigkeit und die Forderung, nach dezentralen Lösungen zu suchen.[28]

2.1.2.3 Unterschiedliche Bewertung der im Bewilligungsverfahren erfolgten Berücksichtigung des Naturschutzes

Während für die eine Seite (Kritiker) nur ein vorsorgender und bewahrender Schutz der Natur akzeptabel war, konnte es die andere Seite (Verantwortliche) akzeptieren, etwaige, sich abzeichnende Schäden mit Hilfe technischer Maßnahmen auszugleichen. Dieses voneinander abweichende Naturschutzverständnis lag den Kontroversen zugrunde, die sich bei der Bewertung des Ausmaßes, in dem der Naturschutz im Bewilligungsverfahren berücksichtigt worden war, abzeichneten.

---

[26]Vgl. IGN (Hg.): Grundwasserentnahme in der Nordheide (Broschüre) 1. Auflage. Stand: Februar 1980.

[27]Vgl. Ott, K.-H.: Offener Brief an die auf Landes-, Kreis- und Samtgemeindeebene verantwortlichen Politiker vom 08.09.79

[28]Vgl. HWW (Hg.): Informationen - Fragen und Fakten zur Grundwassergewinnung in der Nordheide. 01.07.81

In den Reihen der Projektgegner galt die Ansicht, die Belange des Naturschutzes seien im Bewilligungsverfahren nicht angemessen berücksichtigt worden[29]. Begründet wurde diese Meinung z.b. damit, daß ein ökologisches Gutachten zur vorsorglichen Ermittlung möglicher Folgewirkungen gefehlt habe[30].

Der Kritik hielten die Verantwortlichen (Bewilligungsbehörde und MELF) z.B. die im Bescheid festgelegten Beweissicherungsverfahren[31] und die Auflagen, die im Bewilligungsbescheid zugunsten des Naturschutzes festgelegt worden seien[32], entgegen:

Beweissicherungsverfahren als Beleg für die Berücksichtigung des Naturschutzes anzuführen, offenbart das abweichende Verständnis: Die Beweissicherung dient als "Nach"weis von Schäden und erfordert insofern das Abwarten ihres Eintretens oder zumindest erster Anzeichen, um eine Grundlage zu erhalten, auf der Entschädigungsansprüche geltend gemacht werden können[33]. Dementgegen stand die Befürchtung der Vertreter einer vorsorglichen Handlungsweise, daß ein - wenn auch nur ansatzweiser - Schadenseintritt bereits zu irreversiblen Schäden führen kann, also ein "Stück" Natur zerstört, das in seiner Einmaligkeit nicht im nachhinein ersetzt werden kann.

Der Widerspruch zwischen Vorsorge und "Nachsorge" gilt ebenfalls für das nachträgliche Erteilen von Auflagen in Form von Ausgleichs- und Ersatzmaßnahmen.

---

[29] Vgl. Buchwald, K.: Grundwasserentnahme im Heidepark - heutige Situation und nötiger Widerstand. U.a. in "Naturschutz" und Naturparke, 4. Vierteljahr 1980 Heft 99, S. 1- 7; Schierhorn, G. (IGN): Vortrag anläßlich eines Gesprächs der IGN beim Regierungspräsidenten. (Unveröffentlichtes Manuskript), Hanstedt 24.06.80; Zweifel äußerte auch eine Landtagsabgeordnete, vgl. Niedersächsischer Landtag - Neunte Wahlperiode: Drucksache 9/918 (Kleine Anfrage der Abg. Frau Heinlein (SPD) vom 24.07.79)

[30] Vgl. Schierhorn, G. (IGN): Vortrag anläßlich eines Gesprächs der IGN beim Regierungspräsidenten. (Unveröffentlichtes Manuskript), Hanstedt 24.06.80

[31] Vgl. Bezirksregierung Lüneburg: Bemerkungen zum Aufsatz "Grundwasserentnahme im Heidepark durch die Hamburger Wasserwerke GmbH" von Prof. Dr. K. Buchwald. In: Natur und Landschaft, 56 Jg. (1981) Heft 12, S. 472 - 474; Niedersächsischer Landtag - Neunte Wahlperiode: Drucksache 9/1139 (Antwort der Landesregierung auf eine Kleine Antwort der Abg. Frau Heinlein (SPD) vom 24.07.79), 22.10.79

[32] Vgl. Bezirksregierung Lüneburg: Presseinformation Nr. 174/79 vom 02.11.79

[33] Vgl. Dahl, H.-J.: Grundwasserförderung und Naturschutz in Niedersachsen. In: gwf. Wasser - Abwasser, 128 (1987) Heft 12, S. 614 - 621

2.1.2.4 Unstimmigkeiten hinsichtlich der Öffentlichkeitsbeteiligung und der Transparenz im Entscheidungsprozeß

Gegenstand der Auseinandersetzung war nicht nur das Ergebnis des Entscheidungsverfahrens, sondern auch das Verfahren selbst, also die Art und Weise, wie die Entscheidung zustandekam bzw. wie im weiteren Entscheidungen gefunden werden sollten.

Der formal vorgeschriebene Umfang der Öffentlichkeitsbeteiligung fand bei Bürgern und politischen Gremien keine Zustimmung mehr.

Bürger wie politische Gremien beanstandeten ihre unzureichende Einbeziehung in den Entscheidungsprozeß. Dies, obwohl die Bezirksregierung im wasserrechtlichen Verfahren eine formal korrekte Information der Öffentlichkeit (z.B. lag der Absenkungsplan mit aus[34]) und Betroffenenbeteiligung durchgeführt hatte[35] sowie darüber hinaus sogar in einer Pressemitteilung Bedenken hinsichtlich der Minderung von Trockenwetterabflüssen angemeldet hatte[36].

Bemängelt wurden nicht nur die generellen Beteiligungsbedingungen im wasserrechtlichen Verfahren (die Informationspolitik der Verantwortlichen sowie die Möglichkeit, Interessen einbringen zu können). Auch bezogen auf die laufende Auseinandersetzung wurde eine unzureichende Information, die unzureichende Zugänglichkeit zu Untersuchungsunterlagen (statt der Bereitstellung von Kopien lediglich die Möglichkeit einer Einsichtnahme bei der Behörde[37]) sowie die fehlende Transparenz behördeninterner Aushandlungsprozesse[38] bemängelt.

---

[34]Vgl. Bezirksregierung Lüneburg: Über das Bewilligungsverfahren Wasserwerk Nordheide. (Unveröffentlichtes Manuskript), 10.01.82; Der Niedersächsische Umweltminister: Gesprächsprotokoll. Hannover, September 1988

[35]Vgl. Niedersächsischer Landtag - Neunte Wahlperiode: Drucksache 9/1139 (Antwort der Landesregierung auf eine Kleine Anfrage der Abg. Frau Heinlein (SPD) vom 24.07.79), 22.10.79

[36]Die Bedenken bezogen sich seinerzeit noch auf die beantragte Entnahmemenge von 37 Mio. cbm/a

[37]Vgl. IGN: Gesprächsprotokoll. Hanstedt, Februar 1988

[38]Vgl. CDU-Ortsverband Hanstedt: Pressemitteilung vom 23.06.79; NDR III: Kein Wasser für Millionen. (Fernsehdiskussion), 28.10.80. Die SPD-Abg. Heinlein beanstandete bei der Fernsehdiskussion eine nur "brockenweise" erfolgende Information; Niedersächsischer Landtag - Neunte Wahlperiode: Drucksache 9/1360 (Kleine Anfrage der Abg. Frau Heinlein (SPD) vom 24.01.80);

2.1.2.5 Unterschiedliche Ansichten über die erforderlichen Konsequenzen

Die vorab geschilderten Differenzen begründeten abweichende Vorstellungen über die erforderlichen Konsequenzen, die aus den artikulierten Befürchtungen gezogen werden sollten.

Die Projektgegner forderten die Reduzierung der bewilligten Fördermenge, da sie unmittelbar aus der Quast-Studie eine essentielle Gefährdung des Naturschutzes ableiteten und davon ausgingen, daß Alternativen möglich seien, um die Wasserversorgung Hamburgs auch bei einer verringerten Entnahme aus der Heide sicherzustellen.

Ferner verlangten sie die rechtliche Absicherung einer reduzierten Entnahmemenge durch eine entsprechende Revidierung bzw. Änderung des erteilten Bewilligungsbescheides[39]. Als Begründung speziell für den geforderten Rechtseingriff zogen die Kritiker die neuen, aus der Quast-Studie gewonnenen (für sie ausreichend stichhaltigen) Erkenntnisse heran. Aus der Sicht des Bewilligungsverfahrens beriefen sie sich dementsprechend auf die unzureichende Information über die Betroffenheit ökologischer Belange aber auch auf die unzulängliche Öffentlichkeitsbeteiligung im Verfahren.

Die Kritiker der Bewilligung waren bestrebt, ihre Forderungen über die genannten Argumente hinaus auf eine gesetzliche Grundlage stellen, also gesellschaftlich anerkannt darlegen zu können: So sollte die nicht mehr als legitim akzeptierte Genehmigung basierend auf der inzwischen geltenden Eingriffsre-

---

ders.: Drucksache 9/1878 (Kleine Anfrage der Abg. Frau Heinlein, Prof. Dr. Ahrens (SPD) vom 12.09.80); andeutungsweise ders.: Drucksache 9/918 (Kleine Anfrage der Abg. Frau Heinlein (SPD) vom 24.07.79); andeutungsweise auch Luckow, M. (FDP-Mitglied des Kreistages Harburg-Land): Anfrage zur Beantwortung anläßlich der nächsten Kreistagssitzung, 12.09.79

[39]Vgl. Buchwald, K.: Grundwasserentnahme im Heidepark - heutige Situation und nötiger Widerstand. U.a. in "Naturschutz" und Naturparke, 4. Vierteljahr 1980 Heft 99, S. 1- 7; (Die Aussage im Text bezieht sich auf Äußerungen eines Samtgemeindebürgermeisters, der dabei in Übereinstimmung mit einem Bundestagsabgeordneten aus der Nordheide argumentierte.); Niedersächsischer Landtag - Neunte Wahlperiode: Drucksache 9/1878 (Kleine Anfrage der Abg. Frau Heinlein, Prof. Dr. Ahrens (SPD) vom 12.09.80); Schierhorn, G. (IGN): Vortrag anläßlich eines Gesprächs der IGN beim Regierungspräsidenten. (Unveröffentlichtes Manuskript), Hanstedt 24.06.80, andeutungsweise Luckow, M. (FDP-Mitglied des Kreistages Harburg-Land): Anfrage zur Beantwortung anläßlich der nächsten Kreistagssitzung, 12.09.79

gelung des BNatSchG (§8) untersagt bzw. erneut überprüft werden[40]. Tatsächlich konnte diese Bestimmung aber rechtlich nicht wirksam werden, da das BNatSchG zur Zeit der Bewilligung noch nicht existierte.

Die geforderten Konsequenzen entsprachen insgesamt der vorsorglichen Denkweise, potentielle Gefährdungen von vornherein auszuschließen. Der daraus resultierende Anspruch einer reduzierten Entnahme und einer Revidierung des Bewilligungsbescheides war zwar angesichts der zunächst nicht auszuschließenden Gefährdung von der inhaltlichen Argumentation her - ob berechtigt oder nicht, soll hier dahingestellt bleiben - nachvollziehbar, die rechtlichen Argumente verkannten jedoch die gegebenen Bestimmungen.

Auf der anderen Seite zog die Niedersächsische Wasserwirtschaftsverwaltung (obere Wasserbehörde und zuständiger Fachminister) für die Seite der Verantwortlichen die Konsequenz, zunächst die offenen Fragen der Quast-Studie zu untersuchen, um dann zu entscheiden, inwiefern aus der Studie Folgerungen zu ziehen sind[41]: ob bzw. inwieweit die Bewilligung gegebenenfalls im öffentlichen Interesse ergänzt werden müsse[42] und ob bzw. welche rechtlichen Schritte eingeleitet werden müßten[43].

Dabei bleibt es zweifelhaft, ob mit den rechtlichen Schritten eine Änderung des bewilligten Rechts gemeint war. Vielmehr kann vermutet werden, daß hier nur scheinbar eine Übereinstimmung mit den Forderungen der Kritiker vorlag:

---

[40]Vgl. Schierhorn, G. (IGN): Vortrag anläßlich eines Gesprächs der IGN beim Regierungspräsidenten. (Unveröffentlichtes Manuskript), Hanstedt 24.06.80

[41]Vgl. Bezirksregierung Lüneburg: Presseinformation Nr. 174/79 vom 02.11.79

[42]Vgl. Bezirksregierung Lüneburg: Presseinformation Nr. 55/80 vom 13.03.80; HWW (Hg.): Informationen - Fragen und Fakten zur Grundwassergewinnung in der Nordheide. 01.07.81; Niedersächsischer Landtag - Neunte Wahlperiode: Drucksache 9/1139 (Antwort der Landesregierung auf eine Kleine Anfrage der Abg. Frau Heinlein vom 24.07.79), 22.10.79; ders.: Drucksache 9/1619 (Antwort der Landesregierung auf eine Kleine Anfrage der Abg. Prof. Dr. Ahrens, Frau Heinlein (SPD) vom 05.03.80), 21.05.80; ders.: Drucksache 9/2154 (Antwort der Landesregierung auf eine Kleine Anfrage der Abg. Frau Heinlein, Prof. Dr. Ahrens (SPD) vom 12.09.80), 05.01.81

[43]Vgl. andeutungsweise Niedersächsischer Landtag - Neunte Wahlperiode: Drucksache 9/1619 (Antwort der Landesregierung auf eine Kleine Anfrage der Abg. Prof. Dr. Ahrens, Frau Heinlein (SPD) vom 05.03.80), 21.05.80

HWW und Niedersächsischer Fachminister vertraten wie gesagt den Standpunkt, auf der Grundlage des erteilten Bewilligungsbescheides Auflagen zugunsten des Naturschutzes erteilen zu können[44] und damit - so der Fachminister - ökologische Schäden in jedem Fall verhindern zu können[45]. Dafür, daß auf Seiten der Entscheidungsträger von vornherein beabsichtigt war, die angekündigten Schritte entgegen den Forderungen der Projektkritiker auf der Grundlage des bewilligten Rechts einzuleiten, spricht auch die Bezeichnung des Ergebnisses der Überprüfung: "Gemeinsamer Bericht zur ergänzenden Beweissicherung ...". (Beweissicherungsmaßnahmen einschließlich der Möglichkeit einer nachträglichen Anordnung waren Bestandteil der erteilten Bewilligung.)

Unter der Voraussetzung, daß die vom Grundsatz her nachsorgliche Beweissicherung beabsichtigt war, konnten Fachminister und Bezirksregierung die Kritiker zwar mit Recht damit beruhigen, daß noch ausreichend Zeit bestünde, um gegebenenfalls erforderliche Maßnahmen einzuleiten[46]. Da die Projektgegner jedoch andere rechtliche Schritte als die Verantwortlichen meinten, lief die Zeit in Wirklichkeit der Erfüllung von Forderungen der Gegenseite zuwider - wie unten noch darzulegen sein wird.

Die abwartende Einstellung der Verantwortlichen entsprach den wasserrechtlichen Vorgaben, die rechtliche Eingriffe erst erlauben, wenn Folgen nachweisbar sind. Da aber zweifelsfreie Vorhersagen ökologischer Folgewirkung kaum möglich sind, erschweren diese Vorgaben die Durchsetzung vorsorglicher Maßnahmen im Anschluß an bereits getroffene Entscheidungen. Ein Problem, daß im späteren Verlauf des Verfahrens offensichtlich wurde, als bei der Aufnahme der Grundwassergewinnung immer noch keine ausreichend aussagefähigen Erkenntnisse vorlagen.

---

[44]Vgl. HWW (Hg.): Informationen - Fragen und Fakten zur Grundwassergewinnung in der Nordheide. 01.07.81; Niedersächsischer Landtag - Neunte Wahlperiode: Drucksache 9/1619 (Antwort der Landesregierung auf eine Kleine Anfrage der Abg. Prof. Dr. Ahrens, Frau Heinlein (SPD) vom 05.03.80), 21.05.80; ders.: Drucksache 9/2154 (Antwort der Landesregierung auf eine Kleine Anfrage der Abg. Frau Heinlein, Prof. Dr. Ahrens (SPD) vom 12.09.80), 05.01.81

[45]Vgl. NDR III: Kein Wasser für Millionen. (Fernsehdiskussion), 28.10.80

[46]Vgl.Bezirksregierung Lüneburg: Presseinformation Nr. 55/80 vom 13.03.80; Niedersächsischer Landtag - Neunte Wahlperiode: Drucksache 9/1619 (Antwort der Landesregierung auf eine Kleine Anfrage der Abg. Prof. Dr. Ahrens, Frau Heinlein (SPD) vom 05.03.80), 21.05.80

Hinzu kam, daß der Fortgang der Bauarbeiten am Wasserwerk den Entscheidungsspielraum im Laufe der Zeit einschränkte. Durch die kontinuierlichen Investitionen wurden "Sachzwänge" geschaffen, die eine Rücknahme des erteilten Rechts zunehmend erschwerten. Den Einfluß dieser Sachzwänge bestätigte der Aufsichtsratsvorsitzende der HWW, indem er die bereits getätigten Investitionen als Argument anführte, weshalb das Wasserwerk in jedem Fall 1982 seinen Betrieb aufnehmen sollte[47].

Das Wissen um solche "Sachzwänge" sowie die Einsicht, daß sich die Überprüfung der Quast-Aussagen durchgesetzt hatte gegenüber der Forderung nach sofortigen Konsequenzen für die bewilligte Fördermenge, veranlaßte die Gegenseite - ohne Erfolg -, den Baustopp zu fordern[48].

Zusammenfassend kann gefolgert werden, daß aufgrund der Tatsache, daß die abwartende Vorgehensweise von den Verantwortlichen durchgesetzt werden konnte, die Optionen der Projektgegner begrenzt wurden: zum einen durch die zunehmenden "Sachzwänge" aufgrund der fortlaufenden Investitionen, zum anderen aufgrund der Zeit, die verging, ohne daß seitens der Entscheidungsträger die Alternativen aufgegriffen und vorangetrieben wurden, die sich später als für alle akzeptabel erwiesen.

2.1.2.6 Unterschiedliche Auffassungen zum Inhalt und zur verfahrensmäßigen Einbindung der von der Bezirksregierung in Auftrag gegebenen Überprüfung

Als besonderes Konfliktfeld erwiesen sich die von der Bezirksregierung in Auftrag gegebenen Untersuchungen zur Überprüfung der Aussagen der Quast-Studie.

Bei der Konzeptionierung dieser Untersuchungen zeigten sich sowohl inhaltliche Dissense als auch Unstimmigkeiten in der Frage der Beteiligung.

---

[47]Vgl. Die Grünen - Ökologie-Gruppe Hamburg: Unsere neue Heidevegetation. Folge der Grundwasserentnahme in der Nordheide. (Informationsblatt), April 1981; Winsener Anzeiger: Trotz Bedenken von Umweltschützern: Hamburg will Wasser aus der Nordheide. 29.10.80

[48]Vgl. Winsener Anzeiger: ebd.

Konkret zeigten sich Unstimmigkeiten anhand:

- der den Untersuchungen zugrundeliegenden Fragestellung (umfassende Ermittlung der ökologischen Auswirkungen der bewilligten Grundwasserentnahme versus ausschließlicher Überprüfung des von Quast beschriebenen Risikos);
- des Umfang des Untersuchungsgebietes (gesamtes Entnahmegebiet versus - in Anlehnung an die Studie - Begrenzung auf den Naturschutzpark);
- der Mitwirkung der Interessengemeinschaft an der Konzeptionierung der Fragestellung und der Auswahl der Gutachter;
- der Teilnahme von interessierten Zuhörern an den Arbeitsbesprechungen der Gutachter, die mit der Überprüfung der Quast-Aussagen befaßt waren.

Im Sinne eines vorsorgenden Naturschutzes mit dem Ziel, alle möglichen Gefährdungspotentiale möglichst vollständig zu erfassen, wurde von den Kritikern gegenüber der thematischen Einschränkung auf die Überprüfung der Fragen, die in der Quast-Studie offen geblieben waren, ein ökologisches Gutachten gefordert. Wie ein solches Gutachten genau aussehen sollte, blieb dahingestellt.[49] Ferner sollte der Untersuchungsraum auf das gesamte Entnahmegebiet ausgeweitet werden[50], da auch außerhalb des Naturschutzgebietes gelegene Flächen als für den Naturschutz wertvoll erachtet wurden. In diese inhaltlichen Forderungen eingeschlossen war der Anspruch der Interessengemeinschaft, an der inhaltlichen Konzeptionierung der Gutachten mitwirken zu können. Darüber hinaus forderte sie ihre Mitbestimmung bei der Auswahl der Gutachter[51].

Das Anliegen der IGN, an der Art der Gutachten sowie an der Auswahl der Gutachter mitwirken zu können, resultierte aus ihrem Mißtrauen, daß die Bewilligungsbehörde kein wirkliches Interesse an einer problemgerechten Un-

---

[49]Vgl. Schierhorn, G. (IGN): Vortrag anläßlich eines Gesprächs der IGN beim Regierungspräsidenten. (Unveröffentlichtes Manuskript), Hanstedt 24.06.80

[50]Räumlicher Gegenstand der Überprüfung, die die Bewilligungsbehörde in Reaktion auf die Ergebnisse der Quast-Studie in Auftrag gegeben hatte, war - analog zur Quast-Untersuchung - ausschließlich der Naturpark. (Vgl. Schierhorn, G. (IGN): Vortrag anläßlich eines Gesprächs der IGN beim Regierungspräsidenten. - Unveröffentlichtes Manuskript), Hanstedt 24.06.80

[51]Vgl. Schierhorn, G. (IGN): Vortrag anläßlich eines Gesprächs der IGN beim Regierungspräsidenten. (Unveröffentlichtes Manuskript), Hanstedt 24.06.80

tersuchung habe. Diesem Mißtrauen lag die Vermutung zugrunde, daß diejenigen, die seinerzeit maßgeblich für die Erteilung des Bewilligungsbescheides verantwortlich waren, neuen Erkenntnissen gegenüber nicht offen seien und keine Fehler eingestehen würden[52].

Tatsächlich waren an den neuerlichen Untersuchungen Dienststellen beteiligt, die bereits an den Untersuchungen vor Erteilen der Bewilligung mitgewirkt hatten[53]. (Beteiligte Dienststellen waren das Niedersächsische Landesamt für Bodenforschung, U-Abt. Bodenkartierung und Hydrogeologie sowie das Wasserwirtschaftsamt Lüneburg.)

Die Bezirksregierung hielt die Erstellung eines ökologischen Gutachtens für überflüssig: Konform zu ihrer eng an das wasserrechtliche Erfordernis angelehnten Haltung, Untersuchungen zum "Nach"weis von Schäden anzustellen, vertrat die Behörde zum ersten die Meinung, daß die Fragestellungen eines ökologischen Gutachtens bereits durch das zur späteren Beweissicherung angefertigte vegetationskundliche Gutachten sowie durch ein ausreichendes Netz an Beobachtungsstellen abgedeckt würden. Zum zweiten bestand der Anspruch an die neuerlichen Untersuchungen ausschließlich darin, Vermutungen - allerdings nur solche, die bereits in irgendeiner Form wissenschaftlich begründet sind - zu widerlegen oder ihre Richtigkeit zu beweisen.[54]

Der Forderung nach Ausweitung des Untersuchungsgebietes wurde - der IGN jedoch zu spät und zu zögerlich - letztendlich dennoch nachgegeben. In dieser Angelegenheit hatte auch der Fachminister Einfluß genommen, indem er ein der IGN gegebenes Versprechen, daß das Untersuchungsgebiet ausgeweitet werden würde, durch einen dementsprechenden Erlaß an die Mittelinstanz einlöste[55]. Der Gemeinsame Bericht, also die Entscheidungsgrundlage für das

---

[52]Vgl. IGN: Schreiben an Politiker, Behörden, Verbände, Organisationen und die Medien in Niedersachsen vom 23.03.81; IGN : Information Nr. 1/81 vom 24.3.81; IGN: Gesprächsprotokoll. Hanstedt, Januar 1989

[53]Vgl. Bezirksregierung Lüneburg: Presseinformation Nr. 174/79 vom 02.11.79

[54]Vgl. zur Suche der oberen Wasserbehörde nach beweisfähigen Aussagen auch Dahl, H.-J.: Grundwasserförderung und Naturschutz in Niedersachsen. In: gwf. Wasser - Abwasser, 128 (1987) Heft 12, S. 614 - 621

[55]Vgl. NDR III: Kein Wasser für Millionen. (Fernsehdiskussion), 28.10.80

weitere Vorgehen, beschränkte sich jedoch, deckungsgleich mit den artikulierten Befürchtungen von Quast, auf das Naturschutzgebiet.

Mit ihren Forderungen nach stärkerer Teilhabe an der Konzeptionierung der Gutachten konnte sich die Bürgerinitiative nicht durchsetzen. Daß sie in Punkto Gutachtenerstellung uneingeschränkt ihre alleinigen Kompetenzen wahrzunehmen gedachte, zeigte die Bezirksregierung deutlich durch ihre Reaktion auf die geforderte Mitwirkung bei der Gutachterauswahl: "Zuständig für wasserrechtliche Bewilligungsverfahren in Niedersachsen sind die Bezirksregierungen als obere Wasserbehörde. Ihnen obliegt damit auch die Auswahl von Gutachtern."

2.1.3 Die Rolle der Akteure im Konflikt

Mit Ausnahme der Interessengemeinschaft Grundwasserschutz Nordheide e.V. und der Initiatoren der Quast-Studie (Buchwald und Preising) auf der Seite der Kritiker handelten alle übrigen Akteure formal in Ausfüllung von dem Konfliktfall übergeordneten Funktionen. D.h., sie waren unabhängig von der Heidewasserproblematik bereits im politisch-administrativen Entscheidungssystem verwaltungsmäßig zuständig oder politisch legitimiert.

Im einzelnen agierten die Bezirksregierung (einschließlich des Wasserwirtschaftsamtes) und der Fachminister als Zuständige für Wasserrecht und Wasserwirtschaft, die Hamburger Wasserwerke (einschließlich ihres Aufsichtsratsvorsitzenden) als für die Wasserversorgung Hamburgs Zuständige, die Politiker als Repräsentanten der Bevölkerung und die Naturschutzverbände als Vertreter von Belangen des Naturschutzes.

Demgegenüber handelten die Bürgerinitiative und die Initiatoren der Studie informell und mit der Notwendigkeit, sich politisch noch legitimieren zu müssen. Außerhalb rechtlicher Verfahren war dem einzelnen Bürger oder Betroffenen keine legitimierte Rolle in wasserpolitischen Entscheidungsverfahren zugedacht. Daraus ergab sich zwangsläufig, daß diese Akteure mit dem Ziel, Einfluß auf die Entscheidung zu nehmen, die Unterstützung etablierter Akteure suchten und bemüht waren, eine breite Öffentlichkeit für ihre Anliegen zu mobilisieren.

Konkret handelten die beteiligten Akteure in der betrachteten Teilrunde folgendermaßen:

2.1.3.1 Die Initiatoren des Konflikts

Die IGN kann als "Motor" der Auseinandersetzung begriffen werden. Durch ihre Initiative wurde der Konflikt maßgeblich vorangetrieben. Sie vertrat ihre Position bzw. dementsprechende Forderungen zwar zum einen direkt gegenüber dem Regierungpräsidenten, war jedoch zum anderen daran interessiert, ihre Anliegen in breitere Bevölkerungskreise sowie in die politischen Gremien und Verbände hineinzutragen:

So nahm die Bürgerinitiative an örtlichen Parteiveranstaltungen in der Verbraucherregion teil, bat die Politiker, Verbände und Medien schriftlich um deren Unterstützung[56] und betrieb eine umfangreiche Informations- und Öffentlichkeitsarbeit. Zur Informations- und Öffentlichkeitsarbeit gehörten gut besuchte öffentliche Veranstaltungen in der Nordheide[57], die Auflage zweier Broschüren[58] sowie Flugblätter und Pressemitteilungen.[59]

Im Rahmen ihrer Öffentlichkeitsarbeit nahm sich die Bürgerinitiative auch Interessen an, die im allgemeinen dem Naturschutz widersprachen. Beispielsweise griff die IGN auf einer von ihr organisierten Kundgebung neben Naturschutz-Belangen mögliche Beeinträchtigungen für die Landwirte auf. Dabei wurden als Einschränkung für die Landwirtschaft u.a. mögliche Auflagen beim Gülleauftrag und bei der Verwendung von Pflanzenschutzmitteln angeführt.

Der Tatsache, daß sich die IGN hier für Interessen einsetzte, die dem Naturschutz im allgemeinen widersprachen, lag vermutlich das Bestreben zugrunde, möglichst breite Bevölkerungskreise für das gemeinsame Anliegen, die Grundwasserentnahme einzuschränken, zu gewinnen.

---

[56] Vgl. IGN: Schreiben an Politiker, Behörden, Verbände, Organisationen und die Medien in Niedersachsen vom 23.03.81; IGN: Schreiben an die Landespolitiker in Niedersachsen und Hamburg vom 09.05.80

[57] Vgl. IGN: Kein Raubbau am Heidewasser (Flugblatt und Protokoll), 16.03.80; IGN: Die Interessengemeinschaft Grundwasserschutz Nordheide lädt ein (Flugblatt), Mai 1980

[58] Vgl. IGN (Hg.): Grundwasserentnahme in der Nordheide. (Broschüre) 1. Auflage. Stand Februar 1980; IGN (Hg.) Grundwasserentnahme in der Nordheide. Teil 2. (Broschüre) Stand März 1981

[59] Vgl. zusätzlich IGN: Kein Raubbau am Heidewasser. Informationen für Bendstorf und Umgebung. (Flugblatt mit Veranstaltungsankündigung), April 1980; IGN: Pressemitteilung vom 13.06.80; IGN: Trinkwasser ins Klo? Nein Danke! (Informationsblatt), 18.07.80

Die Initiatoren der Quast-Studie, fachkompetent in Sachen Naturschutz, ließen sich anscheinend weitgehend durch die IGN als Trägerin des Widerstandes vertreten. Sie unterstützten die Interessengemeinschaft dadurch, daß sie Argumente und strategische Hinweise[60] lieferten. Sie gaben der Interessengemeinschaft Argumente sowohl für die Begründung inhaltlicher Forderungen (Reduzierung der Fördermenge, Revidierung des Bewilligungsbescheides) als auch für die Begründung verfahrensbezogener Forderungen (Mitwirkung an der Erstellung neuer Gutachten).

Neben der Unterstützung der IGN machte Prof. Dr. Buchwald über die Veröffentlichung eines Aufsatzes die Fachwelt auf die Heidewasserproblematik aufmerksam.

Beide Wissenschaftler agierten auf der Grundlage konkreter Belange des Naturschutzes. Darüberhinaus spielte es aber vermutlich auch eine Rolle, die von ihnen mitverantwortete Quast-Studie gegen "Angriffe", sprich Abwertungen zu verteidigen.

2.1.3.2 Politische Reaktionen

Politische Gremien und einzelne Politiker jeder Couleur (vornehmlich aus der Lieferregion) thematisierten ihre Befürchtungen erst anläßlich der Bedenken und der Unruhe in der Bevölkerung[61] bzw. anläßlich der entflammten Diskussion[62].

Die "verzögerten" Reaktionen lassen die Annahme zu, daß ohne die Protestbewegung in der Bevölkerung die Grundwassergewinnung Hamburgs mit ihren erwarteten Folgewirkungen nicht oder nur am Rande auf der politischen Tagesordnung gestanden hätte.

---

[60]Vgl. Buchwald, K.: Grundwasserentnahme im Heidepark - heutige Situation und nötiger Widerstand. U.a. in "Naturschutz" und Naturparke, 4. Vierteljahr 1980 Heft 99, S. 1- 7

[61]Vgl. CDU-Ortsverband Hanstedt: Pressemitteilung vom 23.06.79; Vgl. Niedersächsischer Landtag - Neunte Wahlperiode: Drucksache 9/918 (Kleine Anfrage der Abg. Frau Heinlein (SPD) vom 24.07.79); ders.: Drucksache 9/1459 (Kleine Anfrage der Abg. Prof. Dr. Ahrens, Frau Heinlein (SPD) vom 05.03.80)

[62](Die Aussage im Text bezieht sich auf die Äußerung eines Samtgemeindebürgermeisters, der dabei in Übereinstimmung mit einem Bundestagsabgeordneten aus der Nordheide argumentierte.); Luckow, M. (FDP-Mitglied des Kreistages Harburg-Land): Anfrage zur Beantwortung anläßlich der nächsten Kreistagssitzung, 12.09.79

Dabei lag dem Handeln der politischen Vertreter sicher die im allgemeinen vorhandene Motivation zugrunde, durch die Unterstützung der Interessen weiter Bevölkerungteile, also durch die Wahrnehmung ihrer Aufgabe als Repräsentanten der Bevölkerung, politisches Engagement zu dokumentieren und Wählerstimmen zu gewinnen.

Die Intensität, mit der die Repräsentationsaufgabe wahrgenommen wird, ist aufgrund dieser Motivation abhängig vom Turnus anstehender Wahlen. Vermutungen hinsichtlich des Einflusses anstehender Wahlen auf das politische Engagement im Sinne einer Unterstützung der Anliegen weiter Wählerkreise legt der weitere Prozeßablauf nahe, da wesentliche politische Entscheidungen stets in Vorwahlzeiten getroffen wurden[63].

Die Politiker wendeten ihre Kritik an die Öffentlichkeit und in Form von vier erfolgten Landtagsanfragen unmittelbar an die politisch Verantwortlichen.

In Erfüllung ihrer Kontrollfunktion brachten die Politiker Forderungen vor, die ihre eigene Stellung im Entscheidungsprozeß, genauer die Behebung ihres eigenen Beteiligungsdefizits betrafen. Gefordert wurde die Aufklärung der politischen Parteien[64] sowie die Verfügbarkeit von Daten[65].

Die etablierten Naturschutzverbände vertraten entsprechend ihrem eigenen Naturschutzinteresse die von der IGN in Anlehnung an die Quast-Studie formulierten Belange des Naturschutzes[66].

---

[63] Gemeint sind Vereinbarungen zwischen Hamburg und Niedersachsen. Vgl. dazu IGN: Grundwasserentnahme der Hamburger Wasserwerke in der Nordheide. Zwischenbilanz der eingetretenen Schäden. (Ohne Adressat), Ende 09.85; MELF: Pressemitteilung Nr. 30 vom 04.03.1986; s. auch Pkt. 2.2

[64] Vgl. CDU-Ortsverband Hanstedt: Pressemitteilung vom 23.06.79; Luckow, M. (FDP-Mitglied des Kreistages Harburg-Land): Anfrage zur Beantwortung anläßlich der nächsten Kreistagssitzung, 12.09.79

[65] Vgl. Ders.: Anfrage zur Beantwortung anläßlich der nächsten Kreistagssitzung, 12.09.79; Niedersächsischer Landtag - Neunte Wahlperiode: Drucksache 9/2154 (Antwort der Landesregierung auf eine Kleine Anfrage der Abg. Frau Heinlein, Prof. Dr. Ahrens (SPD) vom 12.09.80), 05.01.81

[66] Vgl. Alberts. H.: Grundwasserentnahme gefährdet Naturschutzgebiet Lüneburger Heide. In: Norddeutscher Wanderer, Mai 1980, S. 1103 - 1104; Schutzgemeinschaft Deutscher Wald (SDW): Stellungnahme der SDW Kreisgruppe Harburg, Hanstedt 26.06.80

Der Bezug zur IGN weist schon darauf hin, daß auch sie erst anläßlich der entfachten Auseinandersetzung in Erscheinung traten. Daß auch sie sich zunächst noch nicht an die Verantwortlichen, sondern an die Öffentlichkeit wendeten, kann damit erklärt werden, daß der Grad ihrer politischen Legitimierung geringer ist, als der der unmittelbar im politisch-administrativen System eingebundenen Akteure.

Den Kritikern zuzuordnen ist noch der Kreislandvolkverband: Zwar weniger in Unterstützung ökologischer Belange als in Vertretung individueller wirtschaftlicher Interessen, verstärkte der Verband z.b. durch eine öffentliche Veranstaltung zur Heidewasserproblematik durchaus das generelle Anliegen der Gegenseite, der bewilligten Grundwasserentnahme Widerstand entgegenzusetzen und die Verantwortlichen zur Rede zu stellen.

Anzuzweifeln bleibt, ob die tatsächliche Motivation der Vertreter land- und forstwirtschaftlicher Belange immer deutlich wurde. Denkbar ist, daß diese Akteure den eigentlichen Anlaß ihres Widerstandes hinter dem Tenor der Prostestbewegung, der Befürchtung ökologischer Folgewirkungen, "versteckten", für die sie eigentlich gar nicht eintraten. Entsprechend erinnert sich zumindest ein Vertreter der oberen Naturschutzbehörde daran, daß viele, die gegen die Grundwasserentnahme demonstrierten, selber dem Naturschutz z.B. durch Drainagen Probleme verursacht hatten[67].

Insgesamt unterstützten die Initiatoren der Quast-Studie, die Bevölkerung, politische Gremien und einzelne Politiker, Naturschutzverbände aber auch der Kreislandvolkverband die Positionen und Argumente der Interessengemeinschaft.

Durch ihre Unterstützung übten diese Akteure im Sinne der Bürgerinitiative öffentlichen und politischen Druck auf die Verantwortlichen aus. Zudem wurden der IGN insbesondere von seiten der Wissenschaftler zusätzlich Argumente geliefert.

---

[67] Vgl. Bezirksregierung Lüneburg: Gesprächsprotokoll. Lüneburg, April 1989

Der öffentliche Druck wurde noch durch die Wiedergabe der Perspektive der IGN in den örtlichen Presseorganen verstärkt[68].

2.1.3.3 Reaktionen der Entscheidungsträger und in der Verbraucherregion

Die Verantwortlichen, die HWW, die Bezirksregierung und der zuständige Fachminister, waren nach Entstehung des Konfliktes in der Rolle derjenigen, die als Entscheidungsträger zu den Positionen und Argumenten der Kritiker Stellung beziehen mußten.

In dieser Rolle dominierte im betrachteten Zeitraum die Bezirksregierung. Zum einen, weil sie - vorbehaltlich ministerieller Anweisungen - die Pflicht hatte, Entscheidungen zu treffen und Maßnahmen einzuleiten. Zum anderen wurde ihr seitens der Kritiker mehr als dem Fachminister und der HWW diese Rolle abverlangt.

Ein Grund für die relativ unbedeutende Beteiligung der HWW in diesem Stadium lag darin, daß die IGN ihre (niedersächsische) Behörde als Vertreterin der Interessen der Bürgerinitiative gegenüber Hamburg verstand[69], die Behörde insofern als Mittler zwischen ihren Interessen und denen der HWW betrachtete. Demnach wandte sich die IGN in dieser Zeit als Konfliktpartei, die ihre Interessen gegenüber der anderen Partei durchzusetzen versucht, nicht selbst direkt an die HWW.

Die Bewilligungsbehörde befand sich in der Situation, Stellung zu der an ihrem Verhalten geübten Kritik nehmen zu müssen; sie war daher in erheblichen Maße damit befaßt, ihre Vorgehensweise zu rechtfertigen[70]. Ähnliches gilt für den zuständigen Fachminister, dessen eigene Handlungsweise zwar noch keiner Kritik ausgesetzt war, der sich aber als Zentralinstanz veranlaßt sah, die Handlungsweise der ihm untergeordneten oberen Wasserbehörde zu rechtfertigen[71].

---

[68]Vgl. z.B. Winsener Anzeiger: Protestmarsch nach Lüneburg. 11.03.80; ders.: "Befürchtungen bestätigt!" 18.03.81

[69]Vgl. IGN: Gesprächsprotokoll. Hanstedt, Januar 1989

[70]Vgl. z.B. Bezirksregierung Lüneburg: Presseinformation Nr. 174/79 vom 02.11.79; ders.: Presseinformation Nr. 55/80 vom 13.03.80

[71]Vgl. Niedersächsischer Landtag - Neunte Wahlperiode: Drucksache 9/1139 (Antwort der Landesregierung auf eine Kleine Anfrage der Abg. Frau Heinlein (SPD) vom 24.07.79), 22.10.79; ders.: Drucksache 9/1528 (Antwort der Landesregierung auf eine Kleine Anfrage der Abg.

Mit Einschränkungen kann der Kategorie der Verantwortlichen noch der Oberkreisdirektor des Landkreises Harburg zugeordnet werden: Zwar wies er selbst formalrechtlich zutreffend jegliche Verantwortung und Zuständigkeit des Landkreises von sich. Jedoch war der Landkreis aufgrund der vertraglichen Vereinbarung mit der HWW in die Problematik eingebunden. Offenbar um die Notwendigkeit eigener Handlungen abzuwehren als auch um die eigenen Versorgungsansprüche aus dem Wasserwerk zu sichern, unterstützte der Oberkreisdirektor die Vorgehensweise der Bewilligungsbehörde.[72] Insgesamt spielte aber der Landkreis in der gesamten Auseinandersetzung keine bedeutende Rolle.

Einer gesonderten Darstellung bedürfen die Akteure in der Verbraucherregion (außer der HWW). Insbesondere unterscheiden sich die dortigen Politiker von den niedersächsischen insofern, als daß ihnen die Aufgabe fehlte, die regional- und umweltpolitischen Anliegen breiter Bevölkerungskreise zu repräsentieren.

Insgesamt war die problematisierte Bewilligung in der Verbraucherregion selbst kaum ein öffentliches oder politisch diskutiertes Thema. In Hamburg fanden die Anliegen der IGN ausschließlich bei Gruppierungen Unterstützung, die umweltpolitischen Themen gegenüber von vornherein aufgeschlossen waren und deren Vertretung zu ihrer Aufgabe gemacht hatten. Dies galt insbesondere für an die Öffentlichkeit gerichtete Aktionen, denen eine kritische Haltung zum Nordheide-Projekt zugrundelag.

Als solche Gruppierungen können beispielhaft die Hamburger Grünen, die zu dieser Zeit noch nicht in der Bürgerschaft vertreten waren[73], und die Arbeitsgemeinschaft Hamburger Jugendverbände (studentische Arbeitsgruppe Umweltschutz-Biologie an der Uni Hamburg, Deutscher Jugendbund für Naturbeob-

---

Heinlein (SPD) vom 24.01.80), 03.04.80; ders.: Drucksache 9/2154 (Antwort auf eine Kleine Anfrage der Abg. Frau Heinlein, Prof. Dr. Ahrens (SPD) vom 12.09.80), 05.01.81; ders.: Drucksache 9/1619 (Antwort der Landesregierung auf eine Kleine Anfrage der Abg. Prof. Dr. Ahrens, Frau Heinlein (SPD) vom 05.03.80), 21.05.80

[72] Vgl. Landkreis Harburg, der Oberkreisdirektor: Beantwortung der Anfrage der Kreistagsabgeordneten Frau Dr. Marion Luckow vom 12.09.79, Winsen 01.10.79

[73] Vgl. Die Grünen - Ökologie-Gruppe Hamburg: Unsere neue Heidevegetation. Folge der Grundwasserentnahme in der Nordheide. (Informationsblatt), April 1981; Statistisches Bundesamt/Wiesbaden (Hg.): Statistisches Jahrbuch 1981 für die Bundesrepublik Deutschland. Stuttgart und Mainz, September 1981, S. 87

achtung (DNJ), Freie Jungenschaft, Hamburger Tierschutzjugend)[74] genannt werden.

Die Hamburger Bürgerschaft und der Senat vertraten dagegen die spezifischen Anliegen der Hansestadt-Bewohner, die Versorgung Hamburgs sicherzustellen. Dementsprechend sahen die Hamburger Parlamentarier und Regierungsvertreter in der Befürchtung ökologischer Folgeschäden in der Nordheide mehr ein Gefährdungspotential für die Wasserversorgung Hamburgs als ein Umweltproblem.

Obschon ein Abgeordneter die fehlende Fachaufsicht über die HWW im allgemeinen bemängelte, erweckt die zurückhaltende Reaktion der Bürgerschaft auf die Auseinandersetzung in der Heide den Eindruck, daß seitens der politischen Aufsicht den Wasserwerken ein Höchstmaß an Handlungsspielraum überlassen wurde.[75]

2.1.4 Rahmenbedingungen des Verfahrens

2.1.4.1 Die Handlungsbedingungen

Kreis der Beteiligten

Gegenüber der Vorrunde und dem Bewilligungsverfahren hatte sich der Kreis der Beteiligten (gemeint sind formal kompetente oder politisch legitimierte Akteure sowie nicht administrativ oder politisch legitimierte Interessenvertreter) um die sich selbst informal beteiligende örtliche Bürgerinitiative erweitert. Die Bürgerinitiative übernahm die Vertretung ökologischer und regionalpolitischer Belange, die zuvor im Entscheidungsprozeß noch nicht berücksichtigt wurden. Hinzu kam, daß die Aktivitäten politischer Vertreter integraler Bestandteil des Entscheidungsprozesses wurden. Auch war der zuständige Fachminister weit mehr als zuvor in den Entscheidungsprozeß einbezogen.

---

[74]Vgl. Arbeitsgemeinschaft Hamburger Jugendverbände (studentische Arbeitsgruppe Umweltschutz-Biologie der Uni Hamburg, Deutscher Jugendbund für Naturbeobachtung (DNJ), Freie Jungenschaft, Hamburger Tierschutzjugend): Auf Raubbau in der Lüneburger Heide. (Informationsblatt), März 1980

[75]Vgl. Bürgerschaft der Freien und Hansestadt Hamburg - 9. Wahlperiode: Protokoll der 42. Sitzung am 16.01.80

Einbeziehung der Öffentlichkeit und Transparenz des Verfahrens

Außerhalb der förmlichen Genehmigungsverfahren, also im Anschluß an die erteilten Genehmigungen, gab es keine Regelungen mehr, die die Einbeziehung von Bürgern und Betroffenen in den Entscheidungsprozeß sicherstellten. Nicht einmal für die Information der Öffentlichkeit über den Nutzungskonflikt gab es einen rechtlich fixierten Anspruch.

Die Einbeziehung der interessierten Bürger erfolgte hauptsächlich in Form von Informationen über den Konfliktgegenstand und die laufende Auseinandersetzung durch die umfangreiche Informations- und Öffentlichkeitsarbeit der Kritiker, vor allem der IGN. Auch die Verantwortlichen leisteten Öffentlichkeitsarbeit - aber anscheinend erst aus Veranlassung durch die offene Kritik an ihrer Vorgehensweise.

Durch die umfangreiche Informations- und Öffentlichkeitsarbeit der IGN ergab sich ein Vorsprung der Interessengemeinschaft gegenüber den Verantwortlichen, was die Verbreitung ihrer Positionen und Argumente in der Öffentlichkeit anging.

Weil die Einbeziehung der IGN verfahrensrechtlich nicht abgesichert war, ergaben sich Nachteile beim Zugang zu Daten und Informationen: Die IGN-Vertreter konnten die Unterlagen lediglich bei der Behörde einsehen, die Behördenmitglieder bekamen diese aber automatisch auf dem Dienstweg zugestellt. Die einerseits in Anbetracht des sonstigen routinemäßigen und kalkulierten Ablaufs behördlicher Vorgänge verständlicherweise als aufwendig zu betrachtende Bereitstellung von Kopien schaffte andererseits in der Tat ungleiche Ausgangsbedingungen bei den Beteiligten. Zudem war die Bürgerinitiative selbst in Hinblick auf die Möglichkeit, die Unterlagen einzusehen, nach Beendigung des Bewilligungsverfahrens auf das freiwillige Entgegenkommen der Behörde bzw. des Ministers angewiesen. Einen rechtlich fixierten Anspruch auf die Einsichtnahme gab es nicht. Ebenfalls gab es keinen Anspruch (den hatte es allerdings im Bewilligungsverfahren auch nicht gegeben) bzw. keine Verpflichtung der Behörde, interne Abstimmungsprozesse öffentlich zu machen.

Ressourcen (Zeit, Geld, Personal, Sachkenntnis) der jeweiligen Akteure

Hinsichtlich der Verfügbarkeit von Ressourcen hatte die IGN von allen Akteuren die schlechtesten Ausgangsbedingungen:

- Die ehrenamtlichen Mitglieder konnten nur in ihrer Freizeit Beteiligungsfunktionen wahrnehmen, während die Behördenvertreter und die HWW-Mitglieder dienstlich damit befaßt waren;
- Anders als der IGN stand der Bezirksregierung ein Etat zur Verfügung, mit dem sie z.b. die Erstellung neuer Gutachten finanzieren konnte;
- Die HWW hatte eine Pressestelle, die professionell damit befaßt war, ein positives Bild der HWW in der Öffentlichkeit zu vermitteln.
- Behördenvertreter und zuständiger Minister konnten sich auf dem Behördenwege durch Fachleute informieren lassen, sofern sie nicht selber kompetent waren. Schwierigkeiten, diese Ressource sachgerecht nutzen zu können, ergaben sich allerdings für den Fachminister, da dieser aufgrund fehlender eigener Kenntnisse in der speziellen Angelegenheit fachliche Informationen nicht selbst nachvollziehen und interpretieren konnte.

Der Nachteil der IGN gegenüber Behörde und Minister bestand darin, daß sich ihre Mitglieder durch eigene Anstrengungen sachverständig machen mußten. So war es für die Interessengemeinschaft ein glücklicher Zufall, daß sich unter ihren Mitgliedern einige Fachleute befanden.

Die ungleiche Verteilung der Ressourcen zwischen Projekt-Gegnern und Verantwortlichen, zunächst gemessen an den Diskrepanzen zwischen IGN auf der einen Seite und HWW, Bezirksregierung und Ministerium auf der anderen Seite, konnte auch durch die Beteiligung anderer, die Forderungen der IGN unterstützender Akteure lediglich im Bereich der Sachkenntnis relativiert werden. Wie bereits angedeutet, wurden der IGN insbesondere seitens der Wissenschaft - wiederum eine nicht verallgemeinerungsfähige Erscheinung - einige zusätzliche Argumente geliefert.

Kompetenzen der jeweiligen Akteure

Bedeutung kam der Kompetenzverteilung auf die verschiedenen Akteure während der gesamten Auseinandersetzung insbesondere bei der Entscheidung über die erforderlichen Konsequenzen, der Transparenz der Entscheidungsfindung und der Konzeptionierung zu erstellender Gutachten zu.

Die Bezirksregierung hatte - vorbehaltlich ministerieller Anweisungen - die Pflicht und auch das Recht zu entscheiden, welche Konsequenzen aus der Quast-Studie zu ziehen sind. Ferner oblag ihr - wiederum vorbehaltlich ministerieller Anweisungen - die Entscheidung über die Forderung, der Öffentlichkeit bzw. der IGN Unterlagen zur Verfügung zu stellen. Speziell bezogen auf die Konzeptionierung zu erstellender Gutachten hatte die Bezirksregierung das Recht, die Fragestellung der Gutachten zu formulieren und die Gutachter zu benennen.

Angesichts der Tatsache, daß das rechtlich geregelte Verfahren bereits abgeschlossen war, das Vorgehen der Bewilligungsbehörde also durch keine konkreten Handlungsmuster mehr bestimmt war, lag dem Handeln der Behörde einerseits weit mehr ihr eigenes Ermessen zugrunde. Andererseits hatte aber auch der übergeordnete Minister weitgehende Eingriffsmöglichkeiten.

Zu den Eingriffsmöglichkeiten des Ministers muß einschränkend hinzugefügt werden, daß er sich selbst nicht als fachlich kompetent für die Beurteilung zu ziehender Konsequenzen betrachtete: Er bekannte sich nachdrücklich dazu, in der Auseinandersetzung als Politiker zu fungieren, nicht aber als Wasserfachmann, der er auch gar nicht sei. Hinsichtlich der Zuständigkeit für rein wissenschaftliche und juristische Fragen verwies er auf die Behörden. Diese klare Eingrenzung seiner Kompetenz mag mit ein Grund für sein heute "blauäugig" erscheinendes Versprechen[76] gewesen sein, keine Schäden zuzulassen. Anscheinend gab der Minister diese Zusage - von der die IGN rückschauend der Ansicht ist, daß sie ernst gemeint war[77] - im Vertrauen auf die juristische und technische Machbarkeit seitens der Behörden. Vielleicht lag diesem Vertrauen sogar eine entsprechende Information der ihm nachgeordneten Bewilligungsbehörde zugrunde. So meinte der Minister auf einer öffentlichen Veranstaltung: "Diese Möglichkeiten, das (Anm.: gemeint waren sich gegebenenfalls ankündigende Schäden) zu regulieren, zu bremsen, haben wir. Das ist ganz eindeutig so."

---

[76]Vgl. IGN: Gesprächsprotokoll. Hanstedt, Januar 1989

[77]Vgl. IGN: Gesprächsprotokoll. Hanstedt, Januar 1989

Deutlich wird an dieser Stelle die Problematik der politischen Kontrolle über die Verwaltung, insbesondere dann, wenn die Handlungsmöglichkeiten der Behörden von den zuständigen Politikern nicht mehr durchschaut werden können.

Die Projekt-Gegner hatten keinerlei Mitwirkungsrechte, da sie weder leitende Regierungsposten einnahmen, noch in ihren persönlichen Rechten betroffen waren. (Letzteres hätte ihnen - zwar nur privatrechtliche, jedoch unter Umständen für die Durchsetzung allgemeinerer Anliegen relevante - Klagemöglichkeiten eröffnet.) Insofern waren sie darauf angewiesen, daß die Zuständigen ihre Forderungen freiwillig akzeptierten.

Zeitpunkt der Beteiligung

In dem Moment, als die Kritiker der Entnahme, unmittelbar veranlaßt durch die Ergebnisse der Quast-Studie, ihre Befürchtungen geltend machten, hatten die HWW durch die erteilte Bewilligung bereits das unwiderrufliche Recht, 25 Mio. cbm Grundwasser pro Jahr in der Nordheide zu fördern. Außerdem waren durch die bereits in den Bau des Wasserwerks geflossenen Investitionen Sachzwänge geschaffen worden. Durch das bewilligte Recht und die Sachzwänge hatten sich die Realisierungschancen denkbarer Alternativen verringert. Hinzu kam noch, daß für die Kritiker keine Möglichkeit mehr bestand, ihre Interessen auf verfahrensrechtlichem Wege einzubringen.

Externe Ereignisse und Entwicklungen

Seit der erteilten Bewilligung im Jahre 1974 war nicht nur das Umweltbewußtsein gestiegen, hatte nicht nur der Naturschutz durch die neue Gesetzgebung einen höheren Stellenwert erlangt (im März 1981 wurde das **Niedersächsische Naturschutzgesetz** (23) beschlossen, welches die Rahmengesetzgebung des Bundes - BNatSchG (16) - aus dem Jahre 1976 ausfüllte): Auch in der Wasserpolitik des Landes Niedersachsen hatten sich Veränderungen vollzogen, auf deren Grundlage die umstrittene Bewilligung nicht mehr so selbstverständlich erscheinen mußte wie auf der Grundlage der seinerzeit geltenden politischen Voraussetzungen.

Die Antwort des Fachministers auf eine Große Anfrage der SPD zur Wasserpolitik des Landes zeigte, daß Wassersparmaßnahmen Aufnahme in die niedersächsische Wasserpolitik gefunden hatten. Auf Anregung des Ministers wurde an der Universität Hannover ein "umfassendes Gutachten über 'Möglichkeiten, Probleme und Grenzen der Einsparung von Trinkwasser durch Ausbau doppelter Versorgungsnetze sowie durch wassersparende Installationen und Einrichtungen beim Verbraucher' erarbeitet"[78].

In der Landtagsdiskussion zu dieser Anfrage machten die Ausführungen eines CDU-Abgeordneten deutlich, daß auf einer generellen Ebene zudem auch die Konzeption eines überregionalen Versorgungssystems sogar in der Regierungsfraktion nicht oder nicht mehr unumstritten war: Der Abgeordnete äußerte die Ansicht, daß es nicht selbstverständlich sein könne, daß Überschußgebiete ihr Wasser an Regionen abgeben, die z.b. aufgrund industrieller Ballung vor dem Problem des Mangels stehen. Dabei würden die i.d.R. schon strukturell benachteiligten Lieferregionen in ihren Entwicklungsmöglichkeiten zugunsten der Ballungsgebiete weiter eingeschränkt.[79]

2.1.4.2 Die Handlungsformen

Kommunikationsformen

In dieser ersten Teilrunde der Problematisierung verlief das Verfahren ungeplant und unstrukturiert. Mit Ausnahme der Landtagsanfragen gab es kein etabliertes Verfahrenselement, daß für die Projekt-Kritiker kontinuierliche Informations- und Diskussionsmöglichkeiten sicherstellte. So wurde z.B. die IGN nicht beteiligt, sondern mußte sich selbst beteiligen. Den Fortgang des Prozesses bestimmten spontane bzw. reaktive größere Einzelaktionen (Veranstaltungen) sowie der Schriftwechsel zwischen den Akteuren. Eine Besonderheit stellte ein Gespräch der IGN beim Regierungspräsidenten dar. Folgende Veranstaltungen, an denen Projekt-Kritiker wie Verantwortliche teilnahmen, fanden statt:

- Informationsveranstaltung der Bezirksregierung in Asendorf, Nordheide (November 1979)[80];

- Großveranstaltung der IGN in Wesel (Februar 1980);

---

[78] MELF: Pressemitteilung Nr. 131 vom 04.11.80, S. 10

[79] Vgl. CDU: Niedersachsen ist reich an Wasser, aber: Keine Verschwendung erlauben. In: [CDU-Parteizeitschrift], Frühjahr 1981

[80] Vgl. Winsener Anzeiger: Gestern abend Bürgerversammlung in Asendorf. Heiße Diskussionen um Nordheide-Wasser. 28.11.79

- Demonstration der IGN in Lüneburg (März 1980);
- Fernsehdiskussion in Wesel (Oktober 1980);
- Gutachterhearing, Veranstalter: Bezirksregierung (März 1981)[81];
- Fragestunde des Landvolkverbandes (März 1981);
- Sitzung des Umweltausschusses in Jesteburg (Mitglieder der HWW führten den Film "Auf Schatzsuche in der Lüneburger Heide" vor).

Neben dem Beteiligungs-Nachteil für die Kritiker, insofern als daß es keine etablierten Informations- und Diskussionsmöglichkeiten gab, führte die Spontanität des Verfahrensverlaufs zu unnötigen Reibereien:

So machte der Regierungspräsident anläßlich der IGN-Demonstration deutlich, daß es seitens der Behörde als ungewohnt und aufwendig empfunden wurde, ohne vorherige Absprache bei der Kundgebung zur Verfügung zu stehen, zumal diese außerhalb der Dienstzeit stattfand.

Auch stellte die außerordentliche Aktion nicht sicher, daß die eingeladenen Personen auch teilnahmen: Beispielsweise entschuldigte der Regierungspräsident seine Abwesenheit damit, daß er aufgrund der kurzfristigen Mitteilung terminlich bereits anderweitig gebunden sei.

Beziehungsprobleme zwischen den Akteuren

Beziehungsprobleme in Form unproduktiver Vorwürfe und Mißtrauensbekundungen, die einer kooperativen, problemlösungsorientierten Zusammenarbeit entgegenstanden, gab es im Verhältnis zwischen IGN und Bezirksregierung sowie zwischen IGN und HWW.

Das Verhältnis zwischen IGN und Bewilligungsbehörde war in der betrachteten Zeit äußerst gespannt und von gegenseitigen Vorwürfen gekennzeichnet: Die Interessengemeinschaft vertrat die Ansicht, die Behörde müsse die Interessen der Bürgerinitiative gegenüber den Hamburger Wasserwerken unterstützen[82]. Den an sie gestellten Anspruch erfüllte die Bezirksregierung nicht zur Zufrie-

---

[81] Vgl. IGN: Pressemitteilung vom 09.03.81; IGN: Schreiben an Politiker, Behörden, Verbände, Organisationen und die Medien in Niedersachsen vom 23.03.81

[82] Vgl. IGN: Gesprächsprotokoll. Hanstedt, Januar 1989

denstellung der Interessengemeinschaft: Die Behörde hätte sich, so die IGN, vielmehr den Argumenten der HWW angeschlossen. Vor allem die als mangelhaft empfundene Beteiligung trug zum Mißtrauen der Interessengemeinschaft gegenüber der Behörde bei[83] - das wiederum galt ganz besonders für die neuerlichen Untersuchungen, da die Behörde es ablehnte, die Bürgerinitiative darauf Einfluß nehmen zu lassen[84].

Die Zweifel der Interessengemeinschaft daran, daß die für die Bewilligung maßgeblich Mitverantwortlichen neue Erkenntnisse angemessen berücksichtigen und gegebenenfalls Fehler eingestehen, mögen im übrigen ein Grund dafür gewesen sein, daß sich die IGN i.d.R. an den Regierungspräsidenten selbst und nicht an das ihm untergeordnete zuständige Dezernat wandte.

Der Berechtigung dieser Zweifel muß jedoch mit Vorbehalten begegnet werden, die aus dem Prozeßverlauf abgeleitet werden können. Es deutet einiges darauf hin, daß die Behörde die Möglichkeit nicht von vornherein außer Frage stellte, daß die Quast-Studie aus gegenwärtiger Sicht neue relevante, zu beachtende Erkenntnisse enthielt: Das gilt insbesondere für die Eigeninitiative der Behörde, eine Überprüfung einzuleiten, läßt sich aber zusätzlich noch durch eine Pressemitteilung der Bezirksregierung und eine vorliegende Stellungnahme des zuständigen Wasserwirtschaftsdezernenten belegen.[85] Zumindest diese Punkte müssen der Annahme entgegengehalten werden, daß die Genehmigungsbehörde neuen Erkenntnissen gegenüber grundsätzlich nicht aufgeschlossen sei.

Mißtrauen rief bei der IGN auch der Umstand hervor, daß bei öffentlichen Informationsveranstaltungen, an denen Vertreter der Bezirksregierung anwesend waren, nie der zuständige Dezernent für Landespflege zugegen war; das legte für die Interessengemeinschaft die Vermutung nahe, daß der Naturschutz

---

[83]Vgl. Schierhorn, G. (IGN): Vortrag anläßlich eines Gesprächs der IGN beim Regierungspräsidenten. (Unveröffentlichtes Manuskript), Hanstedt 24.06.80

[84]Vgl. IGN: Schreiben an Politiker, Verbände, Organisationen und die Medien in Niedersachsen vom 23.03.81

[85]Vgl. Bezirksregierung Lüneburg: Presseinformation Nr. 174/79 vom 02.11.79

bei der Behörde eine untergeordnete Stellung einnimmt und daß innerbehördliche Meinungsverschiedenheiten verdeckt bleiben sollen[86].

Auf der anderen Seite warfen Behördenvertreter der Bürgerinitiative Unsachlichkeit und emotionale Agitationen vor[87]. Die IGN habe sehr stark überzogen und Pressemitteilungen herausgegeben, ohne sauber zu recherchieren.[88] Der zuständige Wasserwirtschaftsdezernent begründete, einer Pressenotiz zufolge, mit dem fehlenden Sachverstand von Teilen der Bevölkerung die alleinige Kompetenz der Experten. (Die Bevölkerung solle spezielle Angelegenheiten - in diesem Fall die erforderlichen Maßnahmen zur Grundwasserbeobachtung - den Fachleuten überlassen[89].) Er verkannte insoweit die politische Dimension der Entscheidung über technische Sachverhalte.

Im nachhinein bezeichnen Mitglieder der Lüneburger Wasserwirtschaftsverwaltung das Verhältnis zwischen den beiden Konfliktparteien in diesem Stadium als "bissig"[90].

Das Verhältnis der IGN zur HWW bewertet Schierhorn, IGN-Mitglied, bezogen auf die betrachtete Teilrunde rückblickend als "konfrontativ". Die Wasserwerke hätten einen ganz klaren Versorgungsstandpunkt bezogen und die IGN hätte, so Schierhorn selbstkritisch, ihre eigene egoistische Nordheide-Sicht vertreten. Allerdings sei die Konfrontation für die Bürgerinitiative aus taktischer Sicht von Vorteil gewesen: Vor allem für die Pressearbeit und die Mobilisierung der Öffentlichkeit sei es leichter gewesen, einen gegensätzlichen Standpunkt einzunehmen, als einen kooperativen.[91] Dieser Überlegung liegt vermutlich die Annahme zugrunde, daß die IGN ihre Interessen auf dem Wege einer kooperativen Problemlösung nicht zufriedenstellend hätte realisieren können.

---

[86]Vgl. Bezirksregierung Lüneburg: Gesprächsprotokoll. Lüneburg, April 1989; IGN: Gesprächsprotokoll. Hanstedt, Januar 1989; Winsener Anzeiger: Gestern abend Bürgerversammlung in Asendorf. Heiße Diskussionen um Nordheide-Wasser. 28.11.79

[87]Vgl. IGN: Gesprächsprotokoll. Hanstedt, Januar 1989

[88]Vgl. Bezirksregierung Lüneburg: Gesprächsprotokoll. Lüneburg, Februar 1989

[89]Vgl. Winsener Anzeiger: Gestern abend Bürgerversammlung in Asendorf. Heiße Diskussionen um Nordheide-Wasser. 28.11.79

[90]Bezirksregierung Lüneburg. Gesprächsprotokoll. Lüneburg, Februar 1989, S. 11

[91]Vgl. IGN: Gesprächsprotokoll. Hanstedt, Januar 1989, S. 5

Auf der anderen Seite warf der Aufsichtsratsvorsitzende der HWW ebenso wie die Bezirksregierung der IGN unsachliche Argumentationsweisen vor, die nicht dem Zwecke dienten, einen Ausweg aus dem Konflikt zu finden[92].

Im Ergebnis lassen sich die Beziehungsprobleme sicher zu einem erheblichen Teil auf gegenseitige Vorurteile einhergehend mit der fehlenden Vorstellung einer kooperativen Problemlösung zurückführen. Die Vorurteile wurden durch verfahrensbezogene Aspekte, wie die ungleichen Kompetenzen der Akteure, genauer die fehlenden Mitwirkungsrechte der IGN, oder den im Anfangsstadium tatsächlich noch relativ geringen Sachverstand der Interessengemeinschaft weiter verstärkt.

2.2 Konfliktentwicklung: Erste inhaltliche und verfahrensmäßige Konsequenzen

2.2.1 Der Diskussionsgegenstand und seine Entwicklung

Im September 1981 wurde mit der Fertigstellung der von der Bezirksregierung in Auftrag gegebenen Überprüfung eine neue Diskussionsgrundlage geschaffen. Das Resultat dieser Überprüfung, der "**Gemeinsame Bericht** über die Ergebnisse der in den Jahren 1980/81 durchgeführten ergänzenden Untersuchungen zur Beweissicherung für das Wasserwerk Nordheide der Hamburger Wasserwerke GmbH im Naturschutzgebiet 'Lüneburger Heide'" (24), ist nicht allein auf die anfängliche Initiative der Bezirksregierung, die Aussagen der Quast-Studie zu überprüfen, zurückzuführen. Außerdem spielten folgende Einflußfaktoren eine Rolle:

- die neue Naturschutzrechtsgebung und der gewachsene Stellenwert des Naturschutzes;
- die Aktivitäten der IGN;
- eine Anweisung des zuständigen Ministers.

Insbesondere die beiden erstgenannten Einflußfaktoren können sicher dafür verantwortlich gemacht werden, daß die Bezirksregierung, nachdem die Überprüfung bereits angelaufen war, im November 1979 eine Arbeitsgruppe aus

---

[92]Vgl. NDR III: Kein Wasser für Millionen. (Fernsehdiskussion), 28.10.80

Vertretern der Fachbereiche Landespflege, Bodenkunde, Hydrologie und Hydrogeologie einsetzte. Dadurch wurde zum einen erstmals ein Naturschutzressort explizit beteiligt, zum anderen ließ die Zusammensetzung der Arbeitsgruppe den zur Klärung umweltbezogener Fragen erforderlichen interdisziplinären Ansatz erkennen[93].

Folgende Erkenntnisse lieferte der Gemeinsame Bericht:

Die mit den Untersuchungen betrauten Gutachter hatten vorher bereits ermittelt, für welche Gebiete im Naturschutzpark eine Beeinflußbarkeit im Falle einer Grundwasserabsenkung von vornherein ausgeschlossen werden kann und welche Gebiete auf ihre Beeinflußbarkeit untersucht werden müssen. Es verblieben ca. 1115 ha von insgesamt 19.200 ha Naturparkfläche als Gegenstand der ergänzenden Untersuchungen, d.h. es verblieben 1115 ha, für die eine Beeinflußbarkeit durch die Grundwasserentnahme nicht ausgeschlossen werden konnte. 514 ha und eine Bachlänge von 13 km stellten die Gutachter innerhalb des zuvor begrenzten Untersuchungsgebietes als für den Naturschutz "besonders wertvolle" Bereiche heraus. Diese herausgehobenen Gebiete ordneten sie im Ergebnis, gemessen an ihrer Beeinflußbarkeit, den drei Stufen "beeinflußbar", "möglicherweise beeinflußbar" und "nicht beeinflußbar" zu. Der Bericht wies 24 ha als beeinflußbar, 142 ha als möglicherweise beeinflußbar und 348 ha als nicht beeinflußbar sowie 1,6 km Bachstrecke als beeinflußbar aus. Die Einstufungen "beeinflußbar" und "möglicherweise beeinflußbar" bedeuteten "nicht zwangsläufig eine Beeinflußung der Grundwasserstände und damit eine Gefährdung dieser Teilbereiche". Der tatsächliche Umfang der gefährdeten Bereiche, so ein Gutachter, könne nur anhand regelmäßiger Grundwasserstandsbeobachtungen beim Wasserwerksbetrieb festgestellt werden.

So konnte der Gemeinsame Bericht nicht weniger und nicht mehr als ein bestehendes Risiko bestätigen. Möglicherweise führte jedoch der Umstand, daß das Risiko nun von offizieller Seite bestätigt wurde - obwohl es flächenmäßig geringer eingeschätzt wurde, als es in der Quast-Studie dargelegt wurde[94] -, zu der

---

[93]Vgl. Bezirksregierung Lüneburg: Presseinformation Nr. 55/80 vom 13.03.80

[94]Vgl. Niedersächsischer Landtag - Zehnte Wahlperiode: Drucksache 10/316 (Antwort der Landesregierung auf eine Große Anfrage der Fraktion der Grünen), 28.10.82

Vereinbarung zwischen Hamburg und Niedersachsen auf eine **umweltgerechte Wasserentnahme** (25).

Zwischenzeitlich waren beim Wasserverbrauch der Hansestadt Entwicklungen eingetreten, die eine Annäherung zwischen den ökologisch begründeten Forderungen der Kritikerseite und den Versorgungsansprüchen der HWW begünstigten: Entgegen früheren Prognosen war der **Wasserverbrauch** im Versorgungsgebiet der HWW 1981 gegenüber dem Vorjahr um 2,4 Prozent **zurückgegangen** (28). Neben **konjunkturellen** (27) und Witterungseinflüssen führte die HWW diesen Rückgang auch auf das durch ihre Verbrauchertips geschärfte Bewußtsein beim Umgang mit Trinkwasser zurück. Diesbezüglich äußern die Wasserwerke rückblickend die Meinung, die Öffentlichkeitsarbeit der IGN zum Wassersparen habe die HWW in ihren Bemühungen, Wassersparmaßnahmen wirksam durchsetzen zu können, unterstützt.[95] Alternativvorschläge der Projektgegner hatten insofern ansatzweise Berücksichtigung gefunden.

Die beschriebene Entwicklung trug mit dazu bei, daß die Wasserwerke im Dezember 1981 erklärten, die **Fördermenge** vorerst freiwillig auf rund 15 Mio. cbm pro Jahr zu **begrenzen** (29). Grundlegend veranlaßt wurde diese Zusage durch die zuvor getroffene Vereinbarung zwischen den beiden Ländern sowie durch die Aktivitäten der IGN in Verbindung mit der dadurch ausgelösten öffentlichen und politischen Diskussion.

Die Fördermengenbegrenzung wiederum beeinflußte die Konsequenz, die dann aus den Ergebnissen des Gemeinsamen Berichts gezogen wurde:
Die Bezirksregierung veranlaßte einen **Großpumpversuch** (30), mit dessen Hilfe die Aussagen des Gemeinsamen Berichts konkretisiert werden sollten. Während des Großpumpversuchs sollten bestimmte Betriebsweisen des Wasserwerks hinsichtlich ihrer Auswirkungen auf das Grundwasserpotential erprobt werden, d.h., die Brunnen mußten flexibel gefahren werden. Dies war jedoch nur bei insgesamt reduzierter Wasserentnahme möglich. Im September 1983 begann der Großpumpversuch etwa zeitgleich mit der Aufnahme des Routinebetriebes.

---

[95]Vgl. HWW: Gesprächsprotokoll. Hamburg, Januar 1989

Im Verlauf dieser Unterrunde fanden neben den dargestellten inhaltlichen Entwicklungen auch verfahrensmäßige Änderungen statt. Im Oktober 1981 wurde ein neues unkonventionelles Verfahrenselement institutionalisiert, der sogenannte **Arbeitskreis Wasserwerk Nordheide** (26). Der Arbeitskreis diente als Diskussions- und Informationsgremium und stellte erstmals einen Verfahrensbestandteil dar, der der Interessengemeinschaft eine Beteiligung am Entscheidungsprozeß sicherstellte.

Neben der IGN nahmen an den Arbeitskreissitzungen, die seit Oktober regelmäßig im Abstand von ca. einem halben Jahr stattfanden, Behördenvertreter (Bezirksregierung - einschließlich oberer Naturschutzbehörde -, Wasserwirtschaftsamt, Niedersächsisches Ministerium für Ernährung, Landwirtschaft und Forsten, Kommunal- und Kreisverwaltungen), die beauftragten Gutachter, Vertreter der Hamburger Wasserwerke, Mitglieder des Landvolkes und des VNP sowie Politiker aus der Lieferregion und Mitglieder des Bundes für Umwelt und Naturschutz Deutschland e.V. (BUND) teil. Die Teilnahmerzahl lag im Durchschnitt bei 31.

Die Einrichtung des Arbeitskreises ging auf eine Initiative des MELF zurück: Dieser hatte ein solches Gremium bereits ein halbes Jahr zuvor auf einer öffentlichen Veranstaltung angeregt und kurz darauf durch eine entsprechende Anweisung an die Bezirksregierung eingerichtet.

2.2.2 Politische Interaktionen: Die Konfliktpunkte

Trotz der vorab geschilderten positiven Aspekte der Entwicklung im Entscheidungsprozeß verblieben Kontroversen, Kontroversen, die im Kern identisch mit denen der vergangenen Teilrunde waren:

1) Unterschiedliche Auffassungen über die vollzogene Vorgehensweise bei der Erstellung des Gemeinsamen Berichts;

2) Unterschiedliche Interpretationen der Ergebnisse des Gemeinsamen Berichts;

3) Unterschiedliche Ansichten über die erforderlichen Konsequenzen, die aus den Ergebnissen des Gemeinsamen Berichts zu ziehen sind;

4) Unstimmigkeiten über die laufenden Untersuchungen und die damit befaßten Gutachter;

5) Unstimmigkeiten hinsichtlich der Bürger- und Betroffenenbeteiligung im Entscheidungsprozeß.

2.2.2.1 Unterschiedliche Auffassungen über die vollzogene Vorgehensweise bei der Erstellung des Gemeinsamen Berichts

Die im vorherigen Punkt beschriebenen voneinander abweichenden Ansichten über die erforderlichen Konsequenzen, die in Anbetracht des von Quast formulierten ökologischen Risikos gezogen werden sollten, führten zu unterschiedlichen Ansprüchen an den Gemeinsamen Bericht:

Während auf der einen Seite eine legitimierte Handlungsgrundlage gesucht wurde, um Forderungen nach einer vorsorglichen, rechtlich abgesicherten Fördermengenbegrenzung durchzusetzen - Forderungen, die bereits durch die Quast-Studie als ausreichend begründet angesehen wurden -, waren die Handlungsprämissen auf der anderen Seite streng an den Anforderungen einer Beweisführung angelehnt.

Aus dem Ziel, mit Hilfe des Gemeinsamen Berichts einen vorsorglichen Naturschutz zu realisieren, wurde der Anspruch abgeleitet, das Gefährdungspotential möglichst umfassend zu untersuchen. Dies führte über das bereits im Vorfeld artikulierte Anliegen hinaus, das gesamte Entnahmegebiet in die Überprüfung einzubeziehen, z.B. zu folgender Beanstandung: Die Ausgrenzung von nicht als besonders wertvoll für den Naturschutz erachteten Gebieten bei der Einstufung in die drei Stufen der Beeinflußbarkeit, obwohl deren Beeinflußung durch die Grundwasserentnahme nicht ausgeschlossen werden konnte, stelle indirekt, so die IGN, eine ungerechtfertigte Entwertung der betreffenden Gebiete dar. Aufgrund der nicht vollständig überschaubaren Komplexität ökologischer Zusammenhänge sei ein potentieller, zukünftiger Wert nicht auszuschließen.[96]

Aus der anderen Perspektive betrachtet, entsprach die gewählte Vorgehensweise jedoch den wasserrechtlichen Anforderungen: Mit der Begrenzung der Bewertungsflächen auf "besonders wertvolle Feuchtgebiete" erfolgte eine Beschränkung auf solche Flächen, für die unterstellt wurde, daß eine Veränderung

---

[96]Vgl. IGN: Offener Brief an den Regierungspräsidenten in Lüneburg vom 02.11.81; IGN: Anmerkungen der Interessengemeinschaft Grundwasserschutz Nordheide e.V. zum "Gemeinsamen Bericht...", März 1982

zwangsläufig, also mit Sicherheit, zu einer Schädigung führt[97]. Ein ähnlicher, wasserrechtlich erforderlicher Nachweis war wahrscheinlich auf den übrigen Flächen nicht möglich.

Einen weiteren Widerspruch zu der vorsorglichen Anspruchshaltung rief der vage Begriff der Beeinflußbarkeit hervor, der bei der Bewertung verwendet wurde, zumal dieser Terminus keinerlei Eingriffsmöglichkeiten in das bewilligte Recht begründete. Die Wahl des umstrittenen Begriffs war möglich oder notwendig - die Frage der Motivation bleibt hier dahingestellt -, weil zwar feststand, daß Veränderungen auf den Bewertungsflächen zu Schäden führen würden, der Gemeinsame Bericht jedoch nicht beantworten konnte, auf welchen Flächen beweisbare Schäden auftreten werden[98]. Gefährdungen oder zu erwartende Schäden konnten auf der Grundlage der angestellten Untersuchungen nicht mit (100-prozentiger) Sicherheit nachgewiesen werden.

2.2.2.2 Unterschiedliche Interpretationen der Ergebnisse des Gemeinsamen Berichts

Dadurch, daß der Gemeinsame Bericht weiterhin keine exakte Klärung zu erwartender ökologischer Folgewirkungen erbracht hatte, blieb im Grunde ein ähnlich großer Interpretationsspielraum wie den Ergebnissen der Quast-Studie: Auf der einen Seite wurde entsprechend der vorsorglichen Sicht die Tatsache in den Vordergrund gestellt, daß nun auch die behördliche Prüfung Schäden durch die Grundwasserentnahme nicht ausschließen konnte[99]. Auf der anderen Seite wurde vorrangig auf der Grundlage argumentiert, daß Schäden weiterhin unbewiesen seien und daß der Gemeinsame Bericht die quantitative Geringfügigkeit des Risikos bestätige.[100]

---

[97] Vgl. Dahl, H.-J.: Grundwasserförderung und Naturschutz in Niedersachsen. In: gwf. Wasser - Abwasser, 128 (1987) Heft 12, S. 614 - 621

[98] Vgl. Ders.: Grundwasserförderung und Naturschutz in Niedersachsen. In: gwf. Wasser - Abwasser, 128 (1987) Heft 12, S. 614 - 621

[99] Vgl. IGN: Offener Brief an den Regierungspräsidenten in Lüneburg vom 02.11.81

[100] Vgl. Bezirksregierung Lüneburg: Presseinformation Nr. 160 vom 22.10.81; HWW (Hg.): WasserMagazin. Kundeninformation der Hamburger Wasserwerke GmbH, Oktober 1981, S. 13

Die Tatsache, daß der Gemeinsame Bericht keine Lösung des Konfliktes offerierte, führte auf beiden Seiten zu gegensätzlichen, unkorrekten öffentlich dokumentierten "Über"-Interpretationen der Untersuchungsergebnisse:

Die zuständige Niedersächsische Wasserwirtschaftsverwaltung sah sich einerseits nicht in der Lage, den Forderungen der Kritiker auf der Grundlage der neuen Untersuchungsergebnisse wasserrechtlich abgesichert nachgehen zu können. Andererseits konnte sie basierend auf den Untersuchungsergebnissen die Befürchtungen aber auch nicht widerlegen, d.h. sie konnte der Forderung nach einschneidenden Konsequenzen nicht überzeugend widersprechen.

So versuchte die Behörde offenbar, die ökologische Bedenklichkeit herunterzuspielen, um dem zu erwartenden Widerstand gegen ihren Standpunkt vorzubeugen, daß auch der Gemeinsame Bericht keine rechtliche Handlungsgrundlage für Eingriffe in die bewilligte Fördermenge bereitstellte: In einer Pressemitteilung schwächte die Bezirksregierung die Untersuchungsergebnisse hinsichtlich der möglichen Gefährdungen für den Naturschutzpark deutlich ab: "Nach Aussage der Gutachter bleiben in dem rund 19200 ha großen Naturschutzgebiet 'Lüneburger Heide' etwa 24 ha Flächen 'für den Naturschutz wertvolle Bereiche'[101] und einige Gewässerstrecken, die aus hydrogeologischer und bodenkundlicher Sicht 'beeinflußbar' sind, wenn die bewilligte Grundwassernutzung zu einer nachhaltigen Grundwasserabsenkung führen würde"[102].

Damit beschrieb die Pressemitteilung einen zahlenmäßigen Vergleich (24 ha zu 19200 ha) quantitativ eigentlich nicht vergleichbarer, weil qualitativ unterschiedlicher Größen: während die bewerteten Flächenanteile von den Gutachtern als in ihrer Bedeutung für den Naturschutz herausragend betrachtet wurden (für den Naturschutz besonders wertvolle Bereiche), umfaßten die 19200 ha Naturschutzparkfläche zum Teil auch "geringerwertige" Bereiche - gemeint ist z.B. der Anteil der 1115 ha Untersuchungsfläche, der gar nicht erst in die Bewertung einfloß, weil er nicht als besonders wertvoll für den Naturschutz betrachtet wurde. Selbst wenn die Erläuterung, daß es sich bei den 24 ha um für den Naturschutz besonders wertvolle Bereiche handelte, Bestandteil der Presseinformation gewesen wäre, hätte sie nicht ausgereicht, um den qualitativen

---

[101] (Anm.: Die in Anführungsstrichen stehende Ergänzung ist auf dem Dokument handschriftlich ergänzt worden. Unklar bleibt, wann und von wem diese Ergänzung vorgenommen wurde, d.h. ob sie Bestandteil der Presseinformation war oder nicht.)

[102] Bezirksregierung Lüneburg: Presseinformation Nr. 160 vom 22.10.81, S. 2

Unterschied der Vergleichsgrößen klar hervorzuheben. Hinzu kam, daß der quantitative Vergleich die qualitative Bedeutung der betroffenen Feuchtgebiete für den Wert des Heideparks als Ganzes - eine Argumentation, die die Projektgegner vertraten (s.o.) - außer acht ließ.

Nicht nur, daß der unpassende Vergleich geeignet war, das tatsächliche Ausmaß möglicher Beeinträchtigungen ökologischer Belange durch die Grundwasserentnahme herunterzuspielen, zudem verschwieg die Bezirksregierung die Tatsachen, daß 142 ha sich immerhin als möglicherweise beeinflußbar erwiesen hatten und daß eine - nicht unumstrittene - Auswahl zu untersuchender Flächen stattgefunden hatte.

Auf der anderen Seite lieferte der Gemeinsame Bericht den Projektgegnern nicht die erhoffte Durchsetzungsgrundlage; mit der Folge, daß die IGN - möglicherweise auch als Reaktion auf die zuvor erfolgte abgeschwächte Interpretation der Bewilligungsbehörde - den Untersuchungsergebnissen eine Aussagefähigkeit beilegte, die tatsächlich nicht gegeben war:

Für die Interessengemeinschaft stand aufgrund der Ergebnisse des Berichts fest, daß die Grundwasserentnahme zu Veränderungen im Naturschutzgebiet "Lüneburger Heide" führt - eine Einschätzung, die der tatsächlichen Aussagefähigkeit des Berichts nicht entsprach. Diese Ansicht erklärte sie in einem Offenen Brief an den Regierungspräsidenten, den sie unter anderem an das Umweltbundesamt, Gremien des Niedersächsischen Landtages und der Hamburger Bürgerschaft, Verbände, die HWW, Kreistag und -verwaltung, die Medien und die Mitglieder des inzwischen eingerichteten Arbeitskreises verteilte.[103]

Abgesehen davon, daß sich die Akteure mit ihrer beiderseitig überzogenen Darstellung sicher gegenseitig aufwiegelten, lag den unkorrekten Interpretationen offensichtlich die Absicht zugrunde, durch Untersuchungsergebnisse hinreichende Argumente zur Entscheidungsfindung zu erhalten.

Der Umstand, daß Untersuchungsergebnisse allein keine Entscheidung im Sinne einer Problemlösung präjudizieren können, wurde so nicht gesehen, zumindest so nicht thematisiert: Vollständige, zweifelsfreie und beweisfähige Vorhersagen ökologischer Folgewirkungen erwiesen sich als nicht möglich,

---

[103] Vgl. IGN: Offener Brief an den Regierungspräsidenten in Lüneburg vom 02.11.81

weshalb vorab ermittelte Untersuchungsergebnisse über die im Bewilligungsbescheid geregelte Möglichkeit hinaus, weitere Auflagen zu erteilen, wasserrechtlich, aber auch naturschutzrechtlich (s.u.) gar nicht unmittelbar verwertbar waren.

Das eigentliche Entscheidungsproblem bestand vielmehr darin zu klären, inwieweit dem Vorsorgeanspruch Rechnung getragen werden soll, d.h. inwieweit "lediglich" begründete Befürchtungen zur Grundlage von Entscheidungen zugunsten des Naturschutzes gemacht werden; ein politisches Entscheidungsproblem, welches sich aufgrund der Kann-Bestimmung in §24 Abs. 3 NNatschG[104] auch heute stellt.

2.2.2.3 Unterschiedliche Ansichten über die erforderlichen Konsequenzen, die aus den Ergebnissen des Gemeinsamen Berichts zu ziehen sind

Die Differenzen bei der Interpretation bzw. die den Differenzen unverändert zugrunde liegende kontroverse Problemsicht führte auch in dem fortgesetzten Konfliktstadium zu abweichenden Vorstellungen über erforderliche Konsequenzen. Diese Meinungsunterschiede stimmten im Kern überein mit denen, die hinsichtlich der Konsequenzen bestanden, die aus der Quast-Studie gezogen werden sollten. Eine dem Vorsorgeprinzip verpflichtende Haltung stand einer nachsorgenden, abwartenden Einstellung gegenüber.

Auf Seiten der Projektgegner wurde zu Beginn der Teilrunde weiterhin eine juristisch abgesicherte Fördermengenbegrenzung gefordert[105]. Der Grund für die Kontinuität dieser Forderung lag darin, daß die Kritiker die Berechtigung ihrer Befürchtungen durch die Ergebnisse des Gemeinsamen Berichts bestätigt sahen[106].

---

[104]In §24 Abs. 3 heißt es: "Die Verordnung (Anm.: gemeint ist die Festsetzung als Naturschutzgebiet) kann bestimmte Handlungen innerhalb des Naturschutzgebietes untersagen, die das Naturschutzgebiet oder einzelne seiner Bestandteile gefährden oder stören können. Dies gilt auch für Handlungen außerhalb des Naturschutzgebietes, die in das Gebiet hineinwirken können."

[105]Vgl. Die Grünen, Kreistagsfraktion Landkreis Harburg: Antrag des KA Tschöpke und Fraktion die Grünen gemäß §6 der Geschäftsordnung vom 13.01.81; IGN: Pressemitteilung vom 21.12.81

[106]Vgl. Die Grünen, Kreistagsfraktion Landkreis Harburg: Antrag des KA Tschöpke und Fraktion die Grünen gemäß §6 der Geschäftsordnung vom 13.01.81; IGN: Pressemitteilung vom 21.12.81; IGN: Offener Brief an den Regierungspräsidenten in Lüneburg vom 02.11.81; andeu-

Demzufolge zeigte sich die fortgesetzte Bestrebung, gesetzliche Bestimmungen heranziehen zu können, auf deren Grundlage ein Eingriff in die erteilte Bewilligung möglich erschien: So sollte die Bezirksregierung ein naturschutzrechtliches Ausnahmeverfahren nach §53 Niedersächsisches Naturschutzgesetz durchführen. Grundlage dieser Forderung war die Ansicht, daß es sich bei der Grundwasserentnahme angesichts der von den Kritikern erwarteten Auswirkungen im Naturschutzgebiet um einen Verstoß gegen §24 Abs. 3 (s.o.) oder 2[107] des geltenden Naturschutzgesetzes handelte. Die Entnahme bedürfe erstens eines Antrages auf Befreiung nach §53 Niedersächsisches Naturschutzgesetz und zweitens einer entsprechenden Verordnung. Ohne eine solche Befreiung sei die Wasserentnahme den genannten Vorschriften zufolge rechtswidrig.

Damit war vermutlich zunächst die Absicht verbunden, daß durch einen Antrag auf Befreiung die Unvereinbarkeit mit dem geltenden Naturschutzrecht bzw. der Rechtsverstoß von behördlicher Seite erklärt würde. Darüber hinaus hofften die Projektgegner aller Wahrscheinlichkeit nach auf die Feststellung, daß eine Befreiung nicht möglich und damit die bewilligte Grundwasserentnahme juristisch nicht tragfähig sei.

Seitens der Verantwortlichen wurden der Anwendbarkeit der genannten Rechtsbedingungen jedoch folgende Einwände entgegengehalten:
- §24 Abs.3 könne keine Anwendung finden, da das Gesetz zur Zeit der Bewilligung noch nicht existierte und die seinerzeit geltenden Rechtsgrundlagen keine solche Bestimmung enthielten;
- betreffend §24 Abs. 2 fehle der Beweis einer konkreten Gefährdung des Naturschutzgebietes.

Was die erste Begründung anging, so lag das Problem darin, daß zwar inzwischen die neuen Wertvorstellungen, genauer der gewachsene Stellenwert umwelt- und naturschützerischer Belange, rechtlich (wenn auch nur als Kann-Bestimmung) fixiert worden waren, diese aber nicht wirksam werden konnten, da

---

tungsweise Niedersächsischer Landtag - Zehnte Wahlperiode: Drucksache 10/72 (Kleine Anfrage der Abg. Dr. Freytag, Hildebrandt (FDP) vom 11.08.82)

[107] In §24 Abs. 2 Niedersächsisches Naturschutzgesetz heißt es "Im Naturschutzgebiet sind alle Handlungen verboten, die das Naturschutzgebiet oder einzelne seiner Bestandteile zerstören, beschädigen oder verändern. Das Naturschutzgebiet darf außerhalb der Wege nicht betreten werden. Soweit der Schutzzweck es erfordert oder erlaubt, kann die Verordnung (Anm.: gemeint ist die Festsetzung als Naturschutzgebiet) Abweichungen von den Sätzen 1 und 2 zulassen."

bereits erteilte Rechte Bestandsschutz genossen. Um Mißverständnissen vorzubeugen: hier soll nicht der Bestandsschutz, d.h. die Rechtssicherheit in Frage gestellt werden, es soll vielmehr auf das Anpassungsproblem aufmerksam gemacht werden; das Anpassungsproblem, welches bei umwelt- und naturschützerischen Belangen vor allem dadurch besonderes Gewicht erhält, daß Beeinträchtigungen dieser Belange insofern irreversibel sind, als daß für nicht mehr legitimierte Entscheidungen nachträglich keine problemgerechten Ausgleichsmöglichkeiten mehr bestehen.

Was die Begründung fehlender Beweise einer konkreten Gefährdung betraf, so bestand offensichtlich seitens der Verantwortlichen auch keine Absicht (mehr), dementsprechende Beweise mit dem Ziel zu führen, dadurch in das Recht eingreifen zu können. So war zu keiner Zeit die Rede davon, mit Hilfe des Großpumpversuchs, den die Bezirksregierung ja als wesentlichste Konsequenz aus dem Gemeinsamen Bericht zog, die erteilte Bewilligung auf juristischem Wege zu verändern: Dies, obwohl der Pumpversuch in seiner Eigenschaft als Naturversuch (im Gegensatz zu vorsorglichen Prognosemethoden) geeignet war, Fragen zu klären, die der Gemeinsame Bericht offen gelassen hatte. Ziel des Pumpversuches war es laut Bezirksregierung vielmehr, rechtzeitig Erkenntnisse zu gewinnen, um gegebenenfalls weitere Auflagen zum Schutz der Feuchtgebiete machen zu können - also auf der Grundlage der erteilten Bewilligung zu handeln.

Bereits der Pumpversuch an sich widersprach den Anliegen der Kritiker, da dieser die Durchsetzung ihrer vorsorglichen Sichtweise irreversibel beschränken konnte, wenn Schäden an der Natur infolge des Pumpversuchs, was nicht ausgeschlossen werden konnte, eintreten würden. Dementsprechende Kritik wurde von den Gegnern des Projektes vorgebracht. Sie forderten anstelle des Naturversuchs die Anwendung des inzwischen strukturell weiterentwickelten hydrogeologischen Modells - mit Hilfe dieses Modells waren seinerzeit die Grundwasserabsenkungen im Vorfeld der Bewilligung ermittelt worden -, um vorab konkretere Prognosen über die Gefährdungen anstellen zu können. Dem widersprach die Niedersächsische Wasserwirtschaftsverwaltung bzw. sie hielt an dem Großpumpversuch mit der Begründung fest, daß das Modell überhaupt nur auf der Basis der Ergebnisse des Pumpversuches eine aussagefähige Anwendung gewährleisten könnte. Darüber hinaus wurde generell theoretischen Prognosemöglichkeiten widersprochen.

Im weiteren Verlauf sah die Gegenseite von der Forderung juristischer Eingriffe in die Bewilligung ab - offen bleibt, ob aus Überzeugung über die unzureichenden rechtlichen Möglichkeiten oder aus Einsicht in die mangelnde Durchsetzungsfähigkeit dieser Forderung im politischen Prozeß. In jedem Fall gingen die Kritiker davon aus, daß die rechtlichen Tatbestände feststünden. Demzufolge wurde nun eine politische Vereinbarung zwischen Hamburg und Niedersachsen auf eine Reduzierung der Fördermenge gefordert[108]. Die Aufforderung zu politischen Verhandlungen wurde u.a. damit begründet, daß die bewilligte Grundwasserentnahme entgegen den juristisch feststehenden Tatbeständen angesichts des gestiegenen Umweltbewußtseins politisch und moralisch nicht mehr zu vertreten sei.

Zu der Forderung auf politische Vereinbarungen über eine Fördermengenbegrenzung nahmen die Verantwortlichen[109] wiederum dieselbe abwartende Haltung ein wie in der Runde zuvor gegenüber dem Verlangen nach einschneidenden Entscheidungen: Erneut wurde auf die Notwendigkeit abgesicherterer Aussagen verwiesen, die im betreffenden Stadium durch die Ergebnisse des Großpumpversuchs in Erwartung gestellt wurden: Für den Fall, daß der Pumpversuch Schäden für das Naturschutzgebiet erwarten ließe, wurden Gespräche zwischen den beiden Ländern angekündigt[110]. Diese Haltung widersprach dem offensichtlichen Anliegen der Gegenseite, jetzt und aus den bereits vorliegenden Untersuchungen, die die Gefährdung ihrer Ansicht nach zu Genüge belegten, Konsequenzen zu ziehen.

Zusammenfassend kann zur Stellung der voneinander abweichenden Problemsichten, die den unterschiedlichen Ansichten über zu ziehende Konsequenzen zugrunde lagen, folgendes gesagt werden:

Der Ablauf des Entscheidungsprozesses hatte zu diesem Zeitpunkt klargestellt, daß der vorsorgliche Anspruch der Projektkritiker, obwohl dem gestiegenen Umweltbewußtsein entsprechend und darüber hinaus bereits rechtlich - wenn-

---

[108]Vgl. Niedersächsischer Landtag - Zehnte Wahlperiode: Drucksache 10/316 (Antwort der Landesregierung auf eine Große Anfrage der Fraktion der Grünen), 28.10.82

[109]Die Niedersächsische Landesregierung und der - zuvor noch nicht bedeutsam in Erscheinung getretene - Hamburger Senat

[110]Vgl. Niedersächsischer Landtag - Zehnte Wahlperiode: Drucksache 10/316 (Antwort der Landesregierung auf eine Große Anfrage der Fraktion der Grünen), 28.10.82

gleich nur als Kann-Bestimmung - fixiert[111], nicht im Einklang mit der geltenden Rechtslage im Nordheide-Fall stand. Diese fehlende Übereinstimmung galt nicht nur für die wasserrechtlichen, sondern auch für die zur Zeit der Bewilligung gültigen naturschutzrechtlichen Bestimmungen, denn auf der Grundlage der damaligen Rechtslage hatte ein Widerspruch zwischen dem nachträglichen Schadensausgleich nach Wasserrecht und dem Naturschutzrecht so offensichtlich noch nicht bestanden. (Dies soll nicht heißen, daß es zur Zeit des wasserrechtlichen Genehmigungsverfahrens nicht dennoch wünschenswert gewesen wäre, alle Neben- und Folgewirkungen soweit wie möglich zu erkennen, um eine räumliche und/oder zeitliche Verlagerung von Nutzungsbeeinträchtigungen weitestgehend auszuschließen).

Um den vorsorglichen Forderungen der Projektgegner entgegenzukommen, war angesichts der geltenden gegebenen Rechtssituation also nur noch der politische Weg offen. Auch hier zeigte sich eine abwartende Haltung der Verantwortlichen, konkret des Fachministers, da zunächst dessen Initiative bzw. seine Vertretung der Anliegen der Betroffenen gegenüber Hamburg gefordert war: Er machte es zur Voraussetzung für die Aufnahme politischer Verhandlungen, daß die Ergebnisse des Großpumpversuchs Schäden befürchten lassen. Auch wenn eine solche Vorgehensweise insofern den Forderungen der Kritiker entgegenkam, als daß trotz entgegenstehender rechtlich feststehender Tatbestände politische Verhandlungen zumindest in Betracht gezogen wurden, so wurden die Handlungsmöglichkeiten zur Realisierung des - immerhin inzwischen gesetzlich berücksichtigten - Vorsorgeanspruchs nicht vollständig ausgeschöpft. Statt darauf zu warten, konkrete Hinweise auf eine Gefährdung der Natur zu erhalten, möglicherweise mit der Folge bereits eingetretener irreversibler Schäden, hätten vorab z.B. alternative Versorgungsmöglichkeiten zum Gegenstand der Verhandlung gemacht bzw. gemeinsam von Niedersachsen und Hamburg erarbeitet werden können.

2.2.2.4 Unstimmigkeiten hinsichtlich der Öffentlichkeitsbeteiligung und der Transparenz im Entscheidungsprozeß

Obwohl inzwischen mit dem Arbeitskreis Wasserwerk Nordheide ein Verfahrenselement institutionalisiert worden war, das Bürger- und Betroffenenbeteiligung z.B. durch die Beteiligung der IGN im Nordheide-Konflikt poli-

---

[111]Vgl. §24 Abs.3 Niedersächsisches Naturschutzgesetz

tisch legitimierte, wurden die Mitwirkungsansprüche der Bürgerinitiative immer noch nicht zu deren Zufriedenheit erfüllt.

Die Interessengemeinschaft beanstandete die Konstituierung des Arbeitskreises als Diskussions- und Informationsgremium insofern, als daß die IGN hier zwar informiert würde und ihre Anliegen vorbringen könnte. Über die Berücksichtigung dieser Anliegen würden jedoch wie zuvor die formal Befugten (Bezirksregierung, HWW oder die jeweils politisch veranwortlichen Regierungsvertreter) entscheiden, der IGN würden also weiterhin keine Entscheidungskompetenzen zugesprochen.[112]

Was die Einflußmöglichkeiten von Bürgern und Betroffenen auf das weitere Vorgehen angeht: Tatsächlich sah es hinsichtlich des Großpumpversuchs beispielsweise so aus, daß die beabsichtigte Maßnahme im Arbeitskreis zwar eingehend erörtert wurde, jedoch die Entscheidung, den Pumpversuch überhaupt durchzuführen, anscheinend allein von der Bewilligungsbehörde - gegebenenfalls höchstens noch unter Einflußnahme des MELF[113] - getroffen wurde. Insofern behielt die Genehmigungsbehörde sich - ihrer formalen Kompetenz entsprechend - in wesentlichen Fragen vor, eigenständig zu entscheiden.[114]

Zudem wurde die unzureichende Häufigkeit der durch den Arbeitskreis gewährleisteten Beteiligungsmöglichkeiten kritisiert. Dem Anspruch auf häufigere Beteiligung bzw. auf kürzere Abstände zwischen den einzelnen Arbeitskreissitzungen hielt die Bezirksregierung entgegen, daß ausreichend Material als Diskussionsgegenstand zur Verfügung stehen müsse, dessen Zusammentragung bedürfe jedoch einer gewissen Zeitspanne.[115]

Diese Begründung ist zwar einerseits stichhaltig angesichts des mit der Organisation des Arbeitskreises verbundenen Aufwandes, zeigt aber andererseits, daß

---

[112]Vgl. IGN: Gesprächsprotokoll. Hanstedt, Januar 1989, S. 26

[113]Vgl. Niedersächsischer Landtag - Zehnte Wahlperiode: Drucksache 10/316 (Antwort auf eine Große Anfrage der Fraktion der Grünen), 28.10.82

[114]Dies galt im übrigen für das laufende Beweissicherungsverfahren an Gebäuden: die Interessengemeinschaft forderte eine Beteiligung an der Ausgestaltung der Beweissicherungsmaßnahmen. Der Regierungspräsident lehnte diese, weil seiner Ansicht nach überflüssig, ab. Wie bereits angedeutet, erlangte die Gebäudeproblematik erst im späteren Prozeßverlauf an Bedeutung, so daß hier noch nicht näher darauf eingegangen wird.

[115]Vgl. Bezirksrgierung Lüneburg: Presseinformation Nr. 105/82 vom 21.07.82

ein solches Beteiligungsgremium allein dem Anspruch auf kontinuierliche Teilhabe am Entscheidungsprozeß nicht gerecht werden konnte.

Über die genannten Kritikpunkte hinausgehend unterstellte die IGN dem neuen Gremium sogar eine Alibifunktion. Die Interessengemeinschaft war also der Ansicht, das neue Verfahrenselement würde dazu verwendet, nach außen hin den Eindruck erhöhter Beteiligungsmöglichkeiten zu wecken, die tatsächlich jedoch nicht gewährleistet würden.

2.2.2.5 Unstimmigkeiten hinsichtlich der Beteiligung von Sachverständigen

Die Differenzen in Sachen Expertenbeteiligung betrafen zum einen die fachliche Zusammensetzung der mit den laufenden Untersuchungen beauftragten Gutachtergruppe, zum anderen die Zweifel der Kritikerseite an der Unabhängigkeit der von der Bewilligungsbehörde bestellten Fachleute.

Dabei lagen den Kontroversen um die fachliche Zusammensetzung der Gutachtergruppe offensichtlich unterschiedliche Auffassungen über Art und Umfang der zu berücksichtigenden unterschiedlichen Belange zugrunde. So forderten die Projektgegner die Beteiligung eines Naturschützers am Großpumpversuch, während die Genehmigungsbehörde (im konkreten Fall vertreten durch den Regierungspräsidenten) die Ansicht artikulierte, der Pumpversuch sei eine Aufgabe der Wasserwirtschaft.

(Veranlaßt durch die Zustimmung der bestellten Gutachter zu der Forderung der Kritiker erklärte dann allerdings auch der Regierungspräsident sein Einverständnis. So konnte sich die Gegenseite in diesem Punkte mit der Forderung nach Einbeziehung bzw. Berücksichtigung kompetenter naturschützerischer Belange durchsetzen.)

Die Zweifel an der Unabhängigkeit der beauftragten Gutachter sind wahrscheinlich auf das Mißtrauen zurückzuführen, daß die für die Bewilligung Verantwortlichen nicht bereit sein würden, Fehler einzugestehen: Die Projektgegner befürchteten anscheinend die mangelnde Neutralität und Objektivität, behördliche Verflechtungen (mit dem Gorßpumpversuch waren wiederum die gleichen Dienststellen wie mit dem Gemeinsamen Bericht befaßt) sowie die finanzielle Abhängigkeit externer Fachleute (die laufende Beweissicherung an

Gebäuden wurde von einem außerbehördlichen vereidigten Sachverständigen vorgenommen[116].

Der Umstand, daß die Gutachter allein von den Verantwortlichen (bzw. von der zuständigen Bewilligungsbehörde) ausgewählt wurden, war geeignet, das Mißtrauen der Projektgegner zu verstärken.

2.2.3 Die Rolle der Akteure im Konflikt

Die Voraussetzungen für die Rollen, die die Akteure im Entscheidungsprozeß spielten, veränderten sich durch die Einrichtung des Arbeitskreises. Die gravierendste Veränderung ergab sich dadurch für die IGN, deren Beteiligung durch ihren Sitz im Arbeitskreis erstmals legitimiert war.

Auch Politiker aus der Lieferregion waren inzwischen in dem neu geschaffenen Arbeitskreis vertreten. Die Teilnahme der Politiker im Arbeitskreis ging im Grunde über ihre traditionellen Repräsentations- und Kontrollfunktionen hinaus.

Ebenfalls im Arbeitskreis vertreten waren Mitglieder des BUND und des VNP. Durch ihre Teilnahme an den Arbeitskreissitzungen erhielten sie speziell bezogen auf den konkreten Entscheidungsprozeß eine erhöhte Legitimation.

Zusätzlich zu den bisher Beteiligten waren jetzt die mit den laufenden Untersuchungen beauftragten Sachverständigen durch ihre Teilnahme an dem neuen Gremium unmittelbar in den Prozeß einbezogen. Überdies waren sie im politisch-administrativen System bereits verwaltungsmäßig kompetent.

Keine Rolle mehr spielte in der betrachteten Unterrunde der Oberkreisdirektor des Landkreises Harburg: vermutlich zum einen, da der Landkreis formalrechtlich tatsächlich nicht kompetent war, sich also in der Hinsicht aus der Auseinandersetzung heraushalten konnte, zum anderen, da er bezogen auf seinen privatrechtlich gesicherten Anspruch, Wasser aus dem Werk Nordheide zu beziehen, keinen aktuellen Bedarf anzumelden hatte - bis heute hat der Landkreis nur selten und in unerheblichem Umfang Wasser aus diesem Wasserwerk bezogen[117]. Ebenfalls nicht mehr in Erscheinung - obschon Mitglied im Arbeitskreis - trat der Kreislandvolkverband. Eine dementsprechende Begrün-

---

[116] Vgl. IGN: Pressemitteilung vom 15.12.81

[117] Vgl. HWW: Antwortschreiben an die Verfasserin vom 09.05.1989

dung kann hier nur spekulativ vorgebracht werden: Möglicherweise ging der Verband davon aus, daß sich seine Anliegen über die Erfüllung ökologisch begründeter Forderungen (z.b. eine Reduzierung der Fördermenge) besser realisieren ließen als über die ausdrückliche Vertretung land- und forstwirtschaftlicher Belange, da die ökologischen Anliegen in weiten Kreisen Anerkennung gefunden hatten.

Konkret handelten die beteiligten Akteure in der betrachteten Unterrunde folgendermaßen:

2.2.3.1 Die Initiatoren des Konflikts

Die Auseinandersetzung wurde weiterhin maßgeblich von der IGN getragen. Die Bürgerinitiative nahm den vorliegenden Unterlagen zufolge noch stärker als zuvor die Rolle der Informantin und zentralen Interessenvertreterin der Gegenseite ein[118]. Der Umfang ihrer neu legitimierten Beteiligungsmöglichkeiten bzw. ihrer Einflußmöglichkeiten reichte der Bürgerinitiative jedoch weiterhin nicht aus. Daher war sie nach wie vor bemüht, die Unterstützung von politischen Gremien und Verbänden zu gewinnen und eine breite Öffentlichkeit für ihre Anliegen zu mobilisieren.

Dabei wendete sie sich an Parteien und Verbände bzw. an über den Konfliktfall Nordheide hinaus im politisch-administrativen System bereits legitimierte Gruppen mit der Bitte um Unterstützung[119]. Ihre Öffentlichkeitsarbeit richtete die IGN nun auch an die Hamburger Bevölkerung[120]. Vermutlich bestand angesichts der Tatsache, daß das Heidewasserthema zumindest in Hamburger Regierungskreisen verstärkt an Bedeutung erlangt hatte, die Hoffnung, jetzt auf ein breiteres Interesse in der Bevölkerung zu treffen und Verständnis und Unterstützung für die eigenen Positionen zu gewinnen.

Die fachlich kompetenten Initiatoren der Quast-Studie unterstützten in ihrer Funktion als dem Naturschutz dienende Wissenschaftler, die zudem ein spe-

---

[118]Vgl. Die Grünen - Kreis Harburg-Land: Rundbrief vom September/Oktober 1982; Naturfreunde Nordheide: Heide in Gefahr (Flugblatt), 07.09.82

[119]Vgl. IGN: Offener Brief an den Regierungspräsidenten in Lüneburg vom 02.11.81; IGN: Aufruf zur Rettung der Feuchtgebiete der Lüneburger Heide. (Flugblatt), März 1982

[120]Vgl. Winsener Anzeiger: Hamburger zur Demonstration der IGN. "Grundwasserschutz - nein Danke!" 06.09.82

zielles Interesse an der Nordheide-Problematik hatten, weiterhin die IGN: Buchwald machte die Fachwelt durch einen Aufsatz auf die Heidewasser-Problematik aufmerksam[121] und Preising lieferte der IGN wiederum Argumente zur Begründung ihrer gemeinsamen Position.

2.2.3.2 Politische Reaktionen

Nach wie vor unterstützten politische Gremien und einzelne Politiker in Niedersachsen - insbesondere aus der Lieferregion - die Anliegen der IGN. Dies galt mit Einschränkungen bei der Regierungspartei für alle in Parlamenten vertretenen Parteien.[122]

Was die fortgesetzte Beteiligung dieser Akteure betraf, so stellten externe Entwicklungen, genauer Veränderungen im Parteienspektrum sicher einen zusätzlichen Einflußfaktor dar: Inzwischen hatten die Grünen in Niedersachsen Einzug in Land- und Kreistage gehalten[123]. Dadurch, daß nun eine Partei politisch legitimiert worden war, die primär ökologische Belange vertrat, mußten sich auch die übrigen Parteien im Zuge einer Konkurrenzdemokratie[124] mehr noch als zuvor Umweltbelangen gegenüber aufgeschlossen zeigen, wenn sie nicht die wachsende Zahl umweltschutzorientierter Wähler verlieren wollten.

---

[121] Vgl. Buchwald, K.: Die Auseinandersetzungen um die Wasserentnahme der Hamburger Wasserwerke in der Nordheide. In: Landschaft + Stadt 15 (1), 1983, S. 1 - 15

[122] Vgl. FDP-Fraktion im Niedersächsischen Landtag: Einladung zur Sitzung der Landtagsfraktion am 02.08.82; Die Grünen, Kreistagsfraktion Landkreis Harburg: Antrag des KA Tschöpe und Fraktion der Grünen gemäß §6 der Geschäftsordnung vom 13.01.1981; Die Grünen - Kreis Harburg-Land: Rundbrief vom September/Oktober 1982; Niedersächsischer Landtag - Zehnte Wahlperiode: Drucksache 10/263. (Antwort der Landesregierung auf eine Kleine Anfrage des Abg. Fruck (Grüne) vom 23.08.82), 12.10.82; ders.: Drucksache 10/316 (Antwort der Landesregierung auf eine Große Anfrage der Fraktion der Grünen), 28.10.82; ders.: Drucksache 10/1362 (Antwort der Landesregierung auf eine Kleine Anfrage der Abg. Dr. Duensing, Gellersen, Dr. Pohl (CDU) vom 08.03.83), 30.06.83; SPD Niedersachsen, Landtagsfraktion: Pressemitteilung vom 03.11.82

[123] Vgl. Landkreis Harburg, Kreisverwaltung: Telefonische Auskunft am 22.11.90; Statistisches Bundesamt/Wiesbaden (Hg.): Statistisches Jahrbuch 1981 für die Bundesrepublik Deutschland Stuttgart und Mainz, September 1981, S. 87 und Statistisches Jahrbuch 1982 für die Bundesrepublik Deutschland. Stuttgart und Mainz, August 1982, S. 85

[124] Vgl. Ellwein, T./Hesse, J. J.: Das Regierungssystem der Bundesrepublik Deutschland. 6., neubearbeitete und erweiterte Auflage 1987. (Originalausgabe) Sonderausgabe des Textteils: Opladen 1988, S. 209

Abweichungen von der übereinstimmenden Haltung der politischen Gremien und der einzelnen Politiker zeigten sich wie gesagt bei der Regierungspartei. Wahrscheinlich in Unterstützung der von ihrer Partei gestellten Landesregierung sahen sie von vorsorglichen Forderungen ab und machten ausschließlich die Hansestadt verantwortlich für die Auseinandersetzung um die Grundwasserentnahme aus der Heide. Letzteres beinhaltete dennoch eine Unterstützung der Anliegen der Bürgerinitiative insofern, als die Belastung des Umlandes zugunsten der Versorgung des Ballungsraumes problematisiert wurde.[125]

Die beteiligten Naturschutzverbände richteten in dieser Unterrunde den vorliegenden Unterlagen zufolge nicht nur Stellungnahmen und Aktionen an die breite Öffentlichkeit, sondern wendeten sich - außerhalb des Arbeitskreises - zumindest in zwei Fällen direkt an die Verantwortlichen[126].

Diese unmittelbar an das politisch-administrative System gerichtete Vertretung von Belangen des Naturschutzes kann vermutlich mit der breiten Zustimmung erklärt werden, die die Anliegen der Projektgegner in der Öffentlichkeit und bei Politikern währenddessen bereits erfahren hatten. Dadurch bestand anscheinend die Annahme, angesichts der "Rückendeckung" nun unmittelbar etwas bewirken zu können.

Stellungnahmen und Aktionen der anerkannten Naturschutzverbände waren zum Teil ebenso wie ihre Teilnahme am Arbeitskreis auf konkrete Anstöße der Interessengemeinschaft zurückzuführen. Daran zeigte sich erneut, welche Bedeutung die Bürgerinitiative für die Dimension und den Fortgang des Entscheidungsprozesses hatte.

Gleichwohl ließ der Prozeßablauf auch erkennen, daß sich bei Verbänden und Organisationen zunehmend ein Eigeninteresse an der Heidewasserproblematik entwickelt hatte[127].

Insgesamt unterstützten politische Gremien, einzelne Politiker sowie Naturschutzverbände kontinuierlich die Positionen der IGN und übten dadurch

---

[125] Vgl. Niedersächsischer Landtag - Zehnte Wahlperiode: Drucksache 10/1362 (Antwort auf eine Kleine Anfrage der Abg. Dr. Duensing, Gellersen, Dr. Pohl (CDU) vom 08.03.83), 30.06.83

[126] Vgl. Naturfreunde Nordheide: Heide in Gefahr. (Flugblatt), 07.09.82; Niedersächsischer Heimatbund: Rote Mappe, Oktober 1982

[127] Vgl. Niedersächsischer Heimatbund: Rote Mappe, Oktober 1982

weiterhin öffentlichen und politischen Druck auf die Verantwortlichen aus. Zudem war der öffentliche Druck durch die Wiedergabe der Sichtweise, die von der IGN vertreten wurde, in den Presseorganen insofern noch erweitert worden, als daß nun auch die überregionale Presse das Entnahmeprojekt der HWW problematisierte[128].

2.2.3.3 Die Rolle der Sachverständigen

Die neu hinzugekommenen Gutachter nahmen die Aufgabe wahr, die laufenden Untersuchungen zu erläutern und stellten ihren Sachverstand zur Beantwortung diesbezüglicher Fragen sowie zur Kommentierung von Bedenken und Anregungen der Kritikerseite zur Verfügung. So trugen die Gutachter offenbar zur Versachlichung der Diskussion bei. Sie ließen keine einseitige Parteinahme etwa zugunsten der Auftraggeber, wie von den Projektgegnern befürchtet, erkennen. (Gegen eine einseitige Parteinahme der Fachleute sprach konkret beispielsweise die der IGN gewährte Unterstützung hinsichtlich ihrer Forderung, einen Naturschützer an dem Großpumpversuch zu beteiligen - s. Pkt. 2.2.2.5). Mit der dann erfolgten Erfüllung dieser Forderung der Interessengemeinschaft seitens der Bezirksregierung liegt darüber hinaus ein Beispiel dafür vor, daß die Gutachter der IGN zur Durchsetzung einer von ihr vorgebrachten Anregung verholfen haben.

Die Neutralität der Sachverständigen bei der Durchführung der Untersuchungen war freilich beschränkt auf die ihnen erteilten Aufträge. Insofern war durch ihre Beteiligung noch keine Objektivität bei der für die Untersuchungsergebnisse so wesentlichen und umstrittenen Auswahl der zugrundezulegenden Fragestellung und der anzuwendenden Methodik gewährleistet.

2.2.3.4 Reaktionen der Entscheidungsträger und in der Verbraucherregion

Neben der HWW, der Bezirksregierung und dem zuständigen Fachminister erlangten nun auch Hamburger Regierungsvertreter, wie Hamburgs Erster Bürgermeister und der Senator für Wasserwirtschaft, Energie und Stadtentsorgung, Bedeutung als Verantwortliche in der Auseinandersetzung; als Verantwortliche, die auf die Kritik an der Bewilligung und an dem laufenden Prozeß reagieren mußten.

---

[128] Vgl. z.B. Der Spiegel: Wie ein Gesicht ohne Augen, Nr. 44/1982, S. 72 - 91

Aufgrund dessen, daß die Projektgegner inzwischen davon ausgingen, daß ihre Forderungen weitgehend nur noch auf dem Wege politischer Vereinbarungen zwischen Niedersachsen und Hamburg erfüllt werden könnten, verlor die Bezirksregierung als Ansprechpartner die Bedeutung, die ihr vor allem von der Interessengemeinschaft in der vorherigen Runde zugedacht worden war. Ein weiterer Grund für die nachlassende Kontaktaufnahme mit der Bezirksregierung war sicher die Enttäuschung über ihre Vorgehensweise, insbesondere die unerfüllte Erwartung, die Behörde würde die Anliegen der Interessengemeinschaft gegenüber Hamburg vertreten.

In jedem Fall wurden nun die Regierungsvertreter beider Länder stärker in die Verantwortung gezogen: vor allem sollte auf politischer Ebene eine Reduzierung der Fördermenge vereinbart werden[129].

Dieser Forderung zwar in dieser Unterrunde noch nicht entsprechend, traf der Fachminister in seiner Funktion als politisch Verantwortlicher (er war verantwortlich für wasserwirtschaftliche wie für Naturschutzbelange und allgemein verantwortlich als Vertreter der Landesregierung) dennoch wesentliche prozeßbeeinflussende Entscheidungen, wie die Vereinbarung auf eine umweltgerechte Wasserentnahme und die Einrichtung des Arbeitskreises. Dies waren Entscheidungen, die über die reine Abwicklung wasserrechtlicher oder naturschutzrechtlicher Vorgaben hinausgingen.

Dementgegen traf die Genehmigungsbehörde ausschließlich Entscheidungen, mit denen sie sich unmittelbar auf den erteilten wasserrechtlichen Bescheid beziehen konnte, wie z.B. die Anordnung des Großpumpversuchs.

Nicht nur, daß der Minister im Verlauf zunehmend in die Verantwortung gezogen wurde und Einfluß auf den Prozeß genommen hatte, nun war auch er der Kritik der Gegenseite ausgesetzt, konkret angesichts der zögerlichen Haltung zu einer Vereinbarung auf Fördermengenbegrenzung[130]. So war er nun neben der Rechtfertigung des Handelns der Bezirksregierung verstärkt damit befaßt, seine

---

[129]Vgl. IGN: (Flugblatt), [April/Mai 1983]; IGN: Gesprächsprotokoll. Hanstedt, Januar 1989; Niedersächsischer Landtag - Zehnte Wahlperiode: Drucksache 10/316 (Antwort der Landesregierung auf eine Große Anfrage der Fraktion der Grünen), 28.10.82

[130]Vgl. Niedersächsischer Landtag - Zehnte Wahlperiode: ebd.

eigene Vorgehensweise zu rechtfertigen. Zu diesem Zweck übernahm er offenbar die Argumentation der Bewilligungsbehörde.

Die Bezirksregierung selbst war wie zuvor in erheblichem Umfang damit befaßt, ihre Vorgehensweise zu erklären, mehr noch zu rechtfertigen[131].

Der Erste Bürgermeister der Hansestadt gab in seiner Funktion als Regierungsoberhaupt, angesprochen durch die IGN, das politische Versprechen, die Entnahme so gering wie möglich zu halten. Diese Zusage war sicherlich beeinflußt durch den öffentlichen und politischen Druck der Kritikerseite, der durch die gleichzeitig laufenden Landtagswahlkämpfe in Hamburg und Niedersachsen[132] noch an Bedeutung gewann: Hätte der Erste Bürgermeister der SPD-regierten Hansestadt[133] einen Wahlsieg ausschließlich und einseitig durch die Vertretung Hamburger Interessen angestrebt, hätte er damit aller Wahrscheinlichkeit nach die Chancen seiner Partei im Nachbarland spürbar reduziert.

Der nun ebenfalls in Erscheinung getretene Senator für Wasserwirtschaft, Energie und Stadtentsorgung war seit Mai 1983 gleichzeitig Aufsichtsratsvorsitzender der HWW[134], er nahm somit eine doppelte Aufgabe in der Auseinandersetzung wahr. Zum erstenmal hatte im Verlauf des Konfliktes ein Senator den Aufsichtsratsvorsitz, der zudem von Amts wegen für den Gegenstand der Auseinandersetzung kompetent war[135].

Für den Hamburger Senat insgesamt galt, daß dieser in seiner Rolle des politischen Entscheidungsträgers inzwischen (wie die Niedersächsische Landesregierung bereits zuvor) Bürgerschaftsanfragen zu beantworten hatte - konkret in

---

[131]Vgl. Bezirksregierung Lüneburg: Presseinformation Nr. 105/82 vom 21.07.82

[132]Vgl. Statistisches Bundesamt/Wiesbaden (Hg.): Statistisches Jahrbuch 1983 für die Bundesrepublik Deutschland. Stuttgart und Mainz, August 1983, S. 89

[133]Vgl. Ders.: Statistisches Jahrbuch 1981 für die Bundesrepublik Deutschland. Stuttgart und Mainz, September 1981, S. 88

[134]Vgl. Hannoversche Allgemeine Zeitung: Senator kommt als reumütiger "Wasserräuber". 09.05.83; HWW: Antwortschreiben an die Verfasserin vom 26.07.90; IGN: (Flugblatt), [April/Mai 1983]

[135]Vgl. HWW: Antwortschreiben an die Verfasserin vom 26.07.90

diesem Zeitraum eine Anfrage der nun in der Bürgerschaft vetretenen GAL[136]. Der Senat wurde darin dazu aufgefordert, Stellung zur zukünftigen Vorgehensweise bei der Wasserversorgung zu beziehen. Vermutlich aus seiner Verantwortung für die Erfüllung der Daseinsvorsorgeaufgabe Wasserversorgung heraus und sensibilisiert durch den laufenden Konflikt setzte sich der Senat für Alternativen wie Wassersparen und die Verwendung von industriell genutzten hochwertigen Wassers für die öffentliche Versorgung ein - wobei die Grundwasserentnahme in der Heide freilich weiterhin als notwendig hervorging.[137]

Ebenso stellten die Hamburger Wasserwerke in ihrer Funktion als Wasserversorger der Hansestadt nun analog zu den Forderungen der Projektkritiker Überlegungen zu alternativen Versorgungsmöglichkeiten an und trieben insbesondere die Alternative Wassersparen voran.

Daneben waren die Wasserwerke jetzt ebenfalls damit befaßt (wie die Bezirksregierung und der Niedersächsische Minister schon in der vorherigen Runde) ihre Vorgehensweise, also das Nordheide-Projekt, zu rechtfertigen[138].

Die Reaktionen der HWW sind weniger unmittelbar (etwa im Vergleich mit denen des Niedersächsischen Fachministers) auf die Aktionen der IGN zurückzuführen, da die Bürgerinitiative ihre Forderungen nicht direkt an die Wasserwerke richtete[139]. Statt dessen handelten die Wasserwerke dem Prozeßgeschehen zufolge aufgrund des allgemeinen öffentlichen und politischen Drucks bzw. aufgrund der sich dadurch ergebenden Hindernisse für die Sicherstellung der Wasserversorgung mit Hilfe des Wasserwerkes Nordheide.

---

[136]Vgl. Bürgerschaft der Freien und Hansestadt Hamburg - 10. Wahlperiode: Drucksache 10/123 (Schriftliche Kleine Anfrage der Abg. Bock (GAL)), 06.08.82

[137]Vgl. Senat der Freien und Hansestadt Hamburg: (Antwort des Senats auf die Schriftliche Kleine Anfrage der Abg. Frau Bock), 17.08.82

[138]Vgl. HWW (Hg.): WasserMagazin. Kundeninformation der Hamburger Wasserwerke GmbH. Oktober 1981

[139]Den Unterlagen zufolge kommunizierten IGN und HWW nach wie vor nur in geringem Umfang miteinander. Die wenigen Nachweise für eine Kommunikation belegen vom Inhalt her die oben getroffene Aussage. (Vgl. IGN: Betr.: Bebauungspläne; private Regenrückhaltung - ein Beitrag zum Umweltschutz! - Verteiler an Gemeinden in der Lieferregion, die Hamburger Baubehörde und die HWW -, 02.12.82)

Für die betrachtete Unterrunde liegen mit Ausnahme der Medien[140] keine nennenswerten Hinweise auf die Beteiligung sonstiger Akteure in der Verbraucherregion vor. Die Allgemeinheit der Hamburger Bevölkerung zeigte offenbar weiterhin kein Interesse an der Nordheide-Problematik[141].

2.2.4 Rahmenbedingungen des Verfahrens

2.2.4.1 Die Handlungsbedingungen

Kreis der Beteiligten

Eine wesentliche Erweiterung erfuhr der Kreis der Beteiligten durch die direkte Einbeziehung der beauftragten Gutachter in die Auseinandersetzung. Als weitere Veränderung kam hinzu, daß die Hamburger Regierungsverantwortlichen stärker als zuvor in die Auseinandersetzung einbezogen waren.

Einbeziehung der Öffentlichkeit und Transparenz des Verfahrens

Der Arbeitskreis hatte zu einer Ausdehnung der Beteiligungsmöglichkeiten der IGN geführt: erstens wurde die IGN über die Vorgehensweise der Verantwortlichen, insbesondere der Bezirksregierung informiert, zweitens war es gewährleistet, daß die IGN angehört wurde und begründete Antworten auf Fragen erwarten konnte (günstig beeinflußt durch die Anwesenheit der Gutachter). Anders als noch bei der Fertigstellung des Gemeinsamen Berichts wurde die Konzeptionierung des Großpumpversuchs nun im Arbeitskreis diskutiert, die IGN also an der Konzeptionierung beteiligt.

Darüber hinaus gab es jedoch weiterhin keine rechtsverbindliche Absicherung für eine ausgewogene Berücksichtigung der vorgebrachten Einwände (wie es etwa in rechtlichen Genehmigungsverfahren der Fall ist). Auch änderte sich

---

[140]Vgl. z.B. Hamburger Rundschau: Heide-Wasserwerk ab November am Netz. Jetzt geht's der Heide an die Wurzel. 30.09.82. Zu diesem Zeitpunkt handelte es sich um den Anschluß des Wasserwerkes, um die Keimfreiheit des Reinwassers herzustellen - "einfahren" (Vgl. HWW: Antwortschreiben an die Verfasserin vom 09.05.1989)

[141]Vgl. Winsener Anzeiger: Hamburger Demonstration der IGN: "Grundwasserschutz - nein Danke!" 06.09.82

nichts an der Benachteiligung der IGN beim Zugang zu Daten und Informationen[142].

Was die Einbeziehung einer breiten interessierten Öffentlichkeit angeht, so wurde diese durch Pressemitteilungen der Bezirksregierung über die Ergebnisse der Arbeitskreissitzungen informiert[143]. Ingesamt verblieb allerdings bei der Verbreitung von Positionen und Argumenten in der Öffentlichkeit offenbar ein Vorsprung der IGN, die eine anhaltend intensive Informations- und Öffentlichkeitsarbeit betrieb (den vorliegenden Unterlagen zufolge die intensivste aller beteiligten Akteure).[144]

Ressourcen (Zeit, Geld, Personal, Sachkenntnis) der jeweiligen Akteure

Gegenüber den vorherigen Runden gab es hinsichtlich der jeweiligen Ressourcenverfügbarkeit eine Veränderung im Bereich der Sachkenntnis.

Durch die Möglichkeit, im Arbeitskreis Fragen an die anwesenden Gutachter zu richten, gewährleistete die Einrichtung des neuen Gremiums eine Angleichung des Kenntnisstandes zugunsten der Beteiligten, die in dieser Hinsicht bislang benachteiligt waren, genauer, z.B. zugunsten der IGN.

Ansonsten liegen keine Hinweise auf Veränderung gegenüber der vorherigen Runde in puncto Ressourcen vor.

Kompetenzen der jeweiligen Akteure

Veränderungen ergaben sich auch bei der Kompetenzverteilung auf die verschiedenen Akteure. Durch die Einrichtung des Arbeitskreises bekamen bisher nicht oder nur geringfügig legitimierte Gruppen das Recht, ihre Argumente

---

[142] Vgl. IGN: Gesprächsprotokoll. Hanstedt, Februar 1988

[143] Vgl. z.B. Bezirksregierung Lüneburg: Presseinformation Nr. 160/81 vom 22.10.81; IGN: Betr.: Grundwasserentnahme in der Nordheide. 3. Arbeitskreissitzung zum Wasserwerk Nordheide. (Verteiler: Presse, Verbände), 20.08.82

[144] Vgl. Bezirksregierung Lüneburg: Presseinformation Nr. 105/82 vom 21.07.82; Elbe-Wochenblatt und Nordheide-Wochenblatt: Streit zwischen Grundwasserschützern und Regierung Lüneburg hält an. 29.07.82; IGN: Pressemitteilung vom 20.08.82; IGN: Raubbau am Heidewasser. (Informationsblatt), Winter 1982/83; IGN: Kurzprotokoll der Mitgliederversammlung am 07.01.83, 09.01.83; IGN: (Flugblatt), [April/Mai 1983]; IGN: Pressemitteilung vom 30.05.83; Winsener Anzeiger: Hamburger zur Demonstration der IGN: "Grundwasserschutz - nein Danke!" 06.09.82

in den Entscheidungsprozeß einzubringen, d.h. sie mußten von den Verantwortlichen angehört werden.

Die Kompetenzverteilung zwischen Kritiker und Verantwortlichen blieb ansonsten unverändert.

Inzwischen wurde deutlich, daß sich in dem Augenblick, in dem die maßgeblichen Entscheidungskompetenzen nicht mehr bei der Bewilligungsbehörde lagen, sondern bei den politischen Entscheidungsträgern die jeweiligen Möglichkeiten der beiden beteiligten Bundesländer, auf das Handeln der HWW Einfluß zu nehmen, folgendermaßen verschoben hatten:

Während im rechtlichen Genehmigungsverfahren noch die zuständige Behörde in der Lieferregion über die Grundwasserentnahme zu entscheiden hatte, konnten nunmehr bindende, die Wasserversorgungsstrategie der HWW beeinflussende Entscheidungen nur noch in der Verbraucherregion getroffen werden. Eine direkte Einflußnahme der Lieferregion bzw. der Bezirksregierung als ihrer zuständigen Verwaltungsinstanz oder des Landes Niedersachsens als übergeordnete Instanz auf das Handeln der HWW war nicht (mehr) möglich. Zwar bestanden aufgrund dessen, daß die HWW-GmbH ein städtisches Unternehmen ist, politische Einflußmöglichkeiten. Legitimierte Einflußmöglichkeiten hatte jedoch ausschließlich die Hamburger Regierung und das Hamburger Parlament.

Zeitpunkt der Beteiligung

Die Frage nach dem Zeitpunkt der Beteiligung betrifft in der betrachteten Unterrunde die neu in den Entscheidungsprozeß einbezogenen Gutachter.

Der Beteiligungszeitpunkt der Sachverständigen stand eindeutig nicht im Einklang mit dem Zeitpunkt, zu dem die Aufgabe, die sie nun in der Auseinandersetzung wahrnahmen, Bedeutung erlangt hatte:

Die neu wahrzunehmende Aufgabe der Sachverständigen bestand u.a. darin, den Arbeitskreisteilnehmern die Vorgehensweisen bei den laufenden Untersuchungen zu erläutern und insbesondere von den Projektkritikern vorgebrachte Bedenken und Anregungen zu kommentieren. Entsprechender Bedarf bestand in Anbetracht der Unstimmigkeiten, die auch zuvor im Hinblick auf die angestellten Untersuchungen vorhanden waren, bereits ebenso in der vorherigen Teilrunde.

Externe Ereignisse und Entwicklungen

Erneut fanden wasserpolitische Entwicklungen und Veränderungen statt. Das galt nunmehr nicht nur für die Wasserpolitik des Landes Niedersachsen, sondern auch für die in Hamburg.

Die niedersächsische Landesregierung vertrat zwar weiterhin den Standpunkt einer überregionalen Versorgung einschließlich der Stadtstaaten Bremen und Hamburg (entgegen den in der vergangenen Teilrunde dargelegten Zweifeln an dem Konzept der überregionalen Wasserversorgung selbst in den Reihen der Regierungsfraktion). Mit dieser Grundsatzeinstellung widersprach die Landesregierung also der Kritik der Projektgegner an einer räumlichen Problemverlagerung (s. Pkt. 2.1.2).

Dennoch zeigten sich in der niedersächsischen Wasserpolitik auch weitere Annäherungen an die Alternativvorschläge der Kritiker: Neben der Notwendigkeit einer sparsamen Verwendung von Wasser wurden nun auch die Erfordernisse gesehen, Wasservorkommen durch raumordnerische Flächenausweisungen vorsorglich zu schützen und zu sichern. Dementsprechende Gebiete waren im Entwurf des Landes-Raumordnungsprogrammes bereits festgelegt.[145]

(Die Flächensicherung ist prinzipiell eine wesentliche Voraussetzung für eine verbrauchsnahe Wassergewinnung. Die Belange der Wasserversorgung erhalten dadurch eine bessere Position in der Flächennutzungskonkurrenz mit ökonomisch stärkeren Nutzungen.)

In Hamburg manifestierten sich wasserpolitische Veränderungen, als 1983 von der Hamburger Baubehörde der "Fachplan Wasserversorgung Hamburg" herausgegeben wurde. Auch hier zeigten sich sowohl Beharrungstendenzen wie Übereinstimmungen mit den Forderungen nach Alternativen: Analog zu der Bereitschaft Niedersachsens, den beiden benachbarten Stadtstaaten auch künftig niedersächsisches Wasser zur Verfügung zu stellen, legte die Hamburger Baubehörde im Fachplan weiterhin die Notwendigkeit dar, zusammen mit Niedersachsen die Möglichkeit weiterer Versorgungsprojekte zu untersuchen.

Daneben zeigte der Fachplan jedoch folgende Alternativen zur überregionalen Grundwasserentnahme auf: So wurden der Schutz der Wasservorkommen und das Einsparen von Wasser neben der Vermehrung des nutzbaren Wasservor-

---

[145] Vgl. Niedersächsischer Landtag - Neunte Wahlperiode: Drucksache 9/3161 (Antwort der Landesregierung auf eine Große Anfrage der CDU-Fraktion vom 13.01.82), 26.01.82

kommens als zwei von drei wesentlichen Maßnahmenbereichen aufgeführt. Ferner ging der Plan davon aus, daß in Zukunft ein Anteil, der seinerzeit noch als Betriebswasser von Eigenversorgern (in der Regel Industriebetriebe) genutzt wurde, der öffentlichen Wasserversorgung zugute kommen soll.[146]

(Im Einklang mit den Aussagen des Fachplans hatte sich, wie oben erwähnt, der Hamburger Senat bereits zuvor zu alternativen Versorgungsmöglichkeiten geäußert[147].)

Im Gegensatz zu Niedersachsen, wo der Verbund für einen überregionalen Ausgleich immer noch als vordringlichste Aufgabe zur Sicherung der Wasserversorgung gesehen wurde, war in Hamburg eine dementsprechende Priorität nicht mehr zu erkennen.

Die Ausführungen zur Wasserpolitik der beiden Länder verdeutlichen, daß insbesondere in Hamburg selbst ein Umdenkungsprozeß stattfand, auf dessen Grundlage die Planung einer Grundwasserentnahme im Umland mit alternativen Versorgungsmöglichkeiten abgewogen werden mußte. Als Schlußfolgerung für das Nordheide-Projekt ergibt sich daraus, daß dessen Zustandekommen, seinerzeit als Resultat wesentlich einseitigerer Handlungsprämissen, mit der neuen politischen Einstellung nicht mehr ohne weiteres in Einklang stand.

Deutlich wurde außerdem, daß Forderungen der Projektgegner auf der Ebene abstrakter Zielsetzungen auch im Bereich der Wasserversorgung zunehmend an Legitimität gewannen.

Ein weiterer äußerer Einfluß, der den Forderungen der Projektgegner entgegenkam, war der Rückgang der Konjunktur in der Hansestadt, der neben ersten Erfolgen der Wassersparappelle für den Rückgang des Wasserverbrauchs in Hamburg verantwortlich gemacht wurde. Der Rückgang des Wasserverbrauchs wiederum begünstigte die Zusage der HWW, die Fördermenge aus dem Wasserwerk Nordheide befristet zu reduzieren.

---

[146] Vgl. Hamburger Baubehörde (Hg.): Fachplan Wasserversorgung Hamburg. 1983

[147] Vgl. Senat der Freien und Hansestadt Hamburg: (Antwort des Senats auf die Schriftliche Kleine Anfrage der Abg. Frau Bock), 17.08.82

2.2.4.2 Die Handlungsformen

Kommunikationsformen

Der neu institutionalisierte Arbeitskreis trug dazu bei, z.B. die IGN als Beteiligte anzuerkennen und die Auseinandersetzung zu strukturieren. So fand beispielsweise die Kommunikation zwischen IGN und Bezirksregierung nun im wesentlichen bei den Arbeitskreissitzungen statt. Jedoch konnte das neue Verfahrenselement das Kommunikationsbedürfnis der Projektgegner augenscheinlich nicht vollständig abdecken.

So wurden erneut Landtagsanfragen und jetzt auch kritische Bürgerschaftsanfragen gestellt. Zudem wurden außerhalb des parlamentarischen Bereichs Schreiben, vor allem von der IGN, an die Verantwortlichen, insbesondere die politisch Verantwortlichen, gerichtet. In wenigen Fällen führte die außerparlamentarische schriftliche Kontaktaufnahme zu Leerläufen oder Verzögerungen, wenn sich die Adressaten als nicht zuständig für die Beantwortung von Fragen oder die Entgegennahme von artikulierten Anliegen betrachteten. Ansonsten waren auf diese prinzipiell unstrukturierte Kommunikationsform keine Reibereien zurückzuführen.

Den Grenzen des Arbeitskreises bei der Erfüllung von Kommunikationsansprüchen lagen sicher zum einen die von der IGN beklagten zu großen Abstände zugrunde, weshalb das Gremium die Stellungnahme zu aktuellen, drängenden Fragen und Anliegen nicht gewährleisten konnte. Zum anderen ergab sich eine Einschränkung dadurch, daß die nun relevanten Entscheidungsträger, (die Regierungsverantwortlichen der beiden beteiligten Länder) im Arbeitskreis nicht oder nur durch Mitglieder ihrer Behörde vertreten waren. Eine direkte Ansprechmöglichkeit war insofern durch das neue Gremium nicht gegeben.

Auf die Tatsache, daß der Arbeitskreis allein keine ausreichende Abdeckung der Kommunikationswünsche gewährleisten konnte, wird vor allem deshalb hingewiesen, um die Notwendigkeit weiterer Kommunikationsformen zu begründen. Damit soll gleichzeitig einer Überwertung des Arbeitskreises in Hinsicht auf seine Leistungsfähigkeit, die bestehenden Kommunikationsbedürfnisse zu erfüllen, an dieser Stelle vorgebeugt werden. Anlaß dazu gibt folgendes Beispiel im Konfliktfall Nordheide, das gezeigt hat, daß eine solche Überbewertung einer zufriedenstellenden Entsprechung bestehender

Kommunikationsansprüche entgegenwirken kann, wenn sie zur Ablehnung erforderlicherweise ergänzender Kommunikationsformen führt:

Die Beantwortung schriftlicher Anfragen der Interessengemeinschaft an die HWW wurde von diesen auf den Arbeitskreis als für die Beantwortung zuständiges Gremium verwiesen. Zwar liegen keine Hinweise auf mißmutige Reaktionen der IGN vor, jedoch ist offensichtlich, daß angesichts der Zeitspanne zwischen den Arbeitskreissitzungen die Ablehnung der HWW dazu geeignet war, aktuelle Informationsbedürfnisse unerfüllt zu lassen.

Grundsätzlich aber kann die verfahrensmäßige Innovation als Resultat der Einsicht bzw. der Lehre aus dem laufenden Konflikt gewertet werden: Die herkömmlichen Verfahrensweisen zwischen Bürgern, politischen Gremien, Behörden und Antragstellerin erwiesen sich als ungeeignet, eine Lösung der Auseinandersetzung zu gewährleisten. Es hatte sich nicht nur gezeigt, daß das formale Bewilligungsverfahren keine langfristig tragfähige Entscheidung hervorgebracht hatte, sondern daß darüber hinaus strukturierte, für alle Beteiligten akzeptable Verfahren fehlten, mit denen auf im Anschluß an förmliche Verfahren auftretende Konfliktsituationen hätte reagiert werden können. Der Arbeitskreis Wasserwerk Nordheide bot eine Grundlage zur sachlichen Auseinandersetzung. Die Anwesenheit der Sachverständigen machte es möglich, aber auch notwendig, sachlich begründet zu argumentieren. Die begrenzte Teilnehmerzahl gewährleistete eine geordnete und dennoch alle Teilnehmer einbeziehende Diskussion.

Die Gründung des Arbeitskreises belegt nicht nur die Einsicht in die Notwendigkeit neuer Verfahren. Sie ist zugleich Ausdruck und Ergebnis der Tatsache, daß positive Veränderungen im Verhältnis der Hauptakteure eingetreten waren. Aufgrund ihrer Mitgliedschaft sieht die IGN heute in dem Arbeitskreis, der mit nicht unerheblichem Organisationsaufwand verbunden war, bestätigt, daß sie auch von der Bezirksregierung inzwischen als ernstzunehmende Kritikerin anerkannt wurde bzw. aufgrund des öffentlichen und politischen Drucks, den die Bürgerinitiative bereits hatte erzeugen können, anerkannt werden mußte[148].
Der Arbeitskreis führte dann auch dazu, daß die IGN an der Konzeptionierung des Großpumpversuchs beteiligt war, da dessen Ausgestaltung im Arbeitskreis erörtert wurde. Damit wurde dem Konfliktpotential begegnet, daß die vollständige "Nicht"-Beteiligung am Gemeinsamen Bericht hervorgebracht hatte.

---

[148]Vgl. IGN: Gesprächsprotokoll. Hanstedt, Januar 1989

Beziehungsprobleme zwischen den Akteuren

Was das vormals sehr gespannte, zu ineffizienten Prozeßverläufen beitragende Verhältnis zwischen Interessengemeinschaft und Bezirksregierung betraf, zeichnete sich folgende Gesamtentwicklung ab:

Zwar konnte das Mißtrauen der IGN gegenüber der Behörde trotz Arbeitskreis nicht ausgeräumt werden (es bestanden weiterhin Zweifel an der Kompetenz der bestellten Gutachter, an der Problemgerechtigkeit der Untersuchungen, an der ausreichenden Einbeziehung der IGN in den Entscheidungsprozeß und an der Bereitschaft der Bezirksregierung, Entscheidungen zu treffen, die den Anliegen der Interessengemeinschaft gerecht werden). Dennoch war das Verhältnis zwischen IGN und Behörde gegenüber dem vorherigen Konfliktabschnitt in dem betrachteten Zeitraum aber in jedem Fall sehr viel stärker an der Sache selbst, nämlich an der inhaltlich und verfahrensbezogen umfassenden Interessenberücksichtigung, orientiert. Das heißt, die Auseinandersetzung wurde nicht mehr in dem anfänglichen Umfang durch gegenseitige, wenig problembezogene Vorwürfe unnötig verschärft.

Diesen Fortschritt im Verfahren hatte vermutlich zum ersten der erweiterte Sachverstand bei den Mitgliedern der IGN bewirkt, weshalb einerseits die Interessengemeinschaft stichhaltige Argumente vorbringen konnte und andererseits die Bezirksregierung die IGN zwangsläufig als ernst zu nehmende Interessenvertreterin akzeptieren mußte. Zum zweiten hatte sicherlich der Arbeitskreis insoweit einen Einfluß, als daß dieses Gremium, wie oben erwähnt, eine Grundlage zur sachlichen Auseinandersetzung bot.[149]

Einschränkend zu dieser Gesamtbeurteilung ist jedoch folgender Vorfall zu erwähnen, der unnötig konfliktverschärfend gewirkt hat:

Bei einer Veranstaltung in Berlin zum Thema Heidewasser habe, so die IGN, der Leiter der oberen Wasserbehörde seine Anwesenheit davon abhängig gemacht, daß kein Vetreter der IGN an der Veranstaltung teilnimmt. Die Interessengemeinschaft befürchtete daraufhin, bei Diskussionen zur Grundwasserentnahme in der Nordheide ausgegrenzt zu werden. Dem entgegnete die Bezirksregierung mit dem Hinweis, daß neben dem Wasserfachmann Bellin, der die Belange der Wasserwirtschaft vertreten sollte, ein Vertreter des Natur-

---

[149] Vgl. Bezirksregierung Lüneburg: Presseinformation Nr. 105/82 vom 21.07.82; IGN: Offener Brief an den Regierungspräsidenten in Lüneburg vom 02.11.81; IGN: Pressemitteilung vom 03.12.81; IGN: Pressemitteilung vom 15.12.81

schutzes vom Niedersächsischen Landesverwaltungsamt (Gutachter beim Gemeinsamen Bericht) sowie der Geschäftsführer der Hamburger Wasserwerke eingeladen gewesen seien. Bellin habe es dann zur Voraussetzung gemacht, daß auch die Belange des Naturschutzes - wie die der oberen Wasserbehörde und die der HWW - nur durch einen Vortragenden vertreten werden.

Ob diese Klarstellung den wahren Motiven entsprach, die der Haltung des Wasserfachmanns zugrunde lagen, muß offen bleiben. Festgestellt werden kann aber, daß Herr Bellin (als Leiter der oberen Wasserbehörde) der IGN (in ihrer Funktion als Naturschutzvertreterin) mit der Begründung eines Übergewichtes naturschützerischer Belange verwehrte, ihre Sichtweisen oder ihre Interessen selbst darzulegen. Die Ablehnung enthielt dabei indirekt die Behauptung, der behördliche Naturschützer vertrete gleichsam die Interessen aller Naturschützer, damit auch die der Bürgerinitiative. Dies obschon die Vergangenheit allen Beteiligten bewiesen haben sollte, daß Behördenmitglieder es nicht vermocht hatten, die Anliegen von außerbehördlichen Naturschutzvertretern oder betroffenen Bürgern zufriedenstellend zu vertreten.

In Anbetracht des Mißtrauens der Interessengemeinschaft gegenüber der Bezirksregierung und der damit einhergehenden Sensibilität für Beteiligungsangelegenheiten mußte das Verhalten Bellins das vorhandene Mißtrauen der Bürgerinitiative noch vergrößern.

Im übrigen versuchte die Bewilligungsbehörde, dem Vorfall seine Brisanz bzw. seine Relevanz für den laufenden Entscheidungsprozeß zu nehmen, indem sie darauf hinwies, daß es sich bei der Veranstaltung um eine reine Ausbildungsveranstaltung für Referendare einschlägiger Fachrichtungen handelte - ein Hinweis, der durchaus als Ausflucht gemeint gewesen sein mag, aber letztlich doch vor allem die nach wie vor bestehenden Beziehungsprobleme unterstrich.

Inzwischen hatte die HWW verstärkt Einfluß auf die laufende Auseinandersetzung genommen, was die IGN veranlaßte, auch das Verhalten der Wasserwerke, konkret die Zusage der zeitweisen Fördermengenbegrenzung, kritisch zu hinterfragen. Zum Verhältnis zwischen IGN und HWW ist insgesamt festzustellen, wie oben bereits ausgeführt, daß die fehlende Bereitschaft der Wasserwerke zum Dialog mit der Bürgerinitiative die Gefahr in sich barg, bestehende Kommunikationsbedürfnisse nicht zufriedenstellend zu decken.

2.3 Problemlösungsansätze

2.3.1 Der Diskussionsgegenstand und seine Entwicklung

Ausgelöst wurde diese letzte Prozeßrunde durch den Beginn des Großpumpversuchs - etwa zeitgleich mit der Aufnahme des Routinebetriebes. Zurückzuführen ist der Pumpversuch auf die Entscheidung der Bezirksregierung, mit Hilfe eines Naturversuchs die Erkenntnisse, die der Gemeinsame Bericht erbracht hatte, so zu konkretisieren, daß weitere Maßnahmen eingeleitet werden können. Voraussetzung für die Durchführung des Pumpversuchs war die befristete freiwillige Fördermengenbegrenzung der HWW.

Dieser Naturversuch war in die eigentliche Pumpphase von September 1983 bis April 1984, in der die volle bewilligte Menge entnommen wurde, und in eine anschließende Ruhephase bis Dezember 1984 gegliedert[150].

Im April 1985 ergab die **Auswertung des Pumpversuchs** (31), daß zwar die Absenkung schätzungsweise unter der im Bewilligungsverfahren errechneten bleiben wird. In bestimmten Teilbereichen sind jedoch Beeinflussungen der oberflächennahen Grundwasserverhältnisse durch den Wasserwerksbetrieb möglich. Der für den Naturschutz zuständige Gutachter äußerte die Ansicht, daß jede Beeinträchtigung in für den Naturschutz besonders wertvollen Bereichen in jedem Fall zu einem Schaden führen würde.

Zwar hatte der Naturversuch die Möglichkeit tatsächlich eintretender Schäden erhärtet, jedoch war der Schadenseintritt immer noch nicht bewiesen und zudem der Risikobereich flächenmäßig weiter reduziert worden. Demnach ließ das Ergebnis immer noch einen Interpretations- bzw. Argumentationsspielraum.

Mit dem Beginn des Großpumpversuchs rückte die Beobachtung der laufenden Grundwasserentnahme und ihrer Auswirkungen in den Mittelpunkt der Auseinandersetzung. Außerdem wurde jetzt zunehmend zu den ökologischen Auswirkungen die Gebäudeproblematik als regionalpolitisches Anliegen ein wesentlicher Diskussionsgegenstand.

---

[150]Vgl. HWW (Hg.): WasserMagazin. Kundeninformation der Hamburger Wasserwerke GmbH. November 1985, S. 6

Diese inhaltlichen Schwerpunkte sind auch heute noch Gegenstand der - trotz inzwischen gefundener Lösungsansätze - fortlaufenden Diskussion um das Wasserwerk Nordheide.

Während der routinemäßige Betrieb des Wasserwerks Nordheide von nun an kontinuierlich lief (nach Ablauf der befristeten Fördermengenbegrenzung im Jahr 1985 mit einer jährlichen Gesamtfördermenge von rund 20 Mio. cbm), kam es seitens der Bevölkerung in der Lieferregion zu verschiedensten Schadensmeldungen (Landschaft, Gebäude, Brunnen). Im Dezember 1985 wurde erstmals ein gemeldeter Landschaftsschaden vom **Wasserwirtschaftsamt** mit großer Wahrscheinlichkeit auf die Grundwasserentnahme zurückgeführt, eine **Schadensmeldung** wurde also offiziell (weitgehend) als durch die Grundwasserentnahme verursacht anerkannt (31).

Basierend auf der Tatsache, daß der Großpumpversuch die Möglichkeit von Schäden erhärtet hatte, lösten anscheinend folgende Ereignisse die im März 1986 endgültig erfolgte **Vereinbarung** zwischen Niedersachsen und Hamburg auf eine **Reduzierung der Fördermenge** aus (32): die von der IGN vorgelegte Aufstellung von insgesamt 77 Schadensmeldungen (Landschaft, Gebäude, Brunnen), die Anhäufung von Presseberichten über Schadensmeldungen im Oktober/November 1985[151] und letztendlich die behördliche Untermauerung eines gemeldeten Schadens.

Im einzelnen wurde die Vereinbarung wie folgt zwischen der Staatssekretärin des Niedersächsischen Ministeriums für Ernährung, Landwirtschaft und Forsten und dem Senator für Wasserwirtschaft, Energie und Stadtentsorgung ausgehandelt:

"Hamburg erklärte sich bereit, im Rahmen des Möglichen die tatsächliche Förderung gegenüber dem 1974 bewilligten Entnahmerecht in Höhe von 25 Millionen Kubikmeter auf 20 Millionen Kubikmeter jährlich zu begrenzen. Zudem will Hamburg auf eine Senkung des Wasserverbrauches in seinem Stadtbereich hinwirken. Die Sparerfolge sollen vorrangig dazu benutzt werden, die Wasserförderung in der Nordheide noch weiter zu vermindern. Zugleich kamen Hamburg und Niedersachsen überein, vorbeugende und ausgleichende landschafts- und naturschützerische Maßnahmen im Naturschutz- und Wasserförde-

---

[151] Vgl. HWW (Hg.): WasserMagazin. Kundeninformation der Hamburger Wasserwerke GmbH. November 1985, S. 6/7

rungsgebiet einzuleiten. Hamburg wird die Finanzierung in vollem Umfang übernehmen."[152]

Die niedersächsische Staatssekretärin forderte darüber hinaus "im Interesse eines vorbeugenden Umwelt- und Naturschutzes"[153] eine Reduzierung auf 15 Mio. cbm pro Jahr. Ihre Forderung stützte sie mit dem Hinweis, daß der Landkreis Harburg bereit sei, im Falle eines dementsprechenden Verzichts seinen Anspruch von fünf Mio. cbm auf drei Mio. cbm zu reduzieren.[154] Insofern zeigte sich nun auch der Landkreis kompromißbereit.

Der Senator hielt der weitergehenden Forderung seiner Gesprächspartnerin die Problemsituation der Hamburger Wasservorkommen entgegen. Insbesondere könne aufgrund dessen ein förmlicher Verzicht auf das bewilligte Förderrecht nicht zugestanden werden.

Die politischen Gespräche über die Grundwasserentnahme in der Nordheide sollten im April/Mai fortgesetzt werden.[155]

Über etwaige weitere Verhandlungen liegen zwar keine Informationen vor, jedoch belegen die seit 1986 unterhalb der 20 Mio.-Grenze liegenden Fördermengen ein weiteres Einlenken der Hansestadt[156].

Mit der ausgehandelten Vereinbarung kamen die Regierungsverantwortlichen nun also den beharrlichen Forderungen der Projektkritiker entgegen - wenngleich nicht in vollem Umfang, denn diese forderten mindestens eine Reduzierung auf 15 Mio. cbm[157]. Vorausgegangen war die Ankündigung der Verhandlungen durch den Niedersächsischen Ministerpräsidenten im Oktober 1985 sowie durch den Fachminister (jetzt bedingungslos) im Januar 1986.

---

[152]MELF: Pressemitteilung Nr. 30 vom 04.03.86, S. 1

[153]MELF: ebd., S. 1

[154]Vgl. MELF: Pressemitteilung Nr. 30 vom 04.03.86

[155]Vgl. MELF: ebd.

[156]Vgl. HWW (Hg.): WasserMagazin. Kundeninformation der Hamburger Wasserwerke GmbH. November 1987, S. 8

[157]Vgl. IGN: Pressemitteilung vom 06.07.85; Niedersächsischer Landtag - Zehnte Wahlperiode: Drucksache 10/4507 (Entschließungsantrag der Fraktion der Grünen vom 02.07.85)

Als weiteren Einflußfaktor, der auf die politischen Verhandlungen einwirkte, gibt die Bezirksregierung ihre kontinuierliche an die HWW gerichtete Aufforderung an, die Fördermenge auf einem bestimmten Level festzuhalten. Die Behörde benötigte einen stationären Zustand, um Schlußfolgerungen aus der Beweissicherung ziehen zu können.[158] (Bei einem solchen "festzuhaltenden" Level mußte es sich zwangsläufig um eine Reduzierung der bewilligten Menge handeln, weil die genehmigte Entnahmemenge in keinem der vorangegangenen Jahre ausgeschöpft worden war.)

Erwähnenswert ist im Zusammenhang mit der Frage nach den auslösenden Faktoren der Zeitpunkt der Verhandlungen: Erneut kurz vor anstehenden Wahlen wurden die Forderungen einer breiten Öffentlichkeit aufgegriffen[159].

Ein weiteres zur Konfliktlösung beitragendes und eine solche dokumentierendes Moment war kurz nach der Vereinbarung die Herausgabe des **Handlungskonzeptes** der HWW zur dauerhaften Sicherung der Trinkwasserversorgung (33). Die Strategie der Versorgungssicherheit, die in diesem Konzept festgelegt wurde, läßt sich im wesentlichen mit den folgenden Handlungsprämissen beschreiben:

- Schutz der Grundwasserressourcen vor geogenen und anthropogenen Einflüssen;
- Sicherstellung des sparsamen Umgangs mit Trinkwasser bei den Abnehmern - aber auch bei den Eigenversorgern.

Den Wassersparmöglichkeiten wurde inzwischen ein sehr viel größeres Potential zugesprochen als zu Beginn der Wassersparstrategie im Jahr 1981. Zum Teil waren Wassersparmaßnahmen schon realisiert, beispielsweise hatten bereits 1500 Wohnungen einen Wohnungswasserzähler.

Entsprechend der weitaus stärker ursachenbezogenen und jetzt unmittelbar das Wasserdargebot und den Wasserbedarf beeinflussenden Versorgungsstrategie war der Unternehmensauftrag der HWW Anfang 1986 neu formuliert worden: Das Zielbild der Wasserwerke enthielt nun neben der Trinkwasserversorgung Hamburgs die Förderung rationeller Wasserverwendung sowie die Unterstüt-

---

[158] Vgl. Bezirksregierung Lüneburg: Gesprächsprotokoll. Lüneburg, Februar 1989

[159] Vgl. Statistisches Bundesamt/Wiesbaden (Hg.): Statistisches Jahrbuch 1987 für die Bundesrepublik Deutschland. Stuttgart und Mainz, August 1987, S. 91

zung der Wasser- und Umweltpolitik des Senats. (Die angesprochene Veränderung der Versorgungsstrategie bezieht sich auf die im Anfangszeitraum des Nordheideprojektes, Mitte der sechziger Jahre, zu beobachtende Ausweichstrategie. Bei den damaligen Überlegungen wurde sowohl ein gegebener Wasserbedarf als auch ein gegebenes Wasserdargebot verausgesetzt und ausschließlich die Bedarfsdeckung berücksichtigt.)

Einhergehend mit dem verstärkten Ursachenbezug, den Versorgungsstrategie und' Aufgabenstruktur jetzt aufwiesen, eröffneten die Wasserwerke in ihrem Handlungskonzept eine veränderte Problemsicht hinsichtlich der Wassergewinnung im Umland: das Erschließen neuer Ressourcen würde nur eine regionale Verschiebung des Problems von Eingriffen in den Naturhaushalt bedeuten.[160]

Insgesamt machte das Handlungskonzept den problemorientierten Umdenkungsprozeß deutlich, der sich bei den Wasserwerken insbesondere in der jüngsten Phase der Auseinandersetzung vollzogen hatte. Die novellierte Versorgungsstrategie sowie die veränderte Problemsicht hinsichtlich der Wasserentnahme im Umland entsprachen weithin den Vorschlägen und Sichtweisen, die die IGN von Anfang an vertreten hatte.

Darüber hinaus zeigte das Handlungskonzept sogar kooperative Ansätze insofern, als daß die Durchsetzung des dort dokumentierten Schwerpunktes der Handlungsstrategie, das Wassersparen, durch die gleichgerichtete Öffentlichkeitsarbeit der IGN unterstützt - und dies so von den Wasserwerken auch anerkannt wurde.

Die Herausgabe des Handlungskonzeptes bzw. der Anfang 1986 neu formulierte Auftrag sind sicher zum einen Resultate der sich seit Ende 1981 fortlaufend bei den Wasserwerken sowie bei der Hamburger Regierung abzeichnenden alternativen Versorgungsstrategie. Zum anderen hatte sicherlich auch die sich anbahnende bzw. kurz vor Herausgabe des Konzeptes realisierte politische Vereinbarung über eine Reduzierung der Fördermenge Einfluß darauf, daß gerade zu dieser Zeit nun eine Festschreibung des neuen Auftrages und der neuen Strategie erfolgte.

---

[160]Vgl. HWW (Hg.): Handlungskonzept zur dauerhaften Sicherung der Trinkwasserversorgung. 1986

Neben den dargelegten inhaltlichen Entwicklungen fanden erneut auch verfahrensmäßige statt. Dabei handelte es sich um eine strukturelle und um eine prozessuale Veränderung. Die strukturelle Veränderung betraf die Verwaltungsorganisation der HWW: In Anpassung an ihre novellierte Aufgabenstruktur richteten die Wasserwerke einen neuen Bereich "Ökologie" ein[161]. Die prozessuale Veränderung bestand in **gemeinsamen Gesprächen** zwischen **IGN** und **HWW** auf Vorstandsebene, zu denen sich die betreffenden Mitglieder der beiden Parteien seit 1987 trafen, wenn konkrete Fragen zur Diskussion anstanden (34)[162].

Die Gespräche können als symbolisch für eine Entspannung im Verhältnis zwischen IGN und Wasserwerken betrachtet werden, die sich in jüngster Zeit abzeichnete. Die Geschäftsleitung der HWW spricht heute von einer gegenseitigen Glaubwürdigkeit zwischen IGN und Wasserwerken[163]. Die HWW steht dazu, Vorschläge der IGN zum Wassersparen alternativ zur Förderung der vollen bewilligten Menge aufgegriffen zu haben[164] - ein Umstand, der dafür spricht, daß die Wasserwerke die Bürgerinitiative als ernstzunehmende Kritikerin anerkennen. Darüber hinaus sehen die Wasserwerke heute sogar Übereinstimmungen mit den Interessen der IGN: Beide Parteien hätten das gemeinsame Ziel, eine weitere Verringerung der Wasserressourcen zu bekämpfen[165].

Schierhorn, als Vertreter der IGN, ist rückblickend der Ansicht, daß die Diskussion zwischen HWW und IGN immer sachlicher geworden ist[166]. Die Interessengemeinschaft gesteht ihrerseits zu, mit ihrer erweiterten Kenntnis über die Hamburger Wasserversorgung Verständnis für die Problemsituation der HWW entwickelt zu haben. Ferner akzeptiert die Bürgerinitiative inzwischen, daß bei den Wasserwerken der Versorgungsaspekt an erster Stelle stand. Auf dieser Grundlage begrüßt sie die Veränderung der Strategie der Wasser-

---

[161]Vgl. IGN: Gesprächsprotokoll. Hanstedt, Januar 1989

[162]Vgl. IGN: ebd.

[163]Vgl. HWW: Gesprächsprotokoll. Hamburg, Januar 1988

[164]Vgl. HWW: ebd.

[165]Vgl. HWW: ebd.

[166]Vgl. IGN: Gesprächsprotokoll. Hanstedt, Januar 1989

werke zugunsten ökologischer Belange, zumal die HWW die Ökologie zumindest an zweiter Stelle berücksichtige.

Anders als noch im Jahre 1985 (s.u.) kann die Interessengemeinschaft dem Naturschutzengagement der Wasserwerke heute Glauben schenken. Neben ihrer Anerkennung des vorbildlichen Wasserspar-Engagements sieht die Bürgerinitiative vor allem in dem Handlungskonzept und der Einrichtung des Bereichs Ökologie eine Bestätigung dafür, daß die HWW auch nach außen hin dokumentieren, Wasserversorgung und Ökologie in Einklang bringen zu wollen.

Schierhorn spricht heute von einer "kritischen Kooperation"[167] zwischen IGN und HWW, der das anfänglich konfrontative Verhältnis gewichen sei. Gleichwohl betrachtet er es weiterhin als wichtige Aufgabe der Interessengemeinschaft, Druck auf Hamburg auszuüben: d.h., der Wassergewinnung in der Nordheide Widerstand entgegenzusetzen, mit dem Ziel, daß Hamburg nicht nachläßt, Alternativen auf eigenem Stadtgebiet voranzutreiben.[168]

Die Tatsache, daß die Gespräche zwischen Wasserwerken und Interessengemeinschaft erst in Gang kamen, nachdem inhaltliche Kompromisse gefunden worden waren, läßt den Schluß zu, daß das Wissen um realisierbare Kompromisse im konkreten Fall die Bereitschaft zur Zusammenarbeit begünstigt hat.

Ein weiterer wesentlicher Aspekt für die ergebnis- und verfahrensbezogene Annäherung zwischen den beiden Parteien war sicher der Zuwachs an Kenntnissen über die Problemsicht der jeweils anderen Konfliktpartei: Mit den Kenntnissen wuchs das Verständnis für die jeweils andere Position.

2.3.2 Politische Interaktionen: Die Konfliktpunkte

Die Kontroversen dieser abschließenden Unterrunde erhielten gegenüber dem vergangenen Verfahrensablauf eine zusätzliche inhaltliche Grundlage: Entscheidenden Einfluß auf den Diskussionsgegenstand hatte nun der Umstand, daß der Entscheidungsprozeß in die Durchführungsphase eingetreten war, insofern die routinemäßige Förderung im Gange war. Während es zuvor ausschließlich um die Beeinflussung einer Entscheidung ging, kam jetzt die Beobachtung der Auswirkungen, die von der Grundwasserentnahme ausgingen, als

---

[167] IGN: ebd., S. 6

[168] Vgl. IGN: Gesprächsprotokoll. Hanstedt, Januar 1989

bedeutender Aspekt hinzu. Es kam demnach zu einer Überschneidung von Entscheidungsfindungs- und Durchführungsphase.

Insgesamt drehte sich die letzte Prozeßrunde der laufenden Auseinandersetzung um folgende Kontroversen:

1) Konträre Auffassungen über die Beweispflicht im Falle behaupteter Schäden
2) Unterschiedliche Ansichten über die erforderlichen Konsequenzen
3) Unterschiedliche Bewertungen der inzwischen eingetretenen und der zu erwartenden ökologischen Folgewirkungen
4) Unstimmigkeiten in bezug auf die Untersuchungsmethoden bei der laufenden Beweissicherung an Gebäuden
5) Unstimmigkeiten hinsichtlich der Einbeziehung der Öffentlichkeit in den Entscheidungsprozeß

2.3.2.1 Konträre Auffassungen über die Beweispflicht im Falle behaupteter Schäden

Hinsichtlich der Beweispflicht im Falle behaupteter Schäden bestand eine Diskrepanz darüber, wer beweispflichtig ist: d.h., ob die Projektkritiker beweisen müssen, daß beobachtete Veränderungen durch die Grundwasserentnahme verursachte Schäden sind, oder ob umgekehrt die Wasserwerke nachweisen müssen, daß Schadensmeldungen nicht im Zusammenhang mit der Grundwasserentnahme stehen.

Zurückzuführen ist die Kontroverse zunächst auf die Schwierigkeit, Einflüsse der Wasserentnahme z.B. von klimatischen Einflüssen zu trennen, also auf die Schwierigkeit, entweder beobachtete Veränderungen eindeutig auf die Wasserentnahme zurückzuführen oder den Einfluß der Wasserentnahme eindeutig zu widerlegen. Zudem wurde diese Kontroverse sicherlich durch die unterschiedliche Erwartungshaltung beeinflußt: Während die Projektgegner von einer erheblichen Gefährdung überzeugt waren[169], bekundete auf der Seite der

---

[169]Vgl. Naturfreunde - Gruppe Nordheide: Wandern unter dem Motto "Besucht die Bäche, solange es die Bäche noch gibt!" (Flugblatt), Mai 1985; Niedersächsischer Landtag - Zehnte Wahlperiode: Drucksache 10/4507 (Entschließungsantrag der Fraktion der Grünen vom 02.07.85)

Verantwortlichen insbesondere die HWW die Auffassung, daß die Risiken der Grundwasserförderung sehr gering seien.[170]

Entsprechend der Erwartungshaltung der Projektkritiker kam es ihrerseits zu den oben angesprochenen Meldungen von Schadensfällen, mit dem Anspruch der IGN, die HWW in diesen Fällen solange als Verursacher bezeichnen zu können, wie dies nicht widerlegt wird. Die Bürgerinitiative beharrte also insofern wider den geltenden Rechtsbestimmungen auf der Umkehr der Beweislast. Letzteres rief Kritik auf der anderen Seite hervor. Die Verantwortlichen konnten nicht akzeptieren, daß die IGN öffentlich die Verursachung von Schäden an der Vegetation sowie an Gebäuden durch die Grundwasserentnahme behaupte, ohne vorab geklärt zu haben, ob tatsächlich ein Zusammenhang mit der Gundwasserentnahme besteht. Diesen Behauptungen entgegentretend veröffentlichten die Hamburger Wasserwerke u.a. in ihrer Kundenzeitschrift in Reaktion auf die sich anscheinend im Oktober/November 1985 anhäufenden Presseberichte über Schadensmeldungen eine Dokumentation unter dem Titel "Die Heide lebt"[171].

Daraufhin erstellte die Bürgerinitiative eine Gegendokumentation unter dem Titel "Die Heide lebt - Die Feuchtgebiete sterben", in der sie die aus ihrer Sicht notwendigen Korrekturen und Ergänzungen zu den von der HWW widerlegten Schadensmeldungen machten. Dabei kam die Interessengemeinschaft zu dem Schluß, daß den Wasserwerken in keinem einzigen Fall der Nachweis gelungen sei, eine Verursachung der Grundwasserentnahme für die Schadensfälle im Untersuchungsgebiet auszuschließen.[172]

Das Hin und Her von Dokumentation und Gegendokumentation machte das oben angesprochene Problem deutlich, wie schwer es war, einerseits Schäden eindeutig auf die Wasserentnahme zurückzuführen und andererseits den Ein-

---

[170]Vgl. HWW: Pressemitteilung vom 28.06.85; HWW (Hg.): WasserMagazin. Kundeninformation der Hamburger Wasserwerke GmbH. November 1985, S. 6

[171]Vgl. HWW (Hg.): WasserMagazin. Kundeninformation der Hamburger Wasserwerke GmbH. November 1985, S. 6ff

[172]Vgl. IGN: Gegendokumentation der IGN zum HWW-Magazin "Die Heide lebt" vom November 1985, Ende November 1985

fluß der Wasserentnahme auf diese Schäden eindeutig zu widerlegen. Das Nachsehen hatten in diesem Fall die Betroffenen als diejenigen, die die Beweislast zu tragen hatten.

2.3.2.2 Unterschiedliche Ansichten über die erforderlichen Konsequenzen

Die voneinander abweichenden Einschätzungen der Gefährdung, die unterschiedlichen Auffassungen über die Beweispflicht sowie erneut der Widerspruch zwischen dem Vorsorgeanspruch auf der einen Seite und dem Anspruch auf Beweisfähigkeit und dem Vertrauen in technische Machbarkeit auf der anderen riefen kontroverse Ansichten über die erforderlichen Konsequenzen hervor bzw. begründeten diese kontroversen Ansichten.

Die Bezirksregierung leitete unmittelbar aus den Ergebnissen des Großpumpversuchs die Konsequenz ab, "vorsorglich" (so der Regierungspräsident) ein Planungsbüro mit Überlegungen zu Stützungsmaßnahmen für die kritischen Teilbereiche zu beauftragen. Dies entsprach der Zielsetzung, mit Hilfe des Großpumpversuchs Erkenntnisse zu gewinnen, um gegebenenfalls - unter den Bedingungen der erteilten Bewilligung - weitere Auflagen zum Schutz der Feuchtgebiete machen zu können.

Solche Stützungsmaßnahmen waren jedoch keine Vorsorgemaßnahmen im Sinne der Projektkritiker und wurden demnach von der Gegenseite als Problemlösungen abgelehnt. Die Kritiker forderten weiterhin Konsequenzen (z.B. die Fördermengenbegrenzung)[173], die sicherstellen würden, das erst gar keine bzw. keine weiteren ökologischen Folgewirkungen durch die Grundwasserentnahme entstehen. Ihre Forderungen begründete die Gegenseite nun gemäß ihrer Vorstellung von der Beweispflichtigkeit mit inzwischen vorliegenden Schadensmeldungen, bei denen ein Einfluß durch die Grundwasserentnahme der HWW zumindest nicht eindeutig widerlegt werden konnte[174].

Demgegenüber sahen sich die verantwortlichen Regierungsvertreter auch nach Bekanntwerden der Ergebnisse des Großpumpversuchs noch nicht zu Verhandlungen über eine Reduzierung der Fördermenge veranlaßt. Ihre Begrün-

---

[173]Vgl. IGN: Pressemitteilung vom 06.07.85; Niedersächsischer Landtag - Zehnte Wahlperiode: Drucksache 10/4507 (Entschließungsantrag der Fraktion der Grünen vom 02.07.85)

[174]Vgl.IGN: Gegendokumentation der IGN zum HWW-Magazin "Die Heide lebt" vom November 1985, Ende November 1985

dungen gingen dahin, daß noch nicht feststünde, daß mit nachhaltigen Schäden zu rechnen sei. Außerdem gingen die Verantwortlichen übereinstimmend davon aus, daß bei Überschreiten der ökologischen Verträglichkeit mit wasserbaulichen Maßnahmen Abhilfe geschaffen werden könne[175].

Bis zur Vereinbarung auf eine Reduzierung der Fördermenge zeigten die Verantwortlichen also weiterhin ihre abwartende, auf technischen Ausgleichsmöglichkeiten beruhende Haltung. Da sich diese Einstellung durchsetzen konnte, da es also erst nachdem ein Landschaftsschaden von offizieller Seite "sehr wahrscheinlich" auf die Grundwasserentnahme zurückgeführt wurde, zu einer politischen Vereinbarung kam, war die Realisierung einer vorsorglichen Problemsicht endgültig gescheitert.

2.3.2.3 Unterschiedliche Bewertungen der inzwischen eingetretenen oder zu erwartenden ökologischen Folgewirkungen

Am Ende des analysierten Konfliktzeitraums hatte sich hinsichtlich der zu erwartenden Folgewirkungen insofern eine Übereinstimmung zwischen den Beteiligten ergeben, als daß konform davon ausgegangen wurde, daß die Wasserentnahme Folgewirkungen an der Natur verursacht bzw. verursachen kann. Der Knackpunkt lag jedoch in der unterschiedlichen Bewertung - zurückzuführen auf unterschiedliche Prioritätensetzungen - dieser Folgewirkungen: Folgewirkungen oder zu erwartende Folgewirkungen, die für die Gegenseite bereits erhebliche Eingriffe in den Naturhaushalt darstellten[176], wurden auf der Seite der Verantwortlichen als relativ geringfügig betrachtet[177]. Im Ergebnis setzten die Projektkritiker also die Grenze der ökologischen Vertretbarkeit der Wasserentnahme niedriger an als die andere Seite[178].

---

[175]Vgl.HWW (Hg.): WasserMagazin. Kundeninformation der Hamburger Wasserwerke GmbH. November 1985, S. 6/7; MELF: Pressemitteilung Nr. 65 vom 09.05.85

[176]Vgl. IGN: Pressemitteilung vom 06.07.85

[177]Vgl. Niedersächsischer Landtag - 11. Wahlperiode - 20. Plenarsitzung am 20. März 1987, S. 2015

[178]Vgl. HWW: Gesprächsprotokoll. Hamburg, Januar 1989; IGN: Gesprächsprotokoll. Hanstedt, Januar 1989; Niedersächsischer Landtag - 11. Wahlperiode - 20. Plenarsitzung am 20. März 1987, S. 2015

Hieran zeigt sich das generelle Problem bei der Bewertung von Umweltauswirkungen insbesondere im Naturschutzbereich: Aufgrund der mangelnden Quantifizierbarkeit und der fehlenden Bewertungsmaßstäbe bleiben die Bewertungen ökologischer Auswirkungen von Umwelteingriffen kontrovers. Hinzu kommt dann noch die Schwierigkeit der objektiven Abwägung naturschützerischer Belange mit anderen Nutzungsansprüchen.

2.3.2.4 Unstimmigkeiten in bezug auf die Untersuchungsmethoden bei den laufenden Beweissicherungen an Gebäuden

Der Kontroverse bei der laufenden Gebäude-Beweissicherung lag auf Seiten der Projektkritiker die Befürchtung zugrunde, die angewandte Untersuchungsmethode sei nicht aussagefähig genug. Konkret wurde befürchtet, die Verursachung von Gebäudeschäden durch den Wasserwerksbetrieb könne nicht mit ausreichender Sicherheit nachgewiesen werden, mit der Folge, daß berechtigte Entschädigungsansprüche nicht geltend gemacht werden könnten. Die Zweifel an der Problemgerechtigkeit der angewandten Untersuchungsmethodik sind zum ersten auf das Mißtrauen zurückzuführen, zwischen Bezirksregierung und HWW bestünde Interessenkonformität dahingehend, daß die Kosten, die für die HWW als Trägerin der Beweissicherung entstünden, gering gehalten werden sollten. (Die Kosten umfaßten die Maßnahme an sich sowie etwaige Entschädigungsansprüche. Tatsächlich hatten sich die Wasserwerke zwar schriftlich gegenüber der Bewilligungsbehörde zur Kostenübernahme der Beweissicherung einverstanden erklärt, fügten dem aber einschränkend hinzu "nur solche Maßnahmen ..., die unbedingt notwendig und erforderlich sind".) Zum zweiten wurden die Zweifel durch das Wissen um alternative kostenintensivere Methoden verstärkt. Demzufolge forderten die Kritiker eine alternative Untersuchungsmethodik, die sie anhand einer DIN-Norm explizit benannten.[179]

Die Verantwortlichen (im speziellen Fall die Bezirksregierung als die für die Durchführung der Beweissicherung zuständige Instanz) lehnte die alternative Untersuchungsmethodik mit der Begründung ab, daß diese zum einen - entge-

---

[179] Vgl. IGN: Gesprächsprotokoll. Hanstedt, Januar 1989

gen der Auffassung der Projektkritiker - wenig aussagefähig sei, zum anderen jedoch sehr kostspielig[180].

2.3.2.5 Unstimmigkeiten hinsichtlich der Einbeziehung der Öffentlichkeit in den Entscheidungsprozeß

Der Konflikt um die Einbeziehung der Öffentlichkeit bezog sich in der betrachteten Unterrunde vor allem auf die Art und Weise der an die breite Öffentlichkeit gerichteten Informationen. Beide Seiten übten Kritik an der Informationspolitik des jeweiligen "Gegners", anscheinend aus der Befürchtung heraus, dieser könne die Öffentlichkeit mit Hilfe unsachlicher Information für sich gewinnen.

(Diese Schlußfolgerung, die zwangsläufig beinhaltet, daß der Öffentlichkeitsmeinung auf beiden Seiten große Bedeutung beigemessen wurde, erhält ihre Plausibilität angesichts des Einflusses, den der öffentliche und politische Druck bereits auf den Ablauf des Geschehens gehabt hatte.)

Seitens der Projektkritiker wurde beanstandet, daß die Verantwortlichen (hier: Bezirksregierung und HWW) die Öffentlichkeit unzureichend und dadurch irreführend und beschwichtigend informieren würden[181]. Konkret bezogen sie (im speziellen Fall die IGN) die Kritik beispielsweise auf die nach ihrer Ansicht beschwichtigende, die Gefahren herunterspielende Darstellung der Ergebnisse des Großpumpversuchs in einer Pressemitteilung der Bezirksregierung. Ebenso kritisierten sie den öffentlichen Widerspruch der HWW zu der Behauptung, es seien bereits Schäden in der Heide durch die Grundwasserentnahme verursacht worden.

Was die Kritik an der Pressemitteilung der Behörde betraf - es handelte sich um eine Information über den Verlauf der achten Arbeitskreissitzung -, so wurden darin tatsächlich z.B. in der Sitzung geäußerte Einwände der Kritiker an dem ihrer Meinung nach zu geringen flächenmäßigen Untersuchungsumfang nicht

---

[180]Vgl. Bezirksregierung Lüneburg: Gesprächsprotokoll. Lüneburg, April 1989

[181]Vgl. IGN: Informationen zur Presse- und Anzeigenkampagne der Hamburger Wasserwerke (HWW) im Nov. 1985. (Ohne Adressat), 20.11.85

wiedergegeben[182]. Ferner sprach die Bezirksregierung in der Information von "Restflächen", auf denen den Ergebnissen des Großpumpversuchs zufolge Beeinflussungen durch die Grundwasserentnahme möglich wären. Auch wenn die Behörde damit möglicherweise gutachterliche Aussagen wörtlich protokollierte, insofern den Ausdruck möglicherweise nicht selbst gewählt, sondern nur übernommen hatte: In jedem Fall mußte dieser Begriff aufgrund der durch die Konfliktsituation hervorgerufenen Sensibilität auf Kritik stoßen, da er eine umstrittene Bewertung enthielt und zur Beschwichtigung vorhandener Befürchtungen geeignet war.

Der Kritik an dem öffentlichen Widerspruch der HWW zu den behaupteten Schäden lag die inhaltliche Kontroverse um die Beweispflicht zugrunde. Hinzu kam seitens der IGN andeutungsweise die Kritik an einer finanziellen Benachteiligung gegenüber den Wasserwerken hinsichtlich der jeweiligen Möglichkeiten, Öffentlichkeitsinformation zu betreiben[183].

Auf der anderen Seite beanstandeten die Verantwortlichen die Öffentlichkeitsarbeit der Projektkritiker. So wurde der Interessengemeinschaft vorgeworfen, unsachlich zu argumentieren. Anlaß zu diesem Vorwurf gab die von der Interessengemeinschaft öffentlich vorgebrachte Anklage, die Bewilligungsbehörde täte alles bis zur wissentlichen Unterdrückung von Informationen[184], sowie die öffentliche Darstellung von grundwasserentnahmebedingten Schäden, ohne die Verursachung durch die HWW nachweisen zu können. Anscheinend führte die Kritikerseite tatsächlich Schäden auf die Grundwasserentnahme zurück, ohne dabei ihre Prämisse einer solchen Behauptung, nämlich die Forderung der Beweislastumkehr, offenzulegen, d.h., ohne deutlich zu machen, daß die Verursachung unbewiesen war.

Zusammenfassend kann gefolgert werden, daß sich offensichtlich erneut (ähnlich wie bei den öffentlichen Interpretationen der Ergebnisse des Gemeinsamen Berichts) beide Seiten mit zum Teil unsachlichen, zum Teil nicht hinrei-

---

[182]Vgl. Bezirksregierung Lüneburg: Presseinformation Nr. 49 vom 18.04.85

[183]Vgl. IGN: Informationen zur Presse- und Anzeigenkampagne der Hamburger Wasserwerke (HWW) im Nov. 1985. (Ohne Adressat), 20.11.85; Winsener Anzeiger: Leserbriefe. Zur Schadensvorbeugung bisher bereits zehn Millionen. 12.12.85

[184]Vgl. IGN: Pressemitteilung vom 23./24.06.85

chend aufklärenden und damit irreführenden Informationen gegeneinander aufwiegelten.

2.3.3 Die Rolle der Akteure im Konflikt

2.3.3.1 Die Initiatoren des Konfliktes

Maßgebliche Trägerin des Konfliktes war nach wie vor die Interessengemeinschaft.

Neben ihrer bisherigen Rolle als Informantin und zentraler Interessenvertreterin der Gegenseite (ein Zeichen für die zunehmende Anerkennung dieser Rolle seitens der Verantwortlichen waren die seit 1987 zwischen IGN und HWW stattfindenden Gespräche) nahm sich die Bürgerinitiative nun einer umittelbaren Beobachtung der Auswirkungen der laufenden Grundwasserentnahme an[185]: Die Bürgerinitiative machte gegenüber der Bevölkerung das Angebot, Patenschaften für gefährdete Feuchtgebiete an interessierte Naturfreunde zu vergeben. Hauptziel dieser Aktion war es, "langfristig (5 -6 Jahre) die Beeinflussung, Veränderung und die Folgen der Grundwasserentnahme zu beobachten und aufzuzeichnen"[186]. Ferner beabsichtigte die IGN, die "leider zu erwartenden negativen Ergebnisse"[187] zu dokumentieren.

Anlaß dieser Aktion war zum einen die Bestrebung, Beweis- und Druckmittel zu schaffen, um die Forderung nach Verhandlungen um eine Reduzierung der Fördermenge zu untermauern - also um die eigene Argumentationsbasis zu stärken. Zum anderen sollte die Bevölkerung für die Naturschutzproblematik sensibilisiert werden.

Hinsichtlich der Absicht, die Bevölkerung zu sensibilisieren, war diese Aktion nur ein Beispiel dafür, daß die Bürgerinitiative immer noch bemüht war, Problemverständnis zu wecken und Unterstützung "von außen" zu gewinnen, um ihre Einflußmöglichkeiten zu verstärken. Insgesamt betrieb die IGN zu diesem

---

[185]Vgl. Die Grünen: Heidewasserentnahme - Eine Katastrophe? (Flugblatt), [Oktober 1985]; IGN: Gemeinsamer Bericht ... (Informationsblatt), April 1985; IGN: Pressemitteilung vom 06.07.85; IGN (Hg.): Grundwasserentnahme in der Nordheide. 5. Auflage. (Broschüre) 1985

[186]IGN (Hg.): Grundwasserentnahme in der Nordheide. 5. Auflage. (Broschüre) 1985, S. 37

[187]IGN (Hg.): Grundwasserentnahme in der Nordheide. 5. Auflage. (Broschüre) 1985, S. 37

Zweck weiterhin eine intensive Öffentlichkeitsarbeit (s. Pkt. 2.3.2)[188] und wendete sich weiterhin an politische Gremien und Verbände[189].

Die politischen Gremien und die Naturschutzverbände sowie die Medien verhielten sich grundsätzlich unverändert[190], weshalb an dieser Stelle auf eine ausführliche Darlegung ihrer Rolle verzichtet werden kann.

Eine besondere Rolle spielte auf der Seite der Kritiker in der betrachteten Unterrunde das UBA[191] bzw. die Fertigstellung der Stellungnahme des UBA zur Grundwasserentnahme in der Nordheide. Zwar hatte diese Studie keinen unmittelbaren Einfluß auf das Prozeßgeschehen. Jedoch übte sie mittelbar Einfluß aus, zum einen dadurch, daß nun von offizieller bzw. behördlicher Seite in wesentlichen Punkten die Argumentation der IGN unterstützt wurde, zum anderen dadurch, daß die Medien über die Stellungnahme der Umweltbehörde berichteten. Ausgelöst hatte die Bearbeitung des UBA-Papiers ein "Wahlkampfversprechen" des seinerzeit für Umweltbelange zuständigen

---

[188] Vgl. auch IGN: Gemeinsamer Bericht ... (Informationsblatt), April 1985; IGN (Hg.): Grundwasserentnahme in der Nordheide. 5. Auflage. (Broschüre) 1985

[189] Vgl. Naturfreunde - Gruppe Nordheide: Wandern unter dem Motto "Besucht die Bäche, solange es die Bäche noch gibt!" (Flugblatt), Mai 1985;

[190] Vgl. Lange, K.: Wasserklau. In: Natur 2/86, Seite 21 - 27; Lüneburger Landeszeitung: Grundwasserentnahme in der Nordheide: Nach wie vor mit Schäden rechnen. 12.03.84; MELF: Pressemitteilung Nr. 65 vom 09.05.85; Naturfreunde - Gruppe Nordheide: Wandern unter dem Motto "Besucht die Bäche, solange es die Bäche noch gibt!" (Flugblatt), Mai 1985; Niedersächsischer Landtag - Zehnte Wahlperiode: Drucksache 10/2203 (Kleine Anfrage des Abg. Fruck (Grüne) vom 12.01.84); ders: Drucksache 10/4507 (Entschließungsantrag der Fraktion der Grünen vom 02.07.85); Niedersächsischer Landtag - 10. Wahlperiode - 62. Plenarsitzung am 12.10.1984; Die Tageszeitung: Interview mit Dr. Richard Heck, Geschäftsführer der Hamburger Wasserwerke über die Folgen der Grundwasserförderung in der Nordheide. Auch Einstein hat niemand verstanden. 02.09.85; Der Spiegel: Verpumpt man uns, folgt Heidetod, 40/1985, S. 120 - 122; Winsener Anzeiger/Niedersächsisches Tageblatt: IGN stellt fest: Schädigungen unübersehbar. 21.05.85

[191] Die Zuordnung des UBA zu den Kritikern geschieht aus dem Grund, daß die Umweltbehörde letztendlich auf Anregung der Projekt-Gegner tätig wurde. Ansonsten nimmt die Umweltbehörde angesichts der übergeordneten und außenstehenden Perspektive, aus der sie auf den Nordheide-Konflikt blickte, eine relativ neutrale Position ein.

Bundesinnenministers im Jahre 1982 während einer Wahlkampfreise durch die Nordheide[192].

Ergänzend muß am Ende der Darstellung der Kritikerseite angemerkt werden, daß seither keine Reaktionen mehr von den Initiatoren der Quast-Studie vorliegen.

2.3.3.2 Die Rolle der Sachverständigen

Für die zwischen Kritikern und Entscheidungs- bzw. Projektträgern stehenden Gutachter gilt, daß diese prinzipiell in ihrer Rolle als (im Rahmen der Erfüllung ihrer Aufträge) neutrale Sachverständige verblieben, die im Arbeitskreis über die laufenden Untersuchungen zu berichten und Stellung zu Fragen und Anmerkungen der übrigen Akteure zu beziehen hatten.

2.3.3.3 Die Reaktionen der Entscheidungsträger und in der Verbraucherregion

Auf der Seite der Verantwortlichen lag die größte Entscheidungslast wie bereits in der vergangenen Unterrunde bei den Regierungsvertretern der beiden beteiligten Länder[193]. Dem lag wie zuvor zum einen die gestiegene Relevanz politischer Entscheidungen zugrunde. Zum anderen führte die fortbestehende Kritik der Projektgegner an dem Handeln der Bewilligungsbehörde dazu, daß die Landesregierung als die übergeordnete bzw. weisungsbefugte Instanz in die Verantwortung gezogen wurde.

Die Genehmigungsbehörde selbst traf Entscheidungen wie die Beauftragung eines Planungsbüros, Überlegungen zu Stützungsmaßnahmen in den kritischen Bereichen anzustellen, und die Bestimmung der Untersuchungsmethode bei der Beweissicherung an Gebäuden. Dabei handelte es sich um Entscheidungen, die auf der Grundlage der erteilten Bewilligung gefällt werden konnten. Bezogen auf die Beweissicherung übte die Behörde durch ihren Anspruch, in eigener Verantwortung oder Zuständigkeit die Untersuchungsmethode festzulegen,

---

[192]Vgl. Bezirksregierung Lüneburg: Gesprächsprotokoll. Lüneburg, Februar 1989

[193]Vgl. MELF: Pressemitteilung Nr. 65 vom 09.05.85; Niedersächsischer Landtag - 10. Wahlperiode - 62. Plenarsitzung am 12.10.84

insofern Einfluß auf die Auseinandersetzung aus, als sie dadurch eine zusätzliche Kontroverse über die Eignung der gewählten Methode entflammte.

Die Regierungsvertreter entsprachen der auf ihnen ruhenden Entscheidungslast, als sie im März 1986 die Vereinbarung über eine Reduzierung der Fördermenge trafen. Bis es zu dieser Entscheidung kam, reagierten sie (auf seiten Hamburgs den vorliegenden Unterlagen zufolge nicht mehr der Erste Bürgermeister, sondern der zuständige Fachsenator) vornehmlich mit Stellungnahmen zu Kritikpunkten und Forderungen, die die Gegenseite vorbrachte. Dabei bezog sich die Kritik wie gesagt insbesondere auf das Handeln der Bewilligungsbehörde[194]. Die Kritik war - zumindest in einem Fall - auch an das niedersächsische Innenministerium als Aufsichtsinstanz über die Bezirksregierungen des Landes gerichtet. Das niedersächsische Innenministerium fand sich allerdings offensichtlich nicht zuständig, Stellungnahmen zu Beschwerden über die Bezirksregierung abzugeben, da eine solche Beschwerde von dem Innenressort an den Fachminister weitergeleitet wurde.

Die Forderungen (politische Vereinbarung auf eine Fördermengenbegrenzung), die mittelbar über die Information der Öffentlichkeit oder unmittelbar an die Regierungsverantwortlichen beider Länder als die zuständigen Entscheidungsträger gerichtet waren, führten dazu, daß die Angesprochenen einen Großteil ihrer Argumentation darauf verwendeten, ihren vorläufigen Aufschub der geforderten Aktivitäten zu begründen und zu rechtfertigen[195].

Zur Rolle des Fachsenators und gleichzeitigem Aufsichtsratsvorsitzenden der HWW ist noch hinzuzufügen, daß dieser von der Gegenseite eher als Politiker denn als Aufsichtsratsvorsitzender der Wasserwerke angesprochen wurde und dementsprechend auch reagierte.

Was den Hamburger Senat insgesamt betraf, so hatte dieser wie bereits in der Unterrunde zuvor Bürgerschaftsanfragen zum Heidewasserthema zu beantwor-

---

[194]Vgl. IGN: Pressemitteilung vom 23./24.6.85

[195]Vgl. MELF: Pressemitteilung Nr. 65 vom 09.05.85; Niedersächsischer Landtag - 10.Wahlperiode - 62. Plenarsitzung am 12.10.84

ten - konkret wiederum eine Anfrage eines GAL-Abgeordneten[196]. Aus der Antwort des Senats geht hervor, daß sich die Hamburger Regierung weiterhin ihrer Verantwortung für eine gesicherte Wasserversorgung der Hansestadt stellte, indem sie angesichts der problematischen Situation in der Heide dezentrale Alternativen vorantrieb. (Konkret ging es um die Einschränkung der Nutzung hochwertigen Grundwassers für relativ qualitätsungebundene industrielle Zwecke.) Erste Einsparerfolge im Bereich der industriellen Eigenförderung - offenbar mit dem Ziel, dieses Wasser für die öffentliche Trinkwasserversorgung nutzbar zu machen - waren bereits erzielt worden.[197] Über dieses Einzelbeispiel hinausgehend war im Sinne dezentraler, ursachenbezogener Lösungen in Hamburg ein "Programm zur Sanierung von Oberflächengewässern, Boden und zur umweltgerechten Umrüstung der Industrie" erarbeitet worden[198].

Auch die Hamburger Wasserwerke waren weiterhin und verstärkt bemüht, ihren Versorgungsaufgaben durch die Realisierung von Alternativen gerecht zu werden, mit denen sie in der Verbraucherregion selbst ansetzten[199]. Zudem trat die HWW in der betrachteten Unterrunde nicht mehr ausschließlich als "Versorgerin" in Erscheinung. Ihr Aufgabenspektrum hatte sich um den Trinkwasserschutz sowie um die Wahrnehmung naturschützerischer Aufgaben erweitert[200]. Endgültig manifestiert wurde die veränderte Aufgabenstruktur der Wasserwerke durch die Neuformulierung des Unternehmensauftrages und die Herausgabe des Handlungskonzeptes. Die Wahrnehmung von Aufgaben des Naturschutzes betraf die Bereitschaft der Wasserwerke, über die wasserbaulichen Maßnahmen in den von der Grundwasserentnahme vermutlich betroffenen Bereichen hinaus bereits vorhandene Eingriffe Dritter in den Wasser- und Natur-

---

[196]Vgl. Bürgerschaft der Freien und Hansestadt Hamburg - 11. Wahlperiode: Drucksache 11/4802 (Antrag der Abg. Edler, Herrmann, Hoeltje, Pein, Schmidt, Stuckert (GAL) und Fraktion vom 20.08.85)

[197]Vgl. Bürgerschaft der Freien und Hansestadt Hamburg - 11. Wahlperiode: (Antwort des Senats auf die Schriftliche Kleine Anfrage des Abg. Spilker), 27.08.85

[198]Vgl. Vorstand der SPD-Fraktion der Hamburger Bürgerschaft: Kurzinformationen der SPD Bürgerschaftsfraktion, September 1985

[199]Vgl. HWW: Pressemitteilung vom 28.06.85

[200]Vgl HWW: ebd.; MELF: Pressemitteilung Nr. 125 vom 13.09.85

haushalt rückgängig zu machen[201]. (Erste, damit gemeinte Projekte in der Heide, z.B. die Aufhebung von Drainagen, sind inzwischen realisiert worden[202].)

Erwähnenswert ist die Vereinbarung zwischen Hamburg und Niedersachsen auf eine kooperative Durchführung dieser Projekte[203].

Beeinflußt worden war die veränderte Aufgabenstruktur der HWW sicherlich erstens durch die Tatsache, daß der Großpumpversuch die Möglichkeit tatsächlich eintretender Schäden an der Natur bekräftigt hatte, und zweitens durch den kontinuierlichen öffentlichen und politischen Druck (gestärkt durch das Ministerversprechen von 1980): Beide Einflußfaktoren zusammen mußten bei der HWW die Befürchtung oder die Erwartung hervorrufen, im Falle tatsächlicher Schäden die Sicherstellung der Wasserversorgung nur eingeschränkt aus dem Wasserwerk Nordheide vornehmen zu können.

Insofern ist der Wandel bei den Wasserwerken letztendlich auf die Erfüllung des (immer noch) primären[204] Versorgungsauftrages zurückzuführen. Es hatte sich jedoch offensichtlich die Einsicht durchgesetzt, daß dieser Auftrag nicht mehr so eingleisig wie in der Vergangenheit durchgeführt werden kann.

Die HWW war zu einem geeigneten Angriffsobjekt für die Gegenseite geworden, nachdem sie im Laufe der Durchführungsphase als Verursacher sichtbarer Schäden - ob berechtigt oder unberechtigt - öffentlich wirksam angeklagt werden konnte. So verwandten die Wasserwerke weiterhin einen beachtlichen Anteil ihrer Aktivitäten damit, ihr Handeln gegenüber der Kritik der Gegenseite zu rechtfertigen[205].

---

[201] Vgl. HWW: Pressemitteilung vom 28.06.85

[202] Vgl. HWW (Hg.): WasserMagazin. Kundeninformation der Hamburger Wasserwerke GmbH. November 1987, S. 16

[203] Vgl. MELF: Pressemitteilung Nr. 125 vom 13.09.85

[204] Vgl. auch HWW: Gesprächsprotokoll. Hamburg, Januar 1989

[205] Vgl. HWW: Pressemitteilung vom 28.06.85; HWW (Hg.): WasserMagazin. Kundeninformation der Hamburger Wasserwerke GmbH. November 1985; Winsener Anzeiger: Leserbriefe. Zur "Schadensvorbeugung" bisher bereits zehn Millionen, 12.12.85; IGN: Informationen zur Presse- und Anzeigenkampagne der Hamburger Wasserwerke (HWW) im Nov. 1985. (Ohne Adressat), 20.11.85

Die den Forderungen der Projektkritiker entgegenkommenden Entscheidungen von Senat und HWW erhielten verstärkten Nachdruck durch entsprechende Tendenzen in der Bürgerschaft, die die Heidewasserproblematik anscheinend immer intensiver diskutierte[206]. Beispielsweise vertrat die Hamburger Bürgerschaft in einer aktuellen Stunde folgende Position zur Grundwasserentnahme in der Nordheide: "Die Trinkwasserförderung in der Heide kann nicht für alle Ewigkeit akzeptiert werden. Schädigungen dieser weitgehend intakten Naturlandschaft durch die Wasserförderung sind nicht völlig auszuschließen."[207]

Gleichwohl war die Bürgerschaft der Ansicht, daß es mittelfristig keine Alternative zur Grundwasserförderung in der Nordheide gibt. Jedoch müßten jetzt schon Maßnahmen ergriffen werden, die den Umfang der Förderung auf das unbedingt notwendige Maß reduzieren, um die Beanspruchung der Heide zu vermindern. Als solche Maßnahmen wurden die Einschränkungen der privaten Grundwasserförderung, sofern für die Verwendungszwecke Trinkwasserqualität nicht unbedingt erforderlich sei, sowie der sparsame Umgang mit dem Trinkwasser in den privaten Haushalten genannt.

Langfristig zog die Bürgerschaft einen Verzicht auf das Heidewasser in Betracht. Dazu müßte die Boden- und Grundwasserqualität in Hamburg so verbessert werden, daß der Hamburger Trinkwasserbedarf auf eigenem Staatsgebiet gedeckt werden kann. Als dafür geeignete Maßnahme stellte die Bürgerschaft das Programm zur Sanierung von Oberflächengewässern, Boden und zur umweltgerechten Umrüstung der Industrie dar.

Inwieweit die Hamburger Bevölkerung inzwischen Problembewußtsein und Verständnis für die Heidewasserproblematik entwickelt hatte, geht aus den vorliegenden Unterlagen nicht hervor. In jedem Fall begünstigten die Sparerfolge, die zumindest auf einen bewußteren Umgang der Hamburger mit Trinkwasser schließen ließen, die Einwilligung der Hansestadt in die Vereinbarung einer Fördermengenbegrenzung.

---

[206]Vgl. Bürgerschaft der Freien und Hansestadt Hamburg - 11. Wahlperiode: Drucksache 11/2247 (Schriftliche Kleine Anfrage des Abg. Dr. Salchow (CDU) vom 03.04.84); ders.: Drucksache 11/4802 (Antrag der Abg. Edler, Herrmann, Hoeltje, Pein, Schmidt, Stuckert (GAL) und Fraktion vom 20.08.85)

[207]Vorstand der SPD-Fraktion der Hamburger Bürgerschaft: Kurzinformationen der SPD Bürgerschaftsfraktion, September 1985

2.3.4 Rahmenbedingungen des Verfahrens

2.3.4.1 Die Handlungsbedingungen

Kreis der Beteiligten

Der Kreis der Beteiligten entsprach im großen und ganzen dem der vorherigen Unterrunde.

Zusammenfassend kann die Entwicklung des Beteiligtenkreises über den gesamten Prozeß analog zur Rundeneinteilung in drei Stufen gegliedert werden:

1) Die Vorrunde wurde im wesentlichen von der HWW, der oberen Wasserbehörde als zuständiger Instanz für wasserwirtschaftliche Projekte in der Nordheide - einschließlich ihrer technischen Fachbehörde -, der übergeordneten und planenden Zentralinstanz der Niedersächsischen Wasserwirtschaftsverwaltung sowie von der betroffenen Gebietskörperschaft, dem Landkreis Harburg, getragen.

2) Während des wasserrechtlichen Bewilligungsverfahrens erweiterte sich der Kreis der Beteiligten um die obere Naturschutzbehörde als innerbehördlich betroffenes Fachdezernat und um Betroffene (im hier definierten Sinne), die als Einwender formal beteiligt waren.

3) In der Konfliktrunde wurde der Kreis der Beteiligten nochmals erweitert; und zwar um die informelle Beteiligung der IGN als Vertreterin der Betroffenen in der Lieferregion, um die Beteiligung von politischen Vertretern oder Vertretungen, deren Aktivitäten integraler Bestandteil des Verfahrens wurden, um die Beteiligung der Regierungsvertreter, die wesentlich stärker in den Prozeß einbezogen wurden, und um die Beteiligung der Gutachter.

Einbeziehung der Öffentlichkeit und Transparenz des Verfahrens

Dem tendenziellen Zuwachs - der gleichwohl den Kritikern immer noch nicht ausreichte - an Transparenz und Öffentlichkeitsbeteiligung, entsprach in dieser letzten Unterrunde die selbstverständliche Beteiligung der Betroffenen an den Stützungsmaßnahmen. (Zuvor hatte z.B. die Diskussion des Großpumpversuchs im Arbeitskreis zu mehr Transparenz und Öffentlichkeitsbeteiligung beigetragen.)

Für die Beteiligung einer breiten Öffentlichkeit galt, daß dadurch, daß die Kontroversen in Sachen Informationspolitik zum Teil öffentlich ausgetragen wurden, die Öffentlichkeit aus "erster Hand" Kenntnisse über das Für und Wider der jeweiligen Argumentation gewinnen konnte.

Bezogen auf den gesamten Prozeßverlauf zeigte sich, wie oben bereits angedeutet, ein kontinuierlicher Anstieg der Transparenz und der Einbeziehung der Öffentlichkeit:

Während die Öffentlichkeit von den Geschehnissen in der Vorrunde nicht einmal informiert wurde, mußten gemäß den rechtlichen Vorgaben im Bewilligungsverfahren die Antragstellung der HWW öffentlich bekanntgemacht, die Antragsunterlagen öffentlich ausgelegt und den Einwendern die Ablehnung von Einwendungen und die Entscheidung begründet werden.

In der Runde der Auseinandersetzung kam es darüber hinaus, vor allem durch die IGN, aber zunehmend auch durch die Verantwortlichen zu einer umfangreichen Information der Öffentlichkeit über die laufende Auseinandersetzung (selbstverständlich aus der jeweiligen Sicht der unterschiedlichen Akteure). Außerdem wurde durch die Einrichtung des Arbeitskreises der Austausch von Positionen und Argumenten zwischen Verantwortlichen und Betroffenen zu einem etablierten Verfahrensbestandteil.

Innerbehördliche Kontroversen und Abstimmungsprozesse blieben allerdings nach wie vor verdeckt.

Ressourcen (Zeit, Geld, Personal, Sachkenntnis) der jeweiligen Akteure

Zwei Punkte sind hinsichtlich der Ressourcenverfügbarkeit anzuführen, die die insgesamt unverändert unausgewogene Ressourcenverteilung verdeutlichen:

Als erstes ist die von der IGN beanstandete finanzielle Benachteiligung gegenüber den Wasserwerken bei der Öffentlichkeitsarbeit zu nennen. Ohne die tatsächlichen finanziellen Möglichkeiten vergleichen zu können, bestand faktisch eine Benachteiligung der IGN, da sie keinen festen Etat hatte, sondern auf die freiwilligen Spenden und Mitgliedsbeiträge angewiesen war.

Als zweites verwies der Bedarf an personeller Ausstattung mit Sachverständigen auf eine - ebenfalls von der gegebenen finanziellen Situation beeinflusste - potentielle Benachteiligung der Interessengemeinschaft: Zum Zwecke der Beobachtung von Veränderungen im Entnahmegebiet bediente sich die IGN der Beratung zweier Biologen[208]. Auch hierbei war es nicht zwangsläufig gewährleistet, daß die IGN sich solche Sachverständigen, anders als Behörden und Wasserwerke, "leisten" konnte.

Kompetenzen der jeweiligen Akteure

Ebenso wie die Ressourcen verteilten sich die jeweiligen Kompetenzen ungleich auf die beteiligten Akteure. Konfliktrelevant wurde diese Diskrepanz insbesondere bei der Beweissicherung an Gebäuden. Aufgrund dessen, daß es der Bezirksregierung oblag, allein über die anzuwendende Untersuchungsmethodik zu entscheiden, kam es zu einer erheblichen Konfliktverschärfung.

Der **Zeitpunkt der Beteiligung** spielte in der betrachteten Unterrunde keine Rolle, da der Kreis der Beteiligten unverändert blieb.

Information über prozeßrelevante **externe Ereignisse und Entwicklungen** im betreffenden Zeitabschnitt liegen nicht vor.

2.3.4.2 Die Handlungsformen

Kommunikationsformen

Eine wesentliche Änderung bzw. Erweiterung der Kommunikationsform ergab sich durch die seit 1987 zwischen HWW und IGN auf Vorstandsebene stattfindenden Gespräche.

Damit hatte sich also zusätzlich zum Arbeitskreis Wasserwerk Nordheide ein weiteres Kommunikationselement - freilich mit weniger formellem Charakter als der Arbeitskreis - etabliert. Aufgrund der Eigenschaft dieser neuen Kommunikationsform, relativ flexibel auf aktuelle Fragen reagieren zu können

---

[208]Vgl. IGN (Hg.): Grundwasserentnahme in der Nordheide. 5. Auflage. (Broschüre) 1985

(wegen des relativ geringen Organisationsbedarfs), waren die Gespräche geeignet, einen wesentlichen Mangel des Arbeitskreises abzudecken. Wenngleich einerseits davon ausgegangen werden kann, daß solche Gespräche zu einem Zuwachs an Anerkennung, Respekt und Verständnis unter den Gesprächspartnern führen (was der Prozeßverlauf auch gezeigt hat), so ist andererseits die Gefahr einer teilweisen Alibifunktion angesichts der unausgewogenen Kompetenzen der Akteure nicht ausgeschlossen. Eine ähnliche Befürchtung artikulierte die IGN, da sich durch die Gespräche bisher noch nichts Entscheidendes habe bewirken lassen[209].

Betreffend den Arbeitskreis zeigte sich erneut, wie eine Überbewertung dieses Gremiums einer zufriedenstellenden Entsprechung bestehender Kommunikationsbedürfnisse entgegenwirken konnte. Dies wurde jetzt zwar nicht mehr am Beispiel der HWW sichtbar, jedoch am Beispiel des zuständigen Fachministers: Dieser zog u.a. den Arbeitskreis als Begründung für seine Ablehnung heran, an einer Veranstaltung der IGN teilzunehmen.

Beziehungsprobleme zwischen den Akteuren

Für das Verhältnis zwischen Bewilligungsbehörde und IGN gilt, daß sich diese Beziehung im Laufe der Auseinandersetzung kaum verbessert hatte. Im nachhinein ist die Interessengemeinschaft der Ansicht, daß es zwar eine gewisse Entspannung im Verhältnis zur Bezirksregierung gegeben habe, die anfängliche Erwartung, die Behörde würde als Sachwalterin der IGN-Anliegen fungieren, jedoch nicht erfüllt wurde. Bis heute sei eine "gewisse kritische Distanz"[210] zur Bewilligungsbehörde verblieben.

Auch wurden weiterhin Zweifel an der Bestrebung der Bezirksregierung artikuliert, in erster Linie eine inhaltliche Problemlösung herbeiführen zu wollen. Vielmehr wurden dem Handeln der Behördenmitglieder weiterhin persönliche Motive unterstellt, die einer solchen Lösung entgegenstünden. Konkret artikulierte die IGN die Auffassung, die Bezirksregierung sei nicht ernsthaft an der Verhinderung von Schäden interessiert, ihr ginge es statt dessen darum, die erteilte Bewilligung zu sanktionieren.

---

[209]Vgl. IGN: Gesprächsprotokoll. Hanstedt, Januar 1989

[210]IGN: Gesprächsprotokoll. Hanstedt, Januar 1989, S. 10

Wesentliche Gegenstände der Beziehungsprobleme waren die Informationspolitik und die Beweissicherung an Gebäuden.

Bezogen auf die Informationspolitik erwies sich auch die Beziehung der IGN zum Fachminister als problematisch, zumal sich der Minister zunehmend veranlaßt sah - erstmals schon in der vorherigen Unterrunde - in Verteidigung der ihm nachstehenden Behörde der IGN unsachliche Argumentationsweisen vorzuwerfen.

Der aktuelle Konflikt um die Beweissicherung an Gebäuden basiert wieder einmal auf dem Mißtrauen der IGN gegenüber der von der Behörde weitgehend ohne Beteiligung der Bürgerinitiative gewählte Untersuchungsmethode, der die Interessengemeinschaft nicht zustimmen konnte[211].

Die Einwände der IGN weist die Genehmigungsbehörde rückblickend mit dem Vorwurf zurück, die Bürgerinitiative argumentiere nach dem "Palmström-Prinzip"[212]: Aus ihrem Individualinteresse heraus würden die jeweiligen Mitglieder den Standpunkt beziehen, "daß nicht sein kann, was nicht sein darf"[213].

Im Widerspruch zu der hier sichtbar werdenden vorwurfsvollen Einstellung der Bewilligungsbehörde und ebenfalls im Widerspruch zu der negativen Einschätzung, der zwischenparteilichen Beziehung, die die Interessengemeinschaft vornimmt, steht die von der Bezirksregierung geäußerte positive Gesamteinschätzung: Die Diskussion zwischen Behörde und Bürgerinitiative sei im Laufe des Verfahrens immer sachlicher geworden, bis hin zu einer guten Zusammenarbeit[214]. Möglicherweise ist diese Beurteilung in Relation zu den noch "schlechteren" Erfahrungen der Behörde mit anderen Bürgerinitiativen zurückzuführen[215].

Bis zu der am Schluß des Analysezeitraums erfolgten Annäherung zwischen IGN und HWW war auch das Verhältnis zwischen diesen beiden Parteien (auf Seiten Hamburgs einschließlich des zuständigen Fachsenators) noch gespannt.

---

[211] Vgl. IGN: Gesprächsprotokoll. Hanstedt, Januar 1989

[212] Bezirksregierung Lüneburg: Gesprächsprotokoll. Lüneburg, April 1989, S. 15

[213] Bezirksregierung Lüneburg: Gesprächsprotokoll. ebd., S. 15

[214] Vgl. Ders.: Gesprächsprotokoll. Lüneburg, Februar 1989, S. 11

[215] Vgl. Ders.: Gesprächsprotokoll. Lüneburg, Februar 1989 und April 1989

Gekennzeichnet war diese Spannung ebenfalls durch Vorwürfe hinsichtlich der jeweiligen Informationspolitik. Zudem sprach die IGN der HWW anläßlich ihrer Renaturierungsprojekte in der Heide ein glaubhaftes Naturschutzengagement ab[216].

Das fortbestehende Mißtrauen der Kritiker gegenüber den Verantwortlichen kann als Befürchtung ausgelegt werden, die Verantwortlichen seien weniger an einer kooperativen, inhaltlichen Problemlösung orientiert, als an einer persönlichen, sektoralen Interessenrealisierung. Verstärkt wurde dieses von Anbeginn bestehende Mißtrauen nach wie vor hauptsächlich durch die ungleiche Macht- bzw. Kompetenzverteilung: Zum einen kann die unausgewogene Kompetenzverteilung für das kontinuierliche Mißtrauen verantwortlich gemacht werden; zum anderen für das Ausmaß, in dem die Auseinandersetzung mit teilweise unsachlichen Argumenten öffentlich ausgetragen wurde, denn der Zwang zur öffentlichen Austragung ist sicher auf das fehlende Durchsetzungsvermögen der Bürgerinitiative gegenüber den Verantwortlichen zurückzuführen.

---

[216] Vgl. IGN: Pressemitteilung vom 17.06.85.

IV. Beurteilung des Entscheidungsverfahrens

Im folgenden werden entsprechend den in Kapitel II.1 formulierten Arbeitszielen die Schwachstellen des Verfahrens zusammenfassend dargelegt, die für die langwierige, in weiten Teilen unproduktive Auseinandersetzung verantwortlich gemacht werden können. Diese Darstellung dient als Grundlage zur Beantwortung der Frage, inwieweit die Ausgangsthesen der Fallanalyse belegt werden können. Zusammengefaßt enthalten die in Kapitel II.1 dargelegten Thesen folgende Annahmen:

- Eine unzureichende Interessenberücksichtigung bei der Entscheidungsfindung wirkt ursachenbezogenen Lösungsansätzen entgegen und verhindert, daß Verfahren und Ergebnis von Bürgern und Betroffenen (langfristig) akzeptiert werden können.

- Die mangelnde Zustimmungsfähigkeit ruft Widerstand hervor - beides ein Resultat gesellschaftspolitischer Veränderungen -, der zu unproduktiven Auseinandersetzungen führt, wenn auch das weitere Verfahren keine ausreichende Interessenberücksichtigung gewährleistet und somit eine Problemlösung behindert.

- Ohne eine umfassende ausgewogene Berücksichtung aller Interessen bei der Entscheidungsfindung wird es nicht gelingen, der Vielschichtigkeit der Konfliktsituation, in die die Wasserversorgung heute eingebunden ist, im Entscheidungsprozeß gerecht zu werden. Die inhaltliche Komplexität (Neben-, Folge- und Rückwirkungen) wie auch die verfahrensbezogene Komplexität (vielschichtige Betroffenheit als Folge vielschichtiger Wechselwirkungen) erfordern mehr als zuvor die Beteiligung von Bürgern und Betroffenen, um die Erfassung der Auswirkungen eines Entscheidungsgegenstandes hinsichtlich ihrer jeweiligen Bedeutung für die Beteiligten konkretisieren und bewerten zu können.

1. Die Phase der Konfliktverlagerung

Als erstes werden hier die Schwachstellen des Verfahrens (anhand der Rahmenbedingungen des Verfahrens[1]) dargelegt, die zu Beginn der Auseinandersetzung (bis zum Erteilen der rechtlichen Genehmigungen) zur räumlichen und zeitlichen Konfliktverlagerung geführt haben. Es wird dargelegt, inwieweit die Rahmenbedingungen für die Diskrepanz zwischen erfolgter Interessenberücksichtigung und später erkannter Betroffenheit verantwortlich waren.

1.1 Ausgangssituation

Mitte der sechziger Jahre, als die HWW überlegte, die Wasserversorgung Hamburgs aus dem Umland sicherzustellen, und auch noch Anfang der siebziger Jahre, als der Regierungspräsident in Lüneburg das Bewilligungsverfahren durchführte, hatten ökologische Belange nicht den heutigen gesellschaftspolitischen Stellenwert. Davon waren im konkreten Fall die Feuchtgebiete betroffen, da ihrer Erhaltung noch nicht der gegenwärtig allgemein anerkannte Wert beigemessen wurde.

Mit der noch geringeren Bedeutung ökologischer Belange ging einher, daß eine vernetzte Sichtweise, im Sinne der vorausschauenden Ermittlung aller denkbaren Neben- und Folgewirkungen einer umweltrelevanten Maßnahme, noch keine Rolle spielte. Erst die wachsende, teilweise überraschend sichtbar werdende Umweltproblematik verbunden mit einem wachsenden Umweltbewußtsein hat zu der Erkenntnis und Einsicht geführt, daß Umweltvorsorge betrieben werden muß und daß zu diesem Zweck die Auswirkungen eines ökologisch bedenklichen Vorhabens möglichst umfassend untersucht werden müssen.

Dementsprechend stellten beispielsweise die zuständigen niedersächsischen Stellen die Ausweichstrategie der HWW nicht in Frage, erhob der VNP keine Einwendungen im wasserrechtlichen Verfahren (sein Vorsitzender begrüßte sogar eine etwaige Austrocknung von Feuchtgebieten), äußerten die beteiligten

---

[1] Als Rahmenbedingungen, die für die Art und den Umfang der entscheidungsrelevanten Informationen - sowohl hinsichtlich des Umfanges der Auswirkungen als auch hinsichtlich langfristig betroffener Belange - maßgeblich sind, kommen der Kreis der Beteiligten, die Information der Öffentlichkeit und die Transparenz des Verfahrens, die Ressourcen- und Kompetenzverteilung und der Zeitpunkt der Beteiligung in Betracht.

Bürger und Betroffenen fast ausschließlich auf persönliche Rechte bezogene Einwendungen und keine nennenswerten Einwendungen aus ökologischer Sicht.

Mit dem fehlenden Umwelt- und Naturschutzbewußtsein kann sicherlich auch die damalige Bedeutungslosigkeit spezieller regionalpolitischer Belange erklärt werden. Der Umstand einer ressourcenbezogenen "Ausbeutung" war insgesamt noch gar nicht erkannt. Weder die Behördenvertreter (nicht nur die der niedersächsischen Wasserwirtschaftsverwaltung, sondern auch die der fachübergreifenden Raumordnung - s. Kap. V.) noch der VNP als Naturschutzverband und die beteiligten Bürger thematisierten diese regionale Unausgeglichenheit. Der Landvolkverband artikulierte zwar zunächst nachdrücklich naturschützerische Bedenken, letztendlich erwiesen sich aber individuelle wirtschaftliche Interessen als die dominanten.

Dem fehlenden Problembewußtsein entsprach das Fehlen gesetzlicher Vorschriften zur Regelung einer umfassenden vorausschauenden Ermittlung der Neben- und Folgewirkungen von Wasserversorgungsprojekten. Die Bestimmungen des Wasserrechts machten deutlich, daß unerwartete, noch nicht abschätzbare (unbestimmte) Auswirkungen zwar nicht gänzlich ausgeschlossen, jedoch prinzipiell als nachträglich kompensierbar angesehen wurden.

1.2 Rahmenbedingungen und Konfliktverlagerung

1.2.1 Die fehlende Beteiligung umwelt- und regionalpolitischer Interessen

Die Vorverhandlungen und Vorgespräche verliefen nach traditionellem Muster: Der Kreis der Beteiligten war auf die Betroffenen im engeren Sinne beschränkt, also auf die HWW als späterer Antragstellerin, die zuständigen wasserwirtschaftlichen Fachdienststellen (WWA Lüneburg, obere Wasserbehörde Lüneburg), die übergeordneten politischen Entscheidungsträger auf Länderebene sowie den Landkreis Harburg als betroffener Gebietskörperschaft. Eine Information der Öffentlichkeit und der politischen Gremien über diese Vorplanungen erfolgte lediglich über einzelne oberflächliche und unkritische Presseberichte. Inhaltlich beschränkten sich die Vorplanungen - in Übereinstimmung mit der stark eindimensionalen Orientierung des Beteiligtenkreises - weitestgehend auf wasserwirtschaftliche Fragestellungen.

Angesichts des fehlenden Umwelt- und "Regional"bewußtseins stand die inhaltliche Einengung nicht im Widerspruch zu allgemeinen gesellschaftspolitischen Anforderungen. Auch den Beschränkungen bei der Wahl der Beteiligten standen offenbar noch keine anderslautenden Ansprüche entgegen. Letzteres kann daraus geschlossen werden, daß im anschließenden Bewilligungsverfahren, als sich die Betroffenen vor Ort und behördliche und außerbehördliche Naturschutzvertreter (die obere Naturschutzbehörde und der VNP) am Verfahren beteiligten, keine Anzeichen dafür gegeben wurden, daß sich die neu hinzugekommenen Akteure durch die bereits getroffenen Vorentscheidungen "überrollt" fühlten.

Das Bewilligungsverfahren verlief gemäß den geltenden wasserrechtlichen Vorgaben korrekt ab.

Der Kreis der Beteiligten war um die oben genannten Akteure erweitert. Die Beteiligungsmöglichkeiten vor Ort Betroffener waren angesichts des fehlenden Umweltbewußtseins im allgemeinen noch angemessen: Gemeint ist, daß die Bevorzugung derjenigen, die in ihren persönlichen Rechten betroffen waren, noch weitgehend berechtigt war. Nur sie wurden schriftlich über die Einleitung des Verfahrens und ihre Beteiligungsmöglichkeiten unterrichtet, nur sie konnten Klage erheben für den Fall, daß eine von Ihnen getätigte Einwendung ihrer Ansicht nach nicht zugenüge im Ergebnis berücksichtigt wurde. Demgegenüber wurden alle übrigen Interessierten (also auch etwaige Umwelt- und Naturschützer) nur durch die "Ortsübliche Bekanntmachung" informiert, die i.d.R. nicht Aufmerksamkeit weckte, sondern Aufmerksamkeit verlangte, um wahrgenommen zu werden und um dann ggf. Einwendungen erheben zu können. Ihnen hätten die Einwendungen allerdings keine Klagemöglichkeit eröffnet. Über die formalen Anforderungen an das Verfahren und einige Presseberichte in Reaktion auf erhobene Einwendungen hinaus artikulierte die Bezirksregierung in einer Pressemitteilung ausdrücklich ihre "Sorge" - wenn auch vorrangig aus wasserwirtschaftlicher Sicht - über die mit der beantragten Wasserentnahme verbundenen Grundwasserabsenkungen. Dies war ein öffentlicher Hinweis, der im Falle eines in breiten Bevölkerungskreisen vorhandenen Umweltbewußtseins zur Äußerung naturschützerischer Bedenken hätte führen müssen - was aber nicht geschah. Dennoch hätte eine noch offensivere Information der Öffentlichkeit möglicherweise zu einer frühzeitigeren Erarbeitung der Quast-Studie geführt, denn einer der Initiatoren dieser Studie, Buchwald, wurde erst nach erteilter Bewilligung auf die ökologische Problematik der Wasserentnahme aufmerksam. Zu dem gleichen Ergebnis (weitergehende ökologische Untersuchungen) hätte möglicherweise eine bessere Ausstattung der Naturschutzbehörde geführt.

Die vorangegangenen Ausführungen haben deutlich gemacht, daß umwelt- und regionalpolitische Belange in dieser Phase zwar gegenüber anderen Interessen aus der Perspektive heute geltender politischer Zielsetzungen benachteiligt waren - insbesondere was den Zeitpunkt und die Kompetenzen ihrer Beteiligung betrifft -, daß diese "Benachteiligung" jedoch der damaligen gesellschaftspolitischen Realität entsprach. Demzufolge hätten zwar veränderte Rahmenbedingungen, nämlich eine offensivere Öffentlichkeitsarbeit und eine bessere Ausstattung der oberen Naturschutzbehörde, möglicherweise zu weiteren Informationen über den Umfang der Auswirkungen der geplanten Wasserentnahme geführt. Dies hätte jedoch im Ergebnis die Konfliktverlagerung - weil als solche auch von Bürgern und Betroffenen nicht wahrgenommen - wahrscheinlich nicht verhindert.

1.2.2 Vernachlässigung wasserwirtschaftlicher Interessen

Der Zusammenhang zwischen Rahmenbedingungen und Konfliktverlagerung kann im konkreten Fall nicht auf die Beteiligung umwelt- und regionalpolitischer Interessen beschränkt werden, sondern muß aus folgendem Grund auf die Beteiligung wasserwirtschaftlicher Interessen ausgedehnt werden:

Aufgrund der vielfältigen Wechselwirkungen innerhalb des Naturhaushaltes, genauer gesagt aufgrund der Wechselbeziehungen zwischen Wasserhaushalt und Vegetation, hatte die Berücksichtigung wasserwirtschaftlicher Interessen mittelbar Einfluß auf die langfristige Berücksichtigung umwelt- und regionalpolitischer Belange. Daher war es entscheidungserheblich, daß sich bei der Beteiligung wasserwirtschaftlicher Interessen weitere Schwachstellen der Rahmenbedingungen zeigten.

Die Beteiligung wasserwirtschaftlicher Interessen war gekennzeichnet durch eine unzureichende Ressourcenausstattung der Lüneburger Wasserwirtschaftsverwaltung (s. Pkt. III.1). Ihre nicht aufgabenadäquate finanzielle Ausstattung hinderte die zuständigen Wasserfachleute daran, ihr Interesse an einer vorbildlichen wasserwirtschaftlichen Rahmenplanung zu realisieren, die dem übergeordneten Ziel hätte dienen können, die Wasservorkommen sinnvoll zu bewirtschaften. Aufgrund der Unzufriedenheit mit ihren finanziellen Handlungsmöglichkeiten befürworteten die Lüneburger Wasserfachleute das Hamburger Projekt, denn durch dieses Projekt wurden die für eine Rahmenplanung erforderlichen Untersuchungen (Grundwassererkundungen) ermöglicht.

Die Tatsache, daß die Mitglieder der Wasserwirtschaftsverwaltung das HWW-Projekt nur wegen der Grundwassererkundung unterstützten, nicht aber wegen des technisch und ökonomisch begründeten Versorgungsinteresses der HWW, wurde nicht zum Gegenstand des Entscheidungsprozesses gemacht. Das Bestreben der Wasserfachleute, durch die Unterstützung eines durchsetzungsfähigeren Interesses zumindest einen Grundstein zur Realisierung des eigenen Interesses zu legen, führte zur Vernachlässigung der Frage, ob das HWW-Vorhaben auch mit ihrer übergeordneten Zielsetzung vereinbar ist. Dadurch, daß das eigentliche Interesse der Wasserwirtschaftsverwaltung, eine sinnvolle Bewirtschaftung des Wassers zu realisieren, nicht klar herausgestellt wurde, blieb der andernfalls auf der Hand liegende Gedanke unberücksichtigt, daß die Wasserversorgung Hamburgs aus der Heide u.U. nicht die wasserwirtschaftlich beste Alternative ist. Die unzureichende Ressourcenverfügbarkeit hat also einerseits (mit)verhindert, Überlegungen zu alternativen Versorgungsmöglichkeiten anzustellen und anderseits dadurch die Ausweichstrategie der HWW begünstigt und zur Konfliktverlagerung beigetragen.

Dennoch wäre es falsch, die Mängel bei der Ressourcenverteilung als unmittelbare und wesentliche Ursache der Konfliktverlagerung heranzuziehen, da die Verknüpfung wasserwirtschaftlicher Interessen mit umwelt- und regionalpolitischen nicht bewußt wahrgenommen wurde. Ursache der Konfliktverlagerung war vor allem das noch fehlende Umweltbewußtsein. Das Verfahren hatte zumindest zu diesem Zeitpunkt keinen entscheidenden Einfluß auf die später entfachte Auseinandersetzung.

Gleichwohl liefert die unzureichende Ressourcenverfügbarkeit der Behördendienststellen einen wesentlichen Hinweis für zukünftige Entscheidungsverfahren: Es ist deutlich geworden, welchen Einfluß die Ressourcenverteilung auf die Durchsetzungsfähigkeit und Realisierung bestimmter Interessen hat. Die unzureichende finanzielle Ausstattung der Lüneburger Wasserwirtschaftsverwaltung zeigt eine Schwachstelle des Entscheidungsverfahrens insofern, als diese Rahmenbedingung dazu geführt hat, daß übergeordnete wasserpolitische Zielsetzungen (wasserwirtschaftliche Rahmenplanung zur Realisierung einer sinnvollen Bewirtschaftung der Wasservorkommen) zugunsten kurzfristiger und vorgelagerter Interessen (Grundwassererkundung) zurückgestellt wurden.

2. Die Konfliktphase

Im folgenden wird dargelegt, inwieweit das Verfahren nach Veröffentlichung der Quast-Studie eine zufriedenstellende Berücksichtigung der Interessen vor Ort Betroffener sowie der übergeordneten umwelt- und regionalpolitischen Zielsetzungen verhindert hat.

2.1 Ausgangssituation

Seit der erteilten Bewilligung im Jahre 1974 hatten sich wichtige gesellschaftspolitische Veränderungen vollzogen:

- Im Zuge der immer deutlicher werdenden Umweltproblematik und der wachsenden Belastung des Umlandes durch Nutzungsansprüche der Ballungsgebiete (im Bereich der Wasserversorgung z.b. die Belastung des Hessischen Rieds zugunsten des Ballungsraumes Frankfurt) war das Umwelt- und "Regional"bewußtsein gestiegen.
- Mit diesem neuen Problembewußtsein ging einher, daß sich breite Bevölkerungskreise von Umweltbelastungen und regionalen Benachteiligungen in ihren persönlichen Lebensbedingungen betroffen fühlten und aus dieser Betroffenheit heraus Einfluß auf umweltpolitische Entscheidungsprozesse nehmen wollten - etwa analog den etwas früher ausgelösten Reaktionen im stadtplanerischen Bereich, in dem ebenfalls durch staatliche Planung unmittelbar in die Lebensverhältnisse einzelner eingegriffen wurde, ohne daß für die Betroffenen zufriedenstellende Beteiligungsmöglichkeiten vorhanden waren.
- In der Wasserpolitik der Länder bekamen dezentrale, umweltschutzorientierte Alternativen zur großräumigen Arbeitsteilung in der Wasserversorgung immer stärkeres Gewicht.
- Der Naturschutz hatte durch die neue Gesetzgebung einen höheren Stellenwert erlangt.

Vor dem Hintergrund dieser gesellschaftspolitischen Veränderungen erklärt sich die Aufregung, die in erster Linie durch die Veröffentlichung der Quast-Studie ausgelöst wurde; erklärt sich die Kritik, die weite Kreise der Öffentlichkeit und der politischen Gremien an der Nichtbeachtung (nun relevant gewordener) umwelt- und regionalpolitischer Belange bei der Bewilligung der Wasserentnahme übten; erklärt sich der nachdrückliche Protest der Bevölkerung vor Ort, die weder den Ergebnissen des Entscheidungsverfahrens noch dem Verfahren selbst zustimmen konnte.

Für das Entscheidungsverfahren "Wasserentnahme Hamburgs in der Nordheide" waren neue Entscheidungsbedingungen entstanden. Der bisher verlagerte Konflikt zwischen Wasserversorgung des Ballungsraumes einerseits und Umweltschutz und regionalpolitischen Interessen des Umlandes andererseits mußte nun zwangsläufig aufbrechen - umso heftiger, je weniger das Entscheidungsverfahren diesen neuen Bedingungen angepaßt wurde.

Eine allen Interessen gleichermaßen gerecht werdende Problemlösung war von Anfang an dadurch erschwert, daß die Berücksichtigung der nun relevant gewordenen Interessen in dieser Phase des Entscheidungsprozesses von vornherein eingeschränkt war, weil die Bewilligung erteilt worden war und durch den Baubeginn "Sachzwänge" geschaffen worden waren.

2.2 Rahmenbedingungen[1] und Interessenberücksichtigung

2.2.1 Anpassung des Verfahrens an die neuen Entscheidungsbedingungen

Das Verfahren wurde in vier Punkten den neuen Bedingungen angepaßt, die hinsichtlich ihrer Entstehungsgründe, ihrer Problemlösungspotentiale und der verbleibende Defizite dargestellt werden:

1. Die obere Naturschutzbehörde war nun besser ausgestattet als in der vorherigen Phase (s. S. 93).
2. Die Bezirksregierung gewährte der Bürgerinitiative die Einsicht in bestimmte verfahrensrelevante Unterlagen (s. Pkt. III.2.1.4.1).
3. Bei der Bezirksregierung Lüneburg wurde der "Arbeitskreis Wasserwerk Nordheide" eingerichtet: ein neues, unkonventionelles

---

[1] Da es sich in dieser Phase um einen offen ausgetragenen Konflikt handelte, werden nun zusätzlich zu den in 1. betrachteten Rahmenbedingungen die Kommunikationsform und das Verhältnis der Akteure zueinander berücksichtigt.

Verfahrenselement, das als Informations- und Diskussionsgremium diente und der Bürgerinitiative erstmals eine Beteiligung am Verfahren sicherstellte (s. Pkt. III.2.1.1).

4. Zwischen der HWW und der IGN fanden im späteren Verlauf der Auseinandersetzung regelmäßige Gespräche auf Vorstandsebene statt (s. Pkt. III.2.3.1).

2.2.1.1 Bessere Ausstattung der oberen Naturschutzbehörde

In Reaktion auf die erhöhten Anforderungen an die Aufgaben der oberen Naturschutzbehörde, die mit dem (gesetzlich verankerten) gestiegenen Stellenwert des Naturschutzes einhergehen mußten, wurde die Ressourcenverfügbarkeit der Fachbehörde verbessert. Insofern erfolgte eine problemgerechte Angleichung der innerbehördlichen Ressourcenausstattung.

Dadurch wurden zwar die Belange des Naturschutzes generell gestärkt, die speziellen Naturschutzinteressen der Projektgegner jedoch nicht, denn das Naturschutzverständnis der behördlichen Interessenvertreter unterschied sich von dem der außerbehördlichen Naturschützer. Die Naturschutzbehörde schloß sich den mit diesen Sichtweisen nicht zu vereinbarenden Argumenten der Wasserbehörde und des Regierungspräsidenten an (s. Pkt. III.2.1.2.1). Ob diese Haltung der oberen Naturschutzbehörde tatsächlich aus der Übereinstimmung mit den Argumenten der Wasserbehörde resultierte (also aus einem der IGN gegenüber abweichenden Naturschutzverständis) oder aus anderen Gründen, muß offen bleiben. Allerdings kann die Vermutung geäußert werden, daß sich die behördlichen Naturschutzvertreter als Mitglieder der Bewilligungsbehörde an die Bewilligung gebunden sahen. Zudem hätten sie es möglicherweise als persönliches Versagen gewertet, wenn sie bestimmte ökologische Bedenken erst nach erteilter Bewilligung angemeldet hätten.

Im Hinblick auf die Verbesserung der Entscheidungsprozesse ist zu berücksichtigen, daß eine innerbehördliche Anpassung der Ressourcenverteilung an die erhöhten Anforderungen zwar notwendige (wie am Beispiel der Lüneburger Wasserwirtschaftsverwaltung deutlich geworden ist) jedoch keine hinreichende Voraussetzung für eine ausgewogene Interessenberücksichtigung ist; hinreichend deshalb nicht, weil sich die Interessen der Behördenvertreter nicht unbedingt mit denen der außerbehördlichen Interessenvertreter decken.

2.2.1.2 Einsicht in verfahrensrelevante Unterlagen

Die Einsichtnahme der IGN in bestimmte verfahrensrelevante Unterlagen wurde erst als Reaktion auf die beharrlichen Forderungen der IGN gewährt, die mehr Transparenz im Entscheidungsverfahren verlangte und dabei von der Öffentlichkeit und politischen Gremien unterstützt wurde. Die Möglichkeit, Einsicht in die Unterlagen zu nehmen, basierte auf einem freiwilligen Entgegenkommen der Entscheidungsträger, war also zunächst auf den Einzelfall beschränkt und rechtlich nicht abgesichert. Außerdem waren die mit der Einsichtnahme verknüpften Bedingungen nicht zufriedenstellend, da die Mitglieder der Bürgerinitiative die Unterlagen nur bei der Behörde und nur während der Dienststunden einsehen konnten. Allgemein betrachtet ein Umstand, der nicht nur Bürgerinitiativen bei der Vertretung ihrer Interessen benachteiligt, sondern zudem bestimmte, flexible Bevölkerungsschichten unbegründeterweise bevorzugt.

2.2.1.3 Arbeitskreis Wasserwerk Nordheide

Nachdem die Auseinandersetzung fast zwei Jahre durch das Engagement der IGN und die Unterstützung von Öffentlichkeit und politischen Gremien in Gang gehalten werden konnte - unproduktiv, chaotisch und für alle Beteiligten aufwendig, ohne daß sich ein rasches Ende abzeichnete -, mußten die Verantwortlichen einsehen, daß die herkömmlichen Verfahrensweisen nicht geeignet waren, eine Lösung des Konfliktes herbeizuführen. Als Resultat dieser Einsicht wurde ein neues Verfahrenselement eingerichtet, der "Arbeitskreis Wasserwerk Nordheide", das den nachdrücklichen Beteiligungsforderungen der IGN entgegenkam. Der Arbeitskreis sicherte in der konkreten Auseinandersetzung eine kontinuierliche Beteiligung u.a. der IGN und strukturierte die Auseinandersetzung. Außerdem wurden durch das neue Gremium die beauftragten Gutachter in das Verfahren einbezogen. Die Anwesenheit der Gutachter trug zur Versachlichung der Auseinandersetzung und zur Angleichung des Kenntnisstandes der Beteiligten (vor allem zugunsten der IGN) bei. (S. Pkt. III.2.2.4.2)

Der Beitrag, den der Arbeitskreis im Bereich der Ressourcen- und Kompetenzverteilung leistete, reichte jedoch nicht aus, um eine Problemlösungssuche einzuleiten, die an der Diskrepanz zwischen den jeweiligen Problemsichten und Prioritätensetzungen der Akteure ansetzt - denn auf diese Diskrepanz ist der

Konflikt im wesentlichen zurückzuführen. Ferner gelang es nicht, durch den Arbeitskreis das verlorengegangene Vertrauen der Bürger und Betroffenen zu den Entscheidungsträgern wiederherzustellen - was ja Ziel der Bezirksregierung war (s. S. 81):

Dadurch, daß die Bürgerinitiative keinen weitergehenden Einfluß auf die Entscheidungsfindung hatte, als ihre Argumente vorbringen zu können - ohne ausdrücklichen Anspruch auf Berücksichtigung -, hatte die Bezirksregierung nach wie vor ihre fast uneingeschränkte Entscheidungs(findungs)kompetenz, die allenfalls noch der Kontrolle des zuständigen Fachministers unterlag. Diese Kompetenzverteilung erwies sich insofern als problematisch, als die Bezirksregierung an wasserrechtliche Vorgaben gebunden war, die neuen umweltpolitischen Zielsetzungen (etwa dem Vorsorgeprinzip) widersprachen (s. Pkt. III.2.2.2.3). Die Bewilligungsbehörde war also im Rahmen ihrer Zuständigkeiten gar nicht in der Lage, Entscheidungen zu treffen, die den Problemsichten und Prioritätensetzungen der Kritiker entsprochen hätten. Demnach bestand für die Behörde auch kein Anlaß, solche Entscheidungen zu suchen und zu finden. Da die Vertreter der Bewilligungsbehörde auf der Grundlage der wasserrechtlichen Vorgaben ihre eigenen Interessen (Erfüllung der Dienstpflichten, sicher aber auch Vermeidung des Eingeständnisses, eine nicht mehr problemgerechte Entscheidung getroffen zu haben) jedoch realisieren konnten, hielten sie an ihrem Anspruch fest, in alleiniger Zuständigkeit zu bestimmen, auf welchem Wege die Entscheidung gefunden wird und inwieweit die Interessen Dritter in das Verfahren einbezogen werden. Der Kompetenzvorteil der Bezirksregierung führte beispielsweise zur Verzögerung einer Entscheidung dadurch, daß eine neue Untersuchung eingeleitet wurde (Gemeinsamer Bericht), der eine Fragestellung zugrunde gelegt wurde, die (nur!) wasserrechtlichen Vorgaben und Handlungsmöglichkeiten entsprach und deren Ergebnisse somit nicht zur Interessenkoordination beitragen konnten. In alleiniger Zuständigkeit der Bewilligungsbehörde konnte also keine zufriedenstellende Interessenkoordination erreicht werden. Problemverschärfend kam hinzu, daß die Kontrollfunktion des Ministers hier nicht wirksam werden konnte, da er die Problemlösungsmöglichkeiten der Mittelinstanz falsch einschätzte (s. S. 135).

Die Gutachtenfrage deutet darauf hin, daß außer dem Kompetenzvorteil auch ein Ressourcenvorteil bestand, der ebenfalls eine ausgewogene Interessenberücksichtigung behinderte. Die Bürgerinitiative hatte keine entsprechenden finanziellen Möglichkeiten, ein eigenes Gutachten (Gegengutachten) erarbeiten zu lassen, dem die aus ihrer Sicht erforderliche Fragestellung hätte zugrunde gelegt werden können. Dadurch hatte die IGN auch nicht die Möglichkeit, ihre Argumentation durch wissenschaftliche Erkenntnisse zu stützen. Stattdessen mußte sie sich auf die behördlicherseits in Auftrag gegebenen gutachterlichen Ergebnisse berufen, die jedoch z.b. im Fall des Gemeinsamen Berichts für ihre Interessen gar keine Argumentationsbasis lieferten, eben weil die Ergebnisse auf wasserrechtlichen Vorgaben beruhten.

Das verlorengegangene Vertrauen der Bürger und Betroffenen konnte deshalb nicht wieder hergestellt werden, weil die Projektgegner erkannt hatten, daß die Entscheidungsträger sich durch ihren "Kompetenzvorsprung" Vorteile bei der Durchsetzung ihrer Interessen sichern konnten. Dabei bleibt unerheblich ob sie diese Möglichkeit bei jeder Gelegenheit nutzten oder nicht: In jedem Fall legten z.B. die alleinige Festlegung der Fragestellung beim Gemeinsamen Bericht und der Untersuchungsmethodik bei der Gebäudebeweissicherung als auch die alleinige Auswahl der Gutachter die Vermutung nahe, daß die Bezirksregierung "in ihrem Sinne" untersuchen lassen würde.

Die ausgeführten Mängel des Arbeitskreises weisen auf die Notwendigkeit ergänzender Verfahrensverbesserungen im Bereich der Ressourcen- und Kompetenzverteilung hin. Damit werden jedoch nur die Voraussetzungen für die Beteiligung im Arbeitskreis kritisiert und als verbesserungsbedürftig herausgestellt, nicht aber die Einrichtung des neuen Verfahrenselementes an sich.

Die Tatsache, daß die Bezirksregierung die Notwendigkeit des Arbeitskreises hier erkannte, belegt die generelle Bedeutung neuer institutioneller Regelungen.

2.2.1.4 Gespräche zwischen HWW und IGN

Die Gespräche wurden erst gegen Ende der Auseinandersetzung Bestandteil des Verfahrens, nachdem inhaltliche Kompromisse bereits gefunden waren. Insofern ist davon auszugehen, daß das Wissen um mögliche Kompromisse im konkreten Fall die Bereitschaft zur Kooperation begünstigt hat. Die Gespräche erwiesen sich als geeignet, beiderseitig mehr Anerkennung und Verständnis für die jeweiligen Interessen zu wecken. Ferner konnten sie den Mangel des aufgrund seines hohen Organisationsbedarfs relativ starren Arbeitskreises aufheben, nämlich den Mangel, auf aktuelle Fragen flexibel reagieren zu können. (S. Pkt. III.2.3.4.2)

Die beiderseitige Kooperationsbereitschaft, die im Verlauf des Konfliktes entstanden ist, spricht für die Funktionsfähigkeit neuer Kommunikationsformen.

2.2.2 Der Einfluß der IGN auf das Verfahren

Die Unzulänglichkeit, mit der eine Anpassung des Verfahrens an die neuen gesellschaftspolitischen Entscheidungsbedingungen stattfand, weist darauf hin, daß andere Einflußfaktoren eine Rolle gespielt haben müssen, damit es letztendlich ansatzweise zu einer Problemlösung kommen konnte.

Tatsächlich ist die Berücksichtigung der Interessen vor Ort Betroffener sowie übergeordneter umwelt- und regionalpolitischer Zielsetzungen im Kern der kontinuierlichen und engagierten Opposition einer Bürgerinitiative über Jahre hinweg gutzuschreiben. Dabei hat sich gezeigt, daß sich die IGN aus eigener Kraft sachverständig machen und operationale Alternativen zur Versorgung Hamburgs aus der Nordheide entwickeln konnte. Ferner gelang es ihr, eine breite Öffentlichkeit und politische Gremien zur Unterstützung ihrer Interessen zu mobilisieren. Der dadurch entstandene Druck auf die Entscheidungsträger zwang diese, umwelt- und regionalpolitische Belange in das Verfahren der Entscheidungsfindung einzubeziehen. Da die IGN eben nicht nur protestierte, sondern darüber hinaus Alternativen vorschlug, war es möglich, die Interessen im Ergebnis auch zu berücksichtigen.

Die Tatsache, daß auf diesem Weg eine Problemlösung gefunden werden mußte, war jedoch mit zwei entscheidenen Nachteilen verbunden:

1. Dieser Weg führte zu einer erheblichen Verzögerung bei der Entscheidungsfindung - einschließlich unproduktiver Auseinandersetzungen und überflüssiger Beziehungsprobleme -, mit der Folge, daß insbesondere nach dem Eintreten erster Schäden nur noch eine suboptimale Problemlösung möglich war.

    Beispielsweise wurde das Entscheidungsproblem, daß aufgrund der wasserrechtlichen Gebundenheit der Bezirksregierung nur noch auf politischer Ebene eine Entscheidung getroffen werden konnte, die eine ausgewogene Interessenberücksichtigung gewährleistet, erst viel zu spät klargestellt. Erst als die IGN durch ihren beharrlichen Protest, unterstützt durch Öffentlichkeit und politische Gremien, soviel Durchsetzungsfähigkeit erlangt hatte, daß eine Nicht-Berücksichtigung ihrer Interessen politisch nicht mehr möglich war, wurde eine politische Vereinbarung zwischen Niedersachsen und Hamburg zur Reduzierung der bewilligten Fördermenge in Betracht gezogen. Bis es dazu kam:

- dauerte der Konflikt schon zweieinhalb Jahre an;
- hatten z.T. unsachliche Auseinandersetzungen um ein Gutachten (Gemeinsamer Bericht) stattgefunden, weil dies von beiden Seiten unsinnigerweise als Entscheidungsgrundlage herangezogen wurde;
- hatten sich die Beziehungsprobleme zwischen den Akteuren zwar nicht unbedingt verschärft, zumindest jedoch sahen die Projektgegner ihre anfänglichen Vorurteile gegenüber den Entscheidungsträgern bestätigt. Von Kooperation konnte keine Rede sein.

2. Die Durchsetzung der Interessen der IGN gelang nur durch die günstige Ausprägung einer Reihe von Unsicherheitsfaktoren, so daß die Verfahren-Ergebnis-Relation nicht verallgemeinerungsfähig ist. Auch dies noch einmal beispielhaft:

- Grundsätzlich war nicht von vornherein gewährleistet, daß sich die Bürgerinitiative sachverständig machen konnte. Hauptsächlich durch die (zufällige) Unterstützung fachkompetenter Wissenschaftler und ein hohes Maß an eigenem Engagement konnte die IGN ihr fachliches Niveau dem der Verantwortlichen angleichen.
- Die Unterstützung der politischen Gremien zeigte eine Abhängigkeit von externen Bedingungen: Z.B. wirkte sich die Etablierung der Grünen günstig aus, da dadurch über den Mechanismus einer "Konkurrenzdemokratie" konkrete ökologische Belange auch von anderen Parteien unterstützt wurden.
- Politische Entscheidungen, mit denen den Interessen der IGN entsprochen wurde, wurden häufig durch anstehende Wahlen beeinflußt.

3. Der Konfliktfall Nordheide und die Ausgangsthesen

Das Fallbeispiel hat offengelegt, wie eine unzureichende Berücksichtigung langfristiger umwelt- und regionalpolitischer Belange, aber auch langfristiger wasserwirtschaftlicher Interessen der Lieferregion ursachenbezogenen bzw. "ursachenbezogeneren" Problemlösungsansätzen entgegengewirken kann. Als Folge dieser Nicht-Berücksichtigung entstand zeitlich verzögert ein Akzeptanzproblem. Zwar ist die Konfliktverlagerung im wesentlichen nicht auf das Verfahren, sondern auf den Wertewandel zurückzuführen. Für zukünftige Entscheidungsprozesse unter der Voraussetzung heute geltender Wertvorstellungen zeigt sich jedoch generell das Erfordernis einer umfassenden und frühzeitigen Berücksichtigung umwelt- und regionalpolitischer Belange, um räumliche oder zeitliche Konfliktverlagerungen vermeiden zu können. Eine frühzeitige Berücksichtigung aller betroffenen Interessen setzt eine rechtzeitige, offensive Information einer breiten Öffentlichkeit voraus, damit interessierte Beteiligungskreise nicht wie im Nordheide-Fall erst dann informiert werden, wenn Entscheidungen bereits getroffen worden sind[1]. Zudem ist am Beispiel der unzureichenden Berücksichtigung wasserwirtschaftlicher Interessen speziell die Notwendigkeit einer aufgabenadäquaten Ausstattung der Behördendienststellen sichtbar geworden. Diese ist sicher nicht hinreichende aber notwendige Voraussetzung für eine angemessene Interessenberücksichtigung und damit für eine ursachenbezogene Problemlösungssuche.

Aus der Tatsache, daß die Konfliktverlagerung im wesentlichen auf externe Entwicklungen zurückgeführt werden muß, die nicht vom Verfahren hätten gesteuert werden können, leitet sich die Vermutung ab, daß unerwartete Konfliktverlagerungen selbst im Falle eines Höchstmaßes an Verfahrenseffizienz nicht gänzlich ausgeschlossen werden können. Es muß davon ausgegangen werden, daß die Komplexität der Umweltauswirkungen nie vollständig erfaßt werden kann und es dadurch zu unerwarteten Konfliktverlagerungen kommt. Dies gilt

---

[1]Die Falluntersuchung bestätigt in diesem Punkt entsprechende Erkenntnisse aus der Partizipationsforschung. Vgl. z.B. Zilleßen, H.: Selbstbegrenzung und Selbstbestimmung. Über die politischen Voraussetzungen für einen neuen Lebensstil. In: Wenke, K. E./Zilleßen, H. (Hg.) Neuer Lebensstil - verzichten oder verändern? Auf der Suche nach Alternativen für eine menschlichere Gesellschaft. Opladen 1978, S. 122 - 166; Überhorst, R.: Planungsstudie zur Gestaltung von Prüf- und Bürgerbeteiligungsprozessen im Zusammenhang mit nuklearen Großprojekten am Beispiel der Wiederaufbereitungstechnologie. Im Auftrag der Hessischen Landesregierung, April 1983

insbesondere dann, wenn die Auswirkungen von räumlichen Nutzungsansprüchen durch großräumige Arbeitsteilungen immer unüberschaubarer werden. Insofern können Verfahrensverbesserungen die Möglichkeit von Konfliktsituationen im Anschluß an bereits rechtlich fixierte Entscheidungen nicht unberücksichtigt lassen.

Im weiteren hat sich gezeigt, wie es zum Widerstand von Bürgern und Betroffenen kommen kann, wenn diese eine getroffene Entscheidung nicht mehr akzeptieren können. Ferner ist deutlich geworden, wie der Widerstand in eine unproduktive Auseinandersetzung übergehen kann, wenn das Verfahren zu spät und zu wenig konsequent an die neuen Entscheidungsbedingungen angepaßt wird. Die Berücksichtigung der Interessen vor Ort Betroffener sowie der übergeordneten umwelt- und regionalpolitischen Zielsetzungen war vom Verfahren her nicht ausreichend gewährleistet.

Sowohl der Beitrag der IGN zur letztendlichen Problemlösung und die Teilerfolge der Verfahrensänderungen einerseits, als auch die verbliebenen Defizite andererseits sprechen dafür, daß erweiterte Mitwirkungsrechte von Bürgern und Betroffenen im Entscheidungs(findungs)prozeß zu problemgerechteren Verfahren führen können bzw. Voraussetzungen für ein besseres Verfahren sind[2]:

- Wird vom Verfahren her frühzeitig das Erfordernis abgesichert, daß die Genehmigungsbehörde die Legitimität einer eventuellen Nicht-Berücksichtigung der von Bürgern und Betroffenen artikulierten Interessen begründen muß, kann verhindert werden, daß gar nicht oder erst mit Verzögerung klargestellt wird, daß der Handlungsspielraum der Behörde möglicherweise zur Problemlösung nicht ausreicht. Dies gilt insbesondere für Konfliktsituationen außerhalb förmlicher Verfahren, für die i.d.R. kei-

---

[2]Die Partizipation sollte insofern übereinstimmend mit Andritzky über den kommunalen Bereich hinaus - in dem sie am weitesten entwickelt ist - auf Ver- und Entsorgungsprojekte ausgedehnt werden. Andritzky begründet diese Notwendigkeit ebenfalls analog zu den Ergebnissen der Nordheide-Untersuchung damit, daß im Zuge des wachsenden Umweltbewußtseins nicht nur die Auswirkungen Betroffenheit erzeugen, die unmittelbar und kurzfristig für den einzelnen spürbar werden - wie z.B. die Auswirkungen städtebaulicher Maßnahmen -, sondern auch die oft nur mittelbar und erst langfristig spürbar werdenen Auswirkungen von Ver- und Entsorgungsprojekten. Im Gegensatz zu städtebaulichen Maßnahmen, über die auf kommunaler Ebene zu entscheiden ist, wird über Ver- und Entsorgungsprojekte jedoch zumeist auf überregionaler Ebene entschieden. (Vgl. Andritzky, W.: Bürgerbeteiligung in der Umweltpolitik. In: Natur+Landschaft, 1978, Heft 7/8, S.236 - 239)

nerlei Bestimmungen bestehen, wie und in welchem Umfang Einwände von Bürgern und Betroffenen zu berücksichtigen sind.

- Weitergehende Mitwirkungsrechte von Bürgern und Betroffenen sind offensichtlich Voraussetzung für ein besseres Vertrauensverhältnis zwischen Betroffenen und Entscheidungsträgern, denn die Beziehungsprobleme zwischen den Akteuren konnten im wesentlichen auf die unausgewogene Kompetenzverteilung zurückgeführt werden (s. Pkt. III.2.1.4.2; Pkt. III.2.3.4.2).

- Wenn frühzeitig vom Verfahren sichergestellt wird, daß Bürger und Betroffene ihre Interessen selbst vertreten und daß die Interessen von den Entscheidungsträgern berücksichtigt werden müssen, kann eine etwaige fehlende Übereinstimmung des Problemverständnisses Behördenvertreter mit dem außerbehördlicher Interessenvertreter rechtzeitig, ohne Verzögerungen ausgeglichen werden.

- Die IGN hat verdeutlicht, daß Bürgerinitiativen in der Lage sein können, problemlösungsorientierte Alternativen zu entwickeln. Um die dazu erforderliche Sachkenntnis nicht dem Zufall zu überlassen, muß nicht nur vom Verfahren, sondern auch von den materiellen Voraussetzungen her Bürgern und Betroffenen die Möglichkeit geboten werden, sich sachkundig machen zu können[3]. (Der Konfliktfall hat im übrigen nicht nur gezeigt, daß Sachkenntnis zu produktiven Beiträgen führen kann, sondern auch, daß fehlende Sachkenntnis Beziehungsprobleme fördern kann.)

- Durch die Erleicherung beim Zugang zu Daten und Informationen kann eine Benachteiligung der Interessen weniger flexibler Bevölkerungsgruppen ausgeschlossen werden. Der Zugang zu Daten und Informationen ist darüber hinaus wesentliche Voraussetzung für eine produktive Teilhabe am Entscheidungs(findungs)prozeß[4].

---

[3]Sinnvoll erscheint beispielsweise das Angebot von Seminaren, auf denen Bürger und Betroffene Sachkenntnisse sammeln können, denn der konkrete Fall hat gezeigt, wie sich die IGN-Mitglieder u.a. auf diese Art und Weise sachkundig gemacht haben - allerdings ohne daß diese Fortbildungsmöglichkeiten verfahrensmäßig abgesichert waren.

[4]Auf die Bedeutung, die der Zugang zu Daten und Informationen für eine effektive Bürgerbeteiligung hat, verweist u.a. auch Überhorst, R.: Planungsstudie zur Gestaltung von Prüf- und Bürgerbeteiligungsprozessen im Zusammenhang mit nuklearen Großprojekten am Beispiel der Wiederaufbereitungstechnologie. Im Auftrag der Hessischen Landesregierung, April 1983

Auch der angenommene Zusammenhang zwischen der Komplexität des Entscheidungsgegenstandes und dem Erfordernis, Bürger und Betroffene stärker als bisher in den Entscheidungs(findungs)prozeß einzubeziehen, hat sich im Konfliktfall gezeigt:

- Die differierenden Anforderungen, die von der Bezirksregierung einerseits und von der IGN andererseits an die Untersuchungen gestellt wurden, veranschaulichen die Tatsache, daß abhängig von der jeweiligen Problemsicht unterschiedliche Ansprüche an den "Dateninput" gestellt werden können. Dem Ziel, bei Unstimmigkeiten über den Untersuchungsrahmen allen Ansprüchen gerecht zu werden, könnte über stärkere Mitwirkungsrechte hinaus z.b. dadurch entsprochen werden, daß Bürger und Betroffene in die finanzielle Lage versetzt werden, Ergänzungsgutachten erstellen zu lassen.[5]

- Die fehlende Übereinstimmung zwischen dem Naturschutzverständnis der behördlichen Naturschutzvertreter und dem der IGN ist - unerheblich aus welchen Gründen - auf eine differenzierte Bewertung der ökologischen Auswirkungen der Wasserentnahme zurückzuführen und bestätigt noch einmal das Erfordernis, Veränderungen bei der Kompetenzverteilung vorzunehmen.

- Trotz der Annäherung zwischen den Konfliktparteien, die am Ende der Auseinandersetzung eintrat, verblieben Bewertungsfragen. So unterschied sich die jeweilige Bewertung der inzwischen eingetretenen oder zu erwartenden ökologischen Folgewirkungen. Da die Bewertung von den jeweiligen Problemsichtweisen abhing, konnte keine der Einzelbewertungen als richtig oder falsch beurteilt werden. Hieran wird die Notwendigkeit einer poli-

---

[5]Bereits 1973 erfolgte in dem sogenannten "Wiedenfelser Entwurf zur Neugestaltung des Genehmigungsverfahrens im Umweltschutz", der gemeinsam von mit Umweltschutz befaßten Wissenschaftlern, Vertretern aus Genehmigungsbehörden und Mitgliedern aus Bürgerinitiativen erarbeitet wurde, ein ähnlicher Hinweis: U.a. mit dem Ziel, die unterschiedlichen Gesichtspunkte der beteiligten Akteure in umweltrelevanten Entscheidungsprozessen, in denen "technisch wissenschaftliche Fragen unlösbar mit Wertfragen verknüpft sind" (S. 268), besser zur Geltung zu bringen, wurde die Erstellung von Parallelgutachten empfohlen. Auftraggeber, Genehmigungsbehörde und Antragsteller sollten auf der Grundlage eines gemeinsam erstellten Fragenkataloges jeweils ein "eigens" Gutachten" bei einem Gutachter ihrer Wahl in Auftrag geben. (Vgl. Beck, W. u.a.: Wiedenfelser Entwurf zur Neugestaltung des Genemigungsverfahrens im Umweltschutz. Evangelische Akademie Baden. In: Überhorst, R.: Planungsstudie zur Gestaltung von Prüf- und Bürgerbeteiligungsprozessen im Zusammenhang mit nuklearen Großprojekten am Beispiel der Wiederaufbereitungstechnologie. Im Auftrag der Hessischen Landesregierung. Wiesbaden 1983, S. 263 -277)

tischen Entscheidung darüber sichtbar, wie das Ausmaß von ökologischen Folgeschäden zu bewerten ist. Um dabei ausgewogene Durchsetzungschancen der jeweiligen Bewertungen zu gewährleisten, müssen die Mitwirkungsrechte der bislang schwächeren Partei, demnach der Bürger und Betroffenen, wie oben vorgeschlagen erweitert werden.

Hinsichtlich der Verfahrensveränderungen, die in der Konfliktphase eingeleitet wurden, gilt, daß Informations- und Diskussionsgremien wie der Arbeitskreis und die Gespräche zwischen HWW und IGN auf eine verläßliche Grundlage gestellt werden müssen. Wenn die neuen Verfahrenselemente im konkreten Fall - vor allem wegen ihrer zu späten Einrichtung und der verbleibenden Defizite bei der Kompetenz - und Ressourcenverteilung - auch nicht "den" entscheidenden Beitrag zur Problemlösung geleistet haben, so sind sie doch unverzichtbar für zukünftige Entscheidungsverfahren:

Für zukünftige Verfahren haben geordnete Kommunikationsformen entscheidende Bedeutung, da sie Gelegenheit bieten, unterschiedliche Problemsichten und Prioritätensetzungen und die zugrundeliegenden Handlungsvoraussetzungen und -einschränkungen (wie im konkreten Falle die Bindung der Bewilligungsbehörde an wasserrechtliche Vorgaben und ihre dadurch bedingte "nachsorgliche" Sichtweise, aber auch die Bindung der HWW an ihren Versorgungsauftrag) offenzulegen und Verständnis für die jeweils andere Sichtweise zu wecken.[6] Dadurch kann eine Grundlage geschaffen werden, auf der eine allen gerecht werdende Problemlösungssuche eingeleitet werden kann, indem der Handlungsspielraum unter Berücksichtigung aller Interessen definiert werden kann. Da im konkreten Fall Defizite bei der Ressourcen- und Kompetenzverteilung nicht parallel zur Einrichtung des neuen Verfahrenselementes aufgehoben wurden, aber auch, weil der Arbeitskreis zu spät eingerichtet wurde - die Konfliktgegner hatten bereits eine konfrontative Haltung aufgebaut -, konnte das Gremium die beschriebenen Potentiale nicht voll entfalten. So hat es etli-

---

[6]Vgl. übereinstimmend z.B. Zilleßen, H.: Selbstbegrenzung und Selbstbestimmung. Über die politischen Voraussetzungen für einen neuen Lebensstil. In: Wenke, K. E./Zilleßen, H. (Hg.) Neuer Lebensstil - verzichten oder verändern? Auf der Suche nach Alternativen für eine menschlichere Gesellschaft. Opladen 1978, S. 122 - 166; Beck, W. u.a.: Wiedenfelser Entwurf zur Neugestaltung des Genemigungsverfahrens im Umweltschutz. Evangelische Akademie Baden. In: Überhorst, R.: Planungsstudie zur Gestaltung von Prüf- und Bürgerbeteiligungsprozessen im Zusammenhang mit nuklearen Großprojekten am Beispiel der Wiederaufbereitungstechnologie. Im Auftrag der Hessischen Landesregierung. Wiesbaden 1983, S. 263 -277

cher Jahre zäher Auseinandersetzungen bedurft, bis IGN und HWW letztendlich Stück für Stück soviel Kenntnis über die jeweiligen Handlungsvoraussetzungen erlangt hatten, daß sie Verständnis für die jeweils andere Sichtweise aufbringen konnten und sich zur Kooperation bereiterklärten. Die Tatsache jedoch, daß es letztendlich dazu gekommen ist, spricht für die Potentiale geordneter Kommunikationsformen.

Wenn in Zukunft die Öffentlichkeit frühzeitig und offensiv von anstehenden Planungen und Vorhaben informiert, die Kompetenz- und Ressorcenverteilung und die Verfahrenstransparenz wie oben vorgeschlagen verändert und die Einrichtung von Kommunikations- und Diskussionsgremien rechtzeitig abgesichert wird, dann kann vermieden werden, daß eine Problemlösung einer jahrelangen, unproduktiven Auseinandersetzung bedarf. Ferner kann vermieden werden, daß aufgrund verzögerter Entscheidungen (im vorliegenden Fall mit der Folge erster Schäden an der Natur) eine ausgewogene Interessenberücksichtigung immer weiter eingeschränkt wird.[7]

---

[7] Diese Schlußfolgerung entspricht der Bedeutung, die in der Partizipationsforschung spätestens seit 1978 der Form der Bürger- und Betroffenenbeteiligung zugewiesen wird, wenn das Potential der Partizipation, die Effizienz der Entscheidungsprozesse zu erhöhen, wirksam werden soll. Vgl. dazu z.B.: Buse, M. J./Nelles, W.: Formen und Bedingungen der Partizipation im politisch/administrativen Bereich. In: Alemann, U. von (Hg.) Partizipation - Demokratisierung - Mitbestimmung. Problemstand und Literatur in Politik, Wirtschaft, Bildung und Wissenschaft. Eine Einführung - 2. Auflage. Opladen 1978, S. 41 - 78

V. Die Rolle der Raumordnung im Nordheide-Fall

In diesem Kapitel soll auf der Grundlage des Fallbeispiels untersucht werden, inwieweit die Raumordnung zur Behebung der Verfahrensdefizite beitragen kann. Da ihre Querschnittsorientierung und ihr gesetzlicher Koordinierungsauftrag[1] dem Entscheidungsproblem im Nordheide-Fall entspricht, kann vermutet werden, daß bei der räumlichen Gesamtplanung Verbesserungspotentiale vorhanden sind.

Obwohl raumordnerische Aufgaben grundsätzlich dem Entscheidungsproblem "räumliche Nutzungskonflikte" entsprechen, ist aus der Prozeßanalyse keine erwähneswerte Einflußnahme der Raumordnung hervorgegangen. Deshalb ist zunächst die Frage zu klären, welche Handlungsmöglichkeiten die räumliche Gesamtplanung im Nordheide-Fall gehabt hat, die nur nicht genutzt worden sind. Daraus ergibt sich zwangsläufig auch die Frage nach den Gründen dieser Nicht-Nutzung.

Abschließend soll dann untersucht werden, welche Möglichkeiten bestehen, die Raumordnung wirkungsvoller in Entscheidungsprozesse in der Wasserversorgung einzubeziehen.

---

[1] Dazu heißt es in §2 der geltenden Fassung des NROG: "(1) Die Landesplanung dient der Vorbereitung und Sicherung von Raumordnungsentscheidungen. Sie erarbeitet vorausschauende, zusammenfassende Planungen und stimmt alle raumbedeutsamen Planungen und Maßnahmen aufeinander ab (koordinierende Vorsorge). (2) Die Landesplanung hat die Entwicklung des Landes entsprechend dem Landes-Raumordnungsprogramm zu beeinflußen. Bei der Abstimmung von Planungen hat sie die Entwicklungsmöglichkeiten der einzelnen Räume sowie die Interessen der verschiedenen Bevölkerungsgruppen gegeneinander abzuwägen und miteinander in Einklang zu bringen. Dabei ist für eine sparsame Verwendung von Grund und Boden sowie für den Schutz der Landschaft Sorge zu tragen."

1. Die Handlungsmöglichkeiten der niedersächsischen Raumordnung

Im folgenden wird das Instrumentarium vorgestellt, das der räumlichen Gesamtplanung zur Zeit des Entscheidungsprozesses zur Verfügung stand und mit dessen Hilfe Einfluß auf die räumliche Nutzungsverteilung hätte genommen werden können:

Vorrangige Bedeutung hatten die Raumordnungprogramme auf Landes- und regionaler Ebene sowie die Durchführung von Raumordnungsverfahren.

Die **Raumordnungsprogramme** enthielten Grundsätze[2] und Ziele[3] für die Raumentwicklung, die das Ergebnis der Koordinierungstätigkeit der Raumordnung darstellten[4]. Neben der verbalen Formulierung von Grundsätzen und Zielen enthielten die räumlichen Programme eine zeichnerische Darstellung der vorhandenen und geplanten Flächennutzung des jeweiligen Planungsgebietes. Hinsichtlich des Verhältnisses von Landes-Raumordnungsprogrammen zu Regionalen Raumordnungprogrammen galt nach §3 NROG[5] bzw. nach §6

---

[2] Raumordnerische Grundsätze sind "raumordnungspolitische Leitvorstellungen für Raumkategorien und Fachbereiche. Die Grundsätze sind Rahmenvorschriften für raumordnerische Entscheidungen und gelten für alle öffentlichen Planungsträger bei deren raumbedeutsamen Planungen und Maßnahmen. Ihre Anwendung auf Einzelfälle der Planung führt oft zu Widersprüchen; die Grundsätze sind daher untereinander und gegeneinander abzuwägen und durch Ziele in den Plänen von Raumordnung und Landesplanung zu konkretisieren." (Der Niedersächsische Minister des Innern (Hg.): Raumordnung - Landesplanung. Veröffentlichungen des Niedersächsischen Institutes für Landeskunde und Landesentwicklung an der Universität Göttingen. Aktuelle Themen zur niedersächsischen Landeskunde. Heft 2. 2. Auflage. Hannover 1982, S. 38)

[3] Raumordnerische Ziele sind "räumliche und sachliche Festlegungen zur Raumentwicklung und Flächennutzung für die Gebiete von Ländern und Regionen. Sie konkretisieren die Grundsätze der Raumordnung. Die Ziele sind in Programmen und Plänen enthalten und für alle öffentlichen Planungsträger verbindlich." (Ebd., S. 41)

[4] Vgl. Der Niedersächsische Minister des Innern (Hg.): Raumordnung - Landesplanung. Veröffentlichungen des Niedersächsischen Institutes für Landeskunde und Landesentwicklung an der Universität Göttingen. Aktuelle Themen zur niedersächsischen Landeskunde. Heft 2. 2. Auflage. Hannover 1982

[5] In der Fassung vom 30.03.66

NROG[6], daß letztere aus dem Landesprogramm zu entwickeln sind und die dort enthalten Ziele ggf. zu konkretisieren haben.

Da die Raumordnungsdienststellen ihre Pläne nicht selber durchführten, sondern Fachplanungsträger und untergeordnete Planungsebenen, ist die Verbindlichkeit der Programme von Bedeutung. Nach §5 NROG[7] bzw. §9 NROG[8] hatten "die Behörden des Landes, die Gemeinden und die Landkreise sowie die der Aufsicht des Landes unterstehenden sonstigen Körperschaften, Anstalten und Stiftungen des öffentlichen Rechts ... ihre raumbeanspruchenden und raumbeeinflussenden Planungen und Maßnahmen den Zielen der Raumordnung anzupassen"[9]. Demzufolge hatten auch die Wasserbehörden ihre Entscheidungen über Planungen und Maßnahmen den Zielen und Grundsätzen der Raumordnung anzupassen.

Das **Raumordnungsverfahren** sollte dazu dienen, die für die Landesentwicklung gesetzten Ziele bzw. Raumordnungsentscheidungen zu sichern. Dabei hatte dieses Verfahren eine zweifache Zweckbestimmung:

- Es sollte in diesem Verfahren festgestellt werden, ob eine konkrete "Planung oder Maßnahme - ggf. unter welchen Voraussetzungen und mit welchen Auflagen - mit den Grundsätzen und Zielen der Raumordnung vereinbar ist"[10]. Das konnte z.B. dann erforderlich werden, wenn nach der Aufstellung der Raumordnungsprogramme neue raumrelevante Vorhaben in das Planungsstadium traten[11].

- Da in den Programmen die Zielaussagen i.d.R. noch nicht hinreichend konkretisiert waren, Nutzungsüberlagerungen auf einer Fläche möglich waren und häufig Zielaussagen von Raumordnungsprogrammen mitein-

---

[6]In den Fassungen vom 24.01.74 und 02.01.78

[7]In der Fassung vom 30.03.66

[8]In den Fassungen vom 24.01.74 und 02.01.78

[9]Wörtlich in den Fassungen von 74 und 78, sinngemäß in der Fassung von 66

[10]Schnitker, R.: Das Raumordnungsverfahren nach dem niedersächsischen Landesplanungsgesetz. In: BfLR (Hg.) Informationen zur Raumentwicklung, Heft 2/3. 1979, S. 142

[11]Vgl. BfLR/Wiss.Redaktion: Einführung. In: BfLR (Hg.) Informationen zur Raumentwicklung, Heft 2/3. 1979, S. 71 -72

ander konkurrierten, mußten Planungen untereinander abgewogen und abgestimmt werden. Raumordnungsverfahren waren von den zuständigen Landesplanungsbehörden (die Zuständigkeit regelte sich nach der räumlichen Dimension der Planung oder Maßnahme) von Amts wegen einzuleiten und durchzuführen. Es bestand weder ein Antragsrecht auf ein solches Verfahren, noch konnte die Raumordnungsbehörde von einer planenden Stelle zu einem solchen Verfahren gezwungen werden. In der Praxis bedeutete das jedoch nicht, daß eine planende Stelle nicht die Möglichkeit hatte, der Landesplanungsbehörde Antragsunterlagen mit der Bitte zu schicken, ein Raumordnungsverfahren durchzuführen.

Die zuständige Raumordnungsbehörde hatte das Verfahren mit einer "Landesplanerischen Feststellung" gegenüber dem Planungsträger abzuschließen. Die Landesplanerische Feststellung enthielt die landesplanerische Beurteilung der Planung oder Maßnahme. Dabei hatte die Landesplanungsbehörde insbesondere auf der Basis der Grundsätze und Ziele der Raumordnung (§2 ROG) und des §2 (2) NROG (s.o.) abzuwägen.[12] Die Bindungswirkung der Landesplanerischen Feststellung entsprach nicht der von Zielen und Grundsätzen in den Raumordnungsprogrammen. Während die Grundsätze und Ziele behördenverbindlich waren, unterlag die Landesplanerische Feststellung der Abwägung im anschließenden Fachgenehmigungsverfahren, z.B. im wasserrechtlichen Bewilligungsverfahren. Allerdings konnte durch Auflagen der Landesplanungsbehörde oder eine negative Feststellung darauf hingewiesen werden, daß die Planung oder Maßnahme im Genehmigungsverfahren mit Schwierigkeiten bei der Interessenkoordinierung verbunden sein wird. Durch die Aussicht auf etwaige Durchsetzungsprobleme konnte der Planungs- oder Maßnahmenträger möglicherweise dazu veranlaßt werden, Auflagen zu übernehmen oder Überlegungen zu Alternativen anzustellen.

Zusätzlich zu den Programmen und der Durchführung von Raumordnungsverfahren waren für die Planung einer überregionalen Wasserversorgung vier weitere bzw. ergänzende Koordinierungsmittel relevant:

---

[12]Vgl. Schnitker, R.: Das Raumordnungsverfahren nach dem niedersächsischen Landesplanungsgesetz. In: BfLR (Hg.) Informationen zur Raumentwicklung, Heft 2/3. 79, 141 - 148

Zum ersten handelte es sich um die Möglichkeit, auf der Grundlage sogenannter **Raumordnungsklauseln** raumordnerische Ziele zu verwirklichen. Mit Hilfe der Raumordnungsklauseln sollten nicht nur "Planungen und andere komplexe Entscheidungszusammenhänge, sondern auch Einzelmaßnahmen raumordnerisch eingebunden werden"[13]. Solche Klauseln fanden sich in Fachgesetzen - so auch im NWG - und im ROG. Mit jeweils unterschiedlichen Formulierungen wurde darin festgelegt, daß u.a. bei Planungen und sonstigen Vorhaben die Erfordernisse der Raumordnung beachtet werden müssen[14].

Zum zweiten geht es um die **Gemeinsame Landesplanung Hamburg/Niedersachsen**, die zur Abstimmung und Koordination der Entwicklung des an Hamburg angrenzenden und mit dem Ballungsraum eng verflochtenen niedersächsischen Raumes dienen sollte. Ziel der Gemeinsamen Landesplanung war es "dem gemeinsamen Interessengebiet mit Hilfe von finanziellen Leistungen optimale Entwicklungsbedingungen zu geben"[15].

Institutionalisiert war die Gemeinsame Landesplanung an der Spitze durch eine Hauptkommission. Ihr gehörten die Ressortvertreter beider Länder an, denen raumrelevante Aufgaben oblagen, sowie die beteiligten Bezirke und Landkreise. Der Hauptkommission arbeiteten Unterausschüsse zu, die mit jeweils unterschiedlichen Sachbereichen (z.B. Wasserwirtschaft) befaßt waren. Vervollständigt wurde die Organisationsstrukur durch Ad-hoc-Arbeitskreise. 1978 wurde eine Neuorganisation der Gemeinsamen Landesplanung beschlossen, die kurz darauf durch die Konstituierung eines Koordinations- und Bewilligungsausschusses und einen Planungsrat vollzogen wurde. Ferner hatten erste Arbeitskreise (z.B. der Arbeitskreis "Wasserwirtschaft und Abfallbeseitigung") ihre Tätigkeit aufgenommen. Die Neuorganisation diente u.a. "einem besseren In-

---

[13] Schmidt-Aßmann, E.: Die Bedeutung von Raumordnungsklauseln für die Verwirklichung raumordnerischer Ziele. In: Veröffentlichungen der Akademie für Raumforschung und Landesplanung. Forschungs- und Sitzungsberichte, Band 145. Verwirklichung der Raumordnung. Hannover 1982, S. 28

[14] Von Erfordernissen war meistens in den Gesetzen, die vor 1965 verabschiedet worden sind - damit vor Verabschiedung des ROG - die Rede. Nachdem durch das ROG die Instrumente "Grundsätze" und "Ziele" entwickelt worden waren, wurden diese neuen Begriffe von der jüngeren Fachgesetzgebung übernommen. (Vgl. Ebd., S. 27 - 41)

[15] [Niedersächsischer Minister des Innern (Hg.)]: Gemeinsamen Landesplanung Hamburg Niedersachsen. 10 Jahre Aufbaufonds. Eine zusammenfassende Übersicht. Schriften der Landesplanung Niedersachsen - 1973, S. 7

formationsfluß zwischen Verwaltung und Parlamenten durch eine direkte Beteiligung von Parlamentariern im Beschlußgremium"[16].

In der Gemeinsamen Landesplanungsarbeit wurden Raumordnungsziele erarbeitet, die dann als Empfehlungen an die Landesregierungen beider Länder gerichtet wurden. Außerdem standen der Gemeinsamen Landesplanung finanzielle Mittel in Form eines Ausbaufondes zur Verfügung, mit deren Hilfe die Verwirklichung der Raumordnungsziele untersützt werden sollte.[17]

Zum dritten spielten Entschließungen eine Rolle, die von der **MKRO auf Bundesebene** zu grundsätzlichen Fragen der Raumordnung und Landesplanung - u.a. zur Wasserversorgung - gefaßt wurden. Die Arbeit der Ministerkonferenz basierte auf §8 ROG. Der MKRO gehörten als Mitglieder der für die Raumordnung zuständige Bundesminister und die für die Raumordnung und Landesplanung zuständigen Landesminister und Senatoren an. Solche Entschließungen hatten zwar keine rechtliche Bindungswirkung, durch sie konnten jedoch politische Leitvorstellungen für das Handeln der zuständigen Landesplanungsbehörden gesetzt werden.[18]

Als vierter Punkt sind **informelle Koordinationsmöglichkeiten** zu nennen. So konnten raumordnerische Stellungnahmen und Vorschläge zu bestimmten Planungsproblemen z.B. in Dezernentenrunden o.ä. abgegeben werden. Dieses Koordinationsmittel gewinnt seine Bedeutung insbesondere dann, wenn sich wie im Nordheide-Konflikt rechtsverbindliche Entscheidungen im nachhinein nicht mehr als problemgerecht erweisen.

---

[16]Der Niedersächsische Minister des Innern (Hg.): Raumordnungsbericht 1978. Bericht der Landesregierung gem. §10 des Niedersächsischen Gesetzes über Raumordnung und Landesplanung in der Fassung vom 2.1.78. Schriften der Landesplanung Niedersachsen

[17]Vgl. [Ders.]: Raumordnungsbericht 1968. Bericht der Landesregierung gem. §6 des Niedersächsischen Gesetzes über Raumordnung und Landesplanung; [Ders.]: Gemeinsame Landesplanung Hamburg Niedersachsen. 10 Jahre Aufbaufonds. Eine zusammenfassende Übersicht. Schriften der Landesplanung Niedersachsen - 1973

[18]Vgl. Bundesminister für Raumordnung, Bauwesen und Städtebau (Hg.): Entschließungen und Stellungnahmen der Ministerkonferenz für Raumordnung 1984-1987. Bonn Bad-Godesberg Juli 1988

2. Die Handlungsmöglichkeiten der niedersächsischen Raumordnung im Nordheide-Fall

Entsprechend dem chronologischen Ablauf des Verfahrens wird nun geklärt, wie die Handlungsmöglichkeiten im Konflikt-Fall konkret aussahen und was damit hätte bewirkt werden können.

2.1 Die Phase der Konfliktverlagerung

2.1.1 Aufstellung des Wasserwirtschaftlichen Rahmenplans "Obere Elbe"

Handlungsmöglichkeiten der niedersächsischen Raumordnung ergaben sich zunächst bei der Aufstellung des Wasserwirtschaftlichen Rahmenplans "Obere Elbe", dessen Ergebnisse der Bewilligung zugrundelagen: Auch die damals gültigen Fassungen des NWG[1] enthielten für die Aufstellung von Rahmenplänen die Raumordnungsklausel "Die wasserwirtschaftliche Rahmenplanung und die Erfordernisse (Anm.: im konkreten Fall gleichzusetzen mit den vorhandenen Zielen und Grundsätzen) der Raumordnung sind miteinander in Einklang zu bringen." Übereinstimmend mit Cychowski/Giesecke/Wiedemann kann aus dem "miteinander" eine wechselseitige Abhängigkeit von Raumordnung und Wasserwirtschaft gefolgert und die Ansicht vertreten werden: "Enge Zusammenarbeit zwischen der Raumordnung und der - ein Teilgebiet der Raumordnung betreffenden - wasserwirtschaftlichen Rahmenplanung ist notwendig"[2].

Aus den seinerzeit vorliegenden raumordnerischen Programmen[3] waren allerdings - über die Übernahme des Naturschutzgebietes hinaus - keine Zielvorstellungen für die Nutzungskonkurrenz zwischen Wasserversorgung und Naturschutz ableitbar. Entsprechend dem allgemein noch geringeren Stellenwert des Naturschutzes und dem damals noch fehlenden Erfahrungshintergrund über die

---

[1] NWG vom 07.07.60 und 01.12.70

[2] Czychowski, M./Giesecke, P./Wiedemann, W.: Wasserhaushaltsgesetz unter Berücksichtigung der Landeswassergesetze und des Wasserstrafrechts. Kommentar. 4., neubearbeitete Auflage. München 1985, S. 909

[3] Vgl. Landes-Raumordnungsprogramme vom März 1969 und April 1973 (Fortschreibung) und Raumordnungsprogramm für den Regierungsbezirk Lüneburg vom Januar 1973

Ausmaße von Folgeschäden großer Wasserentnahmen (z.B. Hessisches Ried, Vogelsberg)[4], blieben im Gegensatz zu den heutigen Programmen[5] in den Landes-Raumordnungsprogrammen wie im Raumordnungsprogramm für den Regierungsbezirk Lüneburg Beziehungen zwischen Maßnahmen zur Wasserversorgung und dem Naturschutz unberücksichtigt. Wassersparmaßnahmen wurden ebenfalls noch nicht angesprochen. Die Sicherung der Wasserversorgung wurde ausschließlich auf überregionale Versorgungsleitungen in Verbindung mit der Erschließung nutzwürdiger Grundwasservorkommen und dem Bau weiterer Talsperren bezogen. Ferner stellten die zeichnerischen Teile der Programme noch keine Flächen zur Wasserversorgung dar, weil die erforderlichen Erkundungsarbeiten noch in der Durchführung waren. Die spezielle Nutzungsüberlagerung des Beispiel-Konfliktes war also noch gar nicht offensichtlich. (Auch aus der Gemeinsamen Landesplanung Niedersachsen/Hamburg und den jeweiligen Raumordnungsberichten, die nach §6 NROG[6] und §10 NROG[7] zur Berichterstattung der Landesregierung an den Landtag dienten, ergaben sich keine ergänzenden Hinweise zum Verhältnis von Wasserversorgung und Naturschutz[8].)

---

[4]Vgl. u.a. Der Spiegel: Landschaft totgepumpt. Nr. 48, 1978, S. 84 - 86; IGN (Hg.): Lüneburger Wüste? Nein Danke! Grundwasserentnahme in der Nordheide. (Broschüre) 5. Auflage. Juni 1985

[5]Vgl. Landes-Raumordnungsprogramm vom Juni (Teil I)/Juli (Teil II) 1982 und Regionales Raumordnungsprogramm für den Landkreis Harburg vom Dezember 1986 (Mit der Novellierung des NROG ist die Regionalplanung auf die Landkreise und kreisfreien Städte übertragen worden.)

[6]In der Fassung vom 30.3.78

[7]In der Fassung vom 24.01.74 und vom 02.01.78

[8]Vgl. [Niedersächsischer Minister des Innern (Hg.)]: Gemeinsame Landesplanung Hamburg Niedersachsen. 10 Jahre Aufbaufonds. Eine zusammenfassende Übersicht. Schriften der Landesplanung Niedersachsen - 1973; [Ders.]: Raumordnungsbericht 1968. Bericht der Landesregierung gem. §6 des Niedersächsischen Gesetzes über Raumordnung und Landesplanung; [Ders.]: Raumordnungsbericht 1970. Bericht der Landesregierung gem. §6 des Niedersächsischen Gesetzes über Raumordnung und Landsplanung. Schriften der Landesplanung Niedersachsen. Sonderveröffentlichung; [Ders.]: Raumordnungsbericht 1972. Bericht der Landesregierung gem. §6 des Niedersächsischen Gesetzes über Raumordnung und Landesplanung. Schriften der Landesplanung Niedersachsen. Sonderveröffentlichung; [Ders.]: Raumordnungsbericht 1974. Bericht der Landesregierung gem §10 des Niedersächsischen Gesetzes über Raumordnung und Landesplanung in der Fassung vom 24.01.1974. Schriften der Landesplanung Niedersachsen. Sonderveröffentlichung; Ders.: Raumordnungsbericht 1976. Bericht der Landesregierung gem. §10 des

Wird anstelle nutzungsbezogener Zielvorstellungen jedoch auf den Koordinierungsauftrag zurückgegriffen, der auch in den Grundsätzen der Programme enthalten war, und vorausgesetzt, daß eine umfassende, ausgewogene Abwägung nur dann stattfinden kann, wenn für alle betroffenen Belange gleichwertige Erkenntnisse hinsichtlich der Betroffenheit, positiv wie negativ, erhoben werden, so hätte seitens der Raumordnung folgende Eingriffsmöglichkeit bei der Aufstellung des wasserwirtschaftlichen Rahmenplans bestanden: Bei der Bestimmung dessen, was der Begriff "nutzbares Wasserdargebot" umfassen soll, hätte über wasserwirtschaftliche Aspekte hinaus auf eine Beachtung ökologischer Belange hingewirkt werden können; so wie beispielsweise im derzeit vorliegenden Plan "Wasserversorgung in Niedersachsen" der Anteil der Grundwasserneubildung, der für die Wasserversorgung genutzt werden kann, u.a. auch auf den Schutz ökologisch bedeutsamer Feuchtgebiete bezogen wird[9]. Dieser Bezug hätte im konkreten Fall, da ein Teilgebiet des Planungsraumes Naturschutzgebiet ist, begründet hergestellt werden können.

Was aus heutiger Sicht ein Versäumnis darstellt, kann sicherlich einerseits wieder auf den seinerzeit noch geringeren Stellenwert des Umwelt- und Naturschutzes zurückgeführt werden. Andererseits drängt sich allerdings die offengebliebene Frage auf, ob überhaupt im Sinne der Raumordnungsklausel eine Koordination zwischen der oberen Landesplanungsbehörde und der oberen Wasserbehörde stattgefunden hat.

Gleichwohl zeigt die Institution der Raumordnungsklausel ein wichtiges Potential, zukünftig bei der wasserwirtschaftlichen Rahmenplanung auf eine vollständigere Datenermittlung hinzuwirken.

2.1.2 Durchführung des wasserrechtlichen Bewilligungsverfahrens

Obwohl im Bewilligungsverfahren keine schriftliche Beteiligung der Regionalplanung stattfand - eine Beteiligung war auch gar nicht ausdrücklich vorge-

---

Niedersächsischen Gesetzes über Raumordnung und Landesplanung in der Fassung vom 25.01.1974. Schriften der Landesplanung Niedersachsen

[9] Vgl. Der Niedersächsische Umweltminister - Referat für Umweltberichterstattung und Öffentlichkeitsarbeit (Hg.): Expert. Wasserversorgung in Niedersachsen. Hannover 1988

schrieben[10] -, kann davon ausgegangen werden, daß das zuständige Dezernat für Raumordnung und Landesentwicklung aufgrund wöchentlicher Dezernentenrunden über die Antragstellung der HWW zumindest informiert war. So hätte die Möglichkeit bestanden, ein Raumordnungsverfahren einzuleiten, um im Sinne des Koordinierungsauftrages zu überprüfen, ob die in den Programmen noch nicht erkennbare Nutzungsüberlagerung mit den Zielen von Landes- und Regionalplanung in Einklang steht. Zwar fand auch im Rahmen des wasserrechtlichen Bewilligungsverfahrens eine Abwägung statt. Gleichwohl wären die Chancen einer gleichwertigen Ermittlung der jeweiligen Betroffenheit als Voraussetzung für die Abwägung in einem Raumordnungsverfahren höher gewesen: Bei diesem Verfahren hätte die Federführung bei einer Fachdienststelle gelegen, deren gesetzlicher Auftrag nach §2 NROG[11] die Koordination raumbedeutsamer Planungen und Maßnahmen war und deren Interessen und Kenntnisse nicht auf einen speziellen Fachbereich bezogen waren.

Angesichts des allgemein noch geringen Umweltbewußtseins hätte vermutlich auch ein Raumordnungsverfahren zu keinem langfristig tragfähigeren Ergebnis als das Bewilligungsverfahren geführt. Dennoch spricht die größere Interessenneutralität der Raumordnung für die (vorbereitende) Durchführung von Raumordnungsverfahren im Falle komplexer Entscheidungsgegenstände.

Aus welchen Gründen die Einleitung eines Raumordnungsverfahrens ausgeblieben ist, ist nicht mehr nachzuvollziehen: Möglicherweise wurde, wie heute seitens der Behörde argumentiert wird, von der Regionalplanung die Ansicht vertreten, daß die Abwägung auch im wasserrechtlichen Bewilligungsverfahren vollzogen werden konnte. In jedem Fall hat die nur informelle Mitteilung über das Bewilligungsverfahren nicht dazu geführt, Aktivitäten seitens der Koordinierungsstelle zu bewirken.

2.2 Die Konfliktphase

Im Zuge des gewachsenen Umweltbewußtseins wurde Anfang der achtziger Jahre die großräumige Arbeitsteilung in der Wasserversorgung in der raumpla-

---

[10] Vgl. MELF: Erste Ausführungsbestimmung zum Niedersächsischen Wassergesetz (NWG) - Wasserrechtsverfahren -. RdErl. d. ML v. 22.2.65

[11] NROG in den Fassungen vom 30.03.66, 24.01.74 und 02.01.78

nerischen Forschung und Praxis problematisiert. Lösungsansätze wurden diskutiert und Forschungsvorhaben eingeleitet, die neben der Sicherung von Flächen für eine verbrauchsnahe öffentliche Wasserversorgung und verstärktem Gewässerschutz z.B. auf Einsparpotentiale beim Verbrauch sowie eine qualitätsangepaßte Verwendung der unterschiedlichen Wasservorkommen zielten. Die Notwendigkeit, daß wasserwirtschaftliche Fachplanung und fachübergreifende Raumplanung angesichts der bestehenden Wechselwirkungen kooperieren müssen, wurde ebenfalls berücksichtigt.[12]

Auf der Ebene der für die Raumordnung zuständigen Bundes- und Landesminister wurden im März 1985 den oben angeführten Lösungsansätzen entsprechende Leitvorstellungen in der Entschließung der MKRO "Schutz und Sicherung des Wassers" verankert. Ferner wurde der Bedarf der Zusammenarbeit von Wasserwirtschaft und Raumordnung zur Erfüllung der Ziele und zur Verbesserung der Entscheidungsgrundlagen hervorgehoben.[13] Zudem befaßte sich der Strukturausschuß der MKRO mit Möglichkeiten der Raumordnung zur Sicherung der natürlichen Ressourcen - insbesondere Wasservorkommen[14].

Obwohl auch im niedersächsischen Landes-Raumordnungsprogramm aus dem Jahre 1982 die überregionale Versorgung weiterhin erklärtes Ziel der Raumordnung war, so wurde dies jedoch eingeschränkt auf einen überregionalen Ausgleich zwischen Wasserüberschuß- und Wassermangelgebieten "unter vorrangiger Beachtung des Eigenbedarfs in den Wasserüberschußgebieten".

---

[12] Vgl. z.B. BfLR (Hg.): Raumordnung und Wasservorsorge. Informationen zur Raumentwicklung, Heft 2/3. 1983 (Am 26. und 27. August 1982 wurde während eines zweitägigen Seminars in Osnabrück das Forschungsfeld des neuen Schwerpunkts, den der Bundesminister für Raumordnung, Bauwesen und Städtebau im Rahmen seines Mittelfristigen Forschungsprogramms Raumordnung und Städtebau bei der räumlichen Wasservorsorge gesetzt hatte, der interessierten Fachöffentlichkeit vorgestellt -"1. Osnabrücker Wassergespräch". Das oben angegebene Themenheft dokumentiert die auf diesem Seminar gehaltenen Referate.); Heinz, I. u.a.: Handlungsspielräume zur besseren Nutzung lokaler und regionaler Wasservorkommen. Schriftenreihe 06 "Raumordnung" des Bundesministers für Raumordnung, Bauwesen und Städtebau, Heft Nr. 06.060. Bonn 1987

[13] Vgl. Bundesminister für Raumordnung, Bauwesen und Städtebau (Hg.): Entschließungen und Stellungnahmen der Ministerkonferenz für Raumordnung. 1984 - 1987. Bonn -Bad Godesberg 1988

[14] Vgl. Niedersächsischer Minister des Innern (Hg.): Raumordnungsbericht 1984: Bericht der Landesregierung gem. §10 des Niedersächsischen Gesetzes über Raumordnung und Landesplanung in der Fassung vom 1.2.1978. Schriften der Landesplanung Niedersachsen

Zudem haben Zielvorstellungen wie die Sicherstellung der Funktionsfähigkeit des Naturhaushaltes bei Wasserentnahmen und die sparsame Wasserverwendung Eingang in das Programm gefunden. Des weiteren wurde seitens der niedersächsischen Landesplanung darauf hingewiesen, daß die Zusammenarbeit zwischen Landesplanung und wasserwirtschaftlicher Fachplanung erforderlich und daß diese im Rahmen der Aufstellung des Landes-Raumordnungsprogramms von 1982 auch praktiziert worden ist[15].

Hinzu kam die Bearbeitung des Themas Ressourcenschutz (insbesondere Wasservorkommen) im Strukturausschuß der MKRO, an der Mitglieder der niedersächsischen Landesplanungsverwaltung beteiligt oder über die sie zumindest informiert waren[16].

Vor dem Hintergrund, daß neue Erkenntnisse, allgemeine raumordnerische Zielvorstellungen und Lösungsansätze vorhanden waren sowie die Notwendigkeit zur Kooperation erkannt war, stellt sich noch drängender als zuvor die Frage, warum keine Hinweise auf eine Beteiligung der Landes- und Regionalplanung in der Konfliktphase des konkreten Entscheidungsprozesses vorliegen.

Beispielsweise wäre über die stattgefundene Thematisierung der Heidewasserproblematik im Planungsrat der Gemeinsamen Landesplanung hinaus die Entwicklung und/oder Empfehlung von Versorgungsalternativen denkbar gewesen - zumal die Gemeinsame Landesplanung über den Arbeitskreis "Wasserwirtschaft" und einen Aufbaufonds "Abwasserbehandlung, Trinkwasserversorgung und Abfallbeseitigung" verfügt hat. Statt dessen wurde jedoch in den Empfehlungen des Planungsrates zur räumlichen Entwicklung des Planungsraumes vom 20.11.1980 nur pauschal angeführt: "Unvertretbare Folgen für den Naturhaushalt sind zu vermeiden", wobei überörtlichen Lösungen in der Wasserversorgung der generelle Vorzug gegenüber örtlichen Systemen gegeben

---

[15] Vgl. Battre, M.: Durchsetzung von Zielen der Landesplanung zur langfristigen Sicherung der Wasserversorgung am Beispiel von Niedersachsen. In: BfLR (Hg.) Informationen zur Raumentwicklung, Heft 2/3. 1983, S. 191 - 198

[16] Vgl. MKRO. Verwaltungsabkommen zwischen dem Bund und den Ländern über die gemeinsamen Beratungen nach §8 des Raumordnungsgesetzes. In: [Niedersächsischer Minister des Innern (Hg.)] Raumordnungsbericht 1968. Bericht der Landesregierung gem. §6 des Niedersächsischen Gesetzes über Raumordnung und Landesplanung

wurde.[17] Außerdem hätte es insbesondere angesichts des Schwerpunktes, den der Bundesminister für Raumordnung und Städtebau 1982 im Rahmen seines Mittelfristigen Forschungsprogramms Raumordnung und Städtebau bei der räumlichen Wasservorsorge gesetzt hatte, nahe gelegen, die Bundesforschungsanstalt für Landeskunde und Raumordnung (BfLR) in den Prozeß einzubeziehen. Dies galt vor allem, weil das betreffende Forschungsfeld im August 1982 während eines Seminars vorgestellt wurde, auf dem als Referenten je ein Vertreter der niedersächsischen Wasserwirtschaftsverwaltung und der niedersächsischen Landesplanung mit Vertretern der BfLR zusammentrafen. Fraglich bleibt, inwieweit die niedersächsische Wasserwirtschaftsverwaltung den raumplanerischen Zielsetzungen gegenüber aufgeschlossen war[18].

Eine ablehnende Haltung anderer Behördendienststellen kann u.U. dafür mitverantwortlich gewesen sein, daß raumordnerische Problemlösungspotentiale nicht zum Tragen kamen. Der Grund liegt in der generell schwachen Durchsetzungsfähigkeit der Raumordnung. Ein Problem, das letztendlich Folge der Machtstruktur war, die insgesamt in der bundesrepublikanischen Gesellschaft herrschte (z.B. die Dominanz des ökonomischen Sektors). Vor diesem Hintergrund mußte die Raumordnung, da sie auf den Ausgleich aller Interessen abzielte, von weiten, einflußreichen Kreisen als störend empfunden werden. Das Wissen um die untergeordnete Position und die dadurch schwierige Durchsetzungsfähigkeit führte dann bei den zuständigen Planungsbehörden möglicherweise zu Resignation und Inaktivität.

---

[17] Vgl. Niedersächsischer Minister des Innern (Hg.): Gemeinsame Landesplanung Hamburg/Niedersachsen. Arbeits- und Informationsmappe (Losebl.-Ausg.); Ders.: Raumordnungsbericht 1980. Bericht der Landesregierung gem §10 des Niedersächsischen Gesetzes über Raumordnung und Landesplanung in der Fassung vom 2.1.1978. Schriften der Landesplanung Niedersachsen; Niedersächsischer Minister des Innern (Hg.): Raumordnungsbericht 1982. Bericht der Landesregierung gem. §10 Niedersächsisches Gesetz über Raumordnung und Landesplanung in der Fassung vom 2.1.1978. Schriften der Landesplanung Niedersachsen; Ders.: Raumordnungsbericht 1984. Bericht der Landesregierung gem. §10 des Niedersächsischen Gesetzes über Raumordnung und Landesplanung in der Fassung vom 1.2.1978. Schriften der Landesplanung Niedersachsen

[18] Vgl. Kampe, D.: Einführung. In: BfLR (Hg.) Informationen zur Raumentwicklung, Heft 2/3. 1983, S. II; Müller, J.: Wasserwirtschaftliche Ziele und Maßnahmen zur Trinkwasserversorgung am Beispiel von Niedersachsen. In: BfLR (Hg.) Informationen zur Raumentwicklung, Heft 2/3. 1983, S. 185 - 189

3. Die Handlungsmöglichkeiten der Raumordnung in zukünftigen Entscheidungsprozessen

Die vorangegangenen Ausführungen haben gezeigt, daß die Raumordnung gleichermaßen verfahrensmäßige wie inhaltliche Potentiale zur Verbesserung der Entscheidungsprozesse in der Wasserversorgung aufwies. Diese Potentiale sind heute noch höher einzuschätzen, da die dargestellten Koordinationsmöglichkeiten der Raumordnung, die weiterhin fortbestehen, noch erweitert worden sind: zum einen durch den gesetzlichen Begründungszwang für den Fall, daß bei bestimmten raumbedeutsamen Vorhaben kein Raumordnungsverfahren durchgeführt wird[1], zum anderen durch die Verknüpfung von Raumordnungsverfahren und UVP[2]. Folgende Graphik veranschaulicht die Integration der UVP in die Raumordnungsverfahren:

---

[1] Festgelegt in §6a (2) der Neufassung des Raumordnungsgesetzes

[2] Vgl. Fürst, D.: Fortentwicklung des Systems der Raumplanung durch Umweltverträglichkeitsprüfung? In: BfLR/Akademie für Raumforschung und Landesplanung (Hg.) Raumforschung und Raumordnung, 15 Jg., 1987, Heft 5 - 6, S. 189 - 195; §16 des Gesetzes über die Umweltverträglichkeitsprüfung (UVPG)

Abb. 4[3]: Schematische Darstellung zur Durchführung des Raumordnungsverfahrens mit integrierter Prüfung der Umweltverträglichkeit gem. § 6a ROG

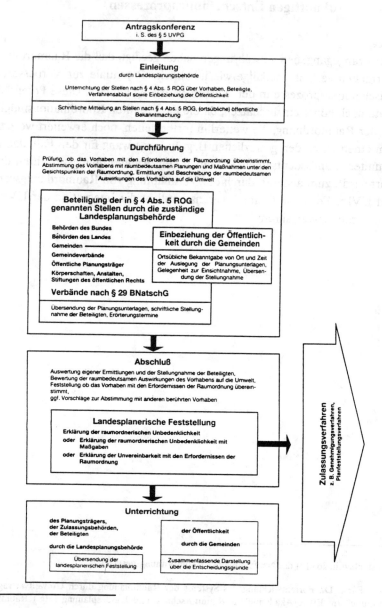

---

[3] Niedersächsisches Innenministerium (Hg.): Leitfaden zur Durchführung von Raumordnungsverfahren mit integrierter Prüfung der Umweltverträglichkeit. März 1991, S. 14

Zudem spricht der weiter gestiegene gesellschaftspolitische Stellenwert des Umweltschutzes und das Wissen um öffentliche Proteste, die ein reibungsloses Durchsetzen ökologisch bedenklicher Vorhaben zunehmend in Frage stellen, dafür, daß die Raumordnung heute und in Zukunft bei allen Entscheidungsträgern vermutlich mehr Anerkennung findet; dies angesichts ihrer grundsätzlichen Eignung, komplexe Entscheidungsprobleme besser lösen zu können.

Beide Aspekte rechtfertigen die Annahme, daß die Raumordnung auch in der Praxis einen wesentlichen Beitrag zur Verbesserung der Entscheidungsprozesse in der Wasserversorgung leisten kann, wenn es gelingt, sie wirkungsvoller in diese Prozesse einzubeziehen.

Es ist allerdings nicht zu erwarten, daß allein durch die Aktivierung der dargestellten Eingriffsmöglichkeiten eine zufriedenstellende Verfahrensverbesserung erreicht werden kann. Vielmehr ist davon auszugehen, daß die räumliche Planung anders als im traditionellen Sinne gestaltend, moderierend auf das Verfahren selbst Einfluß nehmen muß[4]. Sie wird Bürger und Betroffene stärker als bislang üblich, den in Pkt. IV.3 formulierten Anforderungen entsprechend, in die Verfahren einbeziehen müssen, um allen betroffenen Interessen ohne langwierige Auseinandersetzungen gerecht zu werden und um so eine Grundlage zu erhalten, auf der ihre Koordinationsaufgabe optimal erfüllt werden kann.

Dabei ist es von entscheidender Bedeutung, daß zusätzlich zu der horizontalen Koordination eine ausgeglichenere Koordination zwischen den unterschiedlichen Entscheidungsebenen hergestellt wird (also gemäß dem Gegenstromprinzip stärkere Einflußmöglichkeiten von "unten" nach "oben"). Denn im Falle vorhabenbezogener Entscheidungsverfahren können sich Zielkonflikte mit übergeordneten raumordnerischen Zielen und Grundsätzen ergeben. Aufgrund dessen, daß eine unmittelbare Betroffenheit und damit ein Interesse an dem Entscheidungsprozeß erst bei konkreten Planungen sichtbar wird, sind solche Ziel-

---

[4] So z.B. auch Fürst, D.: ebd., S. 189 - 195 (Fürst sieht den moderierenden Aspekt der Raumplanung als Bestandteil seiner Vorstellung von einer immer wichtiger werdenden "prozeßbezogenen Planung"); Strubelt, W.: Großprojekte - ein räumliches und gesellschaftliches Konfliktfeld. In: BfLR (Hg.) Informationen zur Raumentwicklung. Heft 4/5. 1990, S. I - IV; vgl. auch zur generellen Anpassung politischer Planung an veränderte gesellschaftliche und politisch-administrative Bedingungen; Ritter, E.-H.: Staatliche Steuerung bei vermindertem Rationalitätsanspruch? Zur Praxis der politischen Planung in der Bundesrepublik Deutschland. In: Ellwein, T. u.a. (Hg.): Jahrbuch zur Staats- und Verwaltungswissenschaft, 1 (1987), S. 321 - 354

konflikte selbst bei einer "optimalen" Koordination während der Aufstellung von Raumordnungsprogrammen unvermeidbar.

Mit dem Ziel, auf der Grundlage der Fallanalyse ein neues, so weit wie möglich problemgerechtes (partizipationsorientiertes) Verfahrensmodell zu entwickeln, müßten im weiteren folgende Arbeitsschritte geleistet werden. Zum ersten bedürfen die abstrakten Vorschläge dazu, wie die Raumordnung zur Verbesserung der Entscheidungsverfahren in der Wasserversorgung beitragen kann, einer Konkretisierung hinsichtlich der notwendigen organisatorischen und funktionalen Veränderungen. Zum zweiten müßten die Potentiale einer modifizierten Einbindung der Raumordnung in Entscheidungsprozesse in der Wasserversorgung verglichen werden mit den Potentialen in der Diskussion befindlicher, teilweise bereits praktizierter neuartiger Konfliktlösungsverfahren in der Umweltpolitik.

Als nur ein Beispiel können hier die in den USA entwickelten Alternativ-Dispute-Resolution-Verfahren[5] genannt werden. Die ADR-Verfahren als neue Formen von Entscheidungsverfahren sind in den USA als Ergänzung zu den traditionellen Entscheidungsabläufen seit Mitte der siebziger Jahre entwickelt und praktiziert worden. Amerikanischen Autoren zufolge sind diese Verfahren insbesondere bei umweltpolitischen Standortkonflikten erfolgreich eingesetzt worden. Eine von Zilleßen vorgenommene Charakterisierung der ADR-Verfahren verdeutlicht ihren Bezug zu den im Nordheide-Fall festgestellten Koordinations- und Kooperationsdefiziten:

> "(1) Alle von einer Entscheidung Betroffenen oder am Ergebnis Interessierten suchen gemeinsam nach einer Problemlösung. Hinter diesem Grundsatz, der nur über das Repräsentationsprinzip und d. h. über geordnete Verfahren der Bürgerbeteiligung wirksam werden kann, steht die Vorstellung einer umfassenden demokratischen Kompetenz des Bürgers.
>
> (2) Die Verhandlungspartner suchen gemeinsam nach einer Lösung in einem durchdachten und gegliederten Verhandlungsprozeß,

---

[5]Vgl. Zilleßen, H.: Alternativ Dispute Resolution - Ein neuer Verfahrensansatz zur Optimierung politischer Entscheidungen. In: Deimling.G./Garbe, D.: Der Bürger in der Risikogesellschaft. Leverkusen 1991

der sorgfältig vorbereitet, gegebenenfalls durch einen neutralen Vermittler (Mediator) geleitet wird und auf eine Übereinkunft abzielt, die im Konsens beschlossen und deren Umsetzung (Implementation) von allen Beteiligten mit beraten wird.

(3) Das Verfahren der Problem- oder Konfliktlösung findet also ebenso viel Beachtung wie der Konfliktinhalt. D. h. im Hinblick auf Ablauf und Beteiligte soll die Rationalität des Verfahrens für eine effiziente Problemlösung sorgen und zugleich eine Atmosphäre der Kooperation schaffen, die über den konkreten Fall hinaus aufrecht erhalten werden kann."[6]

Abbildung 5 [7] verauschaulicht die wesentlichen Schritte der ADR-Verfahren:

Abb.: 5

The Consensus-Building Process

Prenegotiation Phase

Getting Started
Representation
Drafting Protocols and Setting the Agenda
Joint Fact Finding

Negotiation Phase

Inventing Options for Mutual Gain
Packaging Agreements
Producing a Written Agreement
Binding the Parties to Their Commitments
Ratification

Implementation or Postnegotiation Phase

Linking Informal Agreements to Formal Decision Making
Monitoring
Creating a Context for Renegotiation

---

[6]Zilleßen, H.: ebd.

[7]Zilleßen, H.: ebd.

Im Hinblick auf die Modellentwicklung ist es durchaus denkbar, daß Elemente unterschiedlicher Verfahren kombiniert werden (müssen).
So scheint beispielsweise eine Kombination der ADR-Verfahren bzw. von Elementen dieser Verfahren mit dem Raumordnungsverfahren (einschließlich UVP) sinnvoll zu sein, da die ADR-Verfahren an Koordinations- und Kooperationsproblemen ansetzen. Hinsichtlich einer solchen Kombination ist insbesondere die bei den amerikanischen Verfahren vorgesehene Nachverhandlungsphase (Postnegotiation Phase) interessant. Durch eine Ergänzung des Raumordnungsverfahrens um diese Phase könnte dem in Pkt. IV.3 formulierten Anspruch Rechnung getragen werden, geordnete Verfahren für den Fall bereitzustellen, daß im Anschluß an getroffene Entscheidungen Konflikte entstehen. Bei dem Versuch, die beiden Verfahren zu kombinieren, müßte das Augenmerk unweigerlich auch auf die Funktion eines etwaigen "Mediators" gerichtet werden: Einerseits konkurriert die Idee eines "Mediators" auf den ersten Blick mit dem Koordinationsauftrag der Raumordnung, andererseits scheint sie eine Lösung für solche Konflikte zu offerieren, in denen Raumordnungsziele in Frage gestellt werden, in denen der Raumordner also "eigene" Ziele vertreten muß.

Als weitere Vorleistung für die Modellentwicklung müßte überprüft werden, inwieweit ein auf der Fallanalyse basierendes Modell bei anderen Entscheidungssituationen in der Wasserversorgung (z.B andere Entscheidungsebene[8], andere Entscheidungsinhalte) anwendbar ist bzw. inwieweit dazu erforderliche Ergänzungen oder Änderungen aus allgemeineren, theoretischen Überlegungen abgeleitet werden können.

Als beispielhafte Überlegung zu dieser Fragestellung können Ritters Argumente für eine stärkere Dezentralisierung von Entscheidungsprozessen zitiert werden: Dezentralisation im Sinne "eigenverantwortlicher Selbststeuerung der unteren Einheiten oder durch Mitwirkung unterer Einheiten an höherstufigen Entscheidungsvorgängen ... ist grundsätzlich geeignet, das System repräsentativdemokratischer Willensbildung sensibler und an konkretere Problemstellungen

---

[8] Auf die notwendige Unterscheidung unterschiedlicher Entscheidungsebenen verweist auch Bullinger, D.: Entscheidungsprozess-Analysen im Bereich der Umweltpolitik. Bemerkungen zur Vorgehensweise. Basel 1982

und veränderte Lagen angepaßter zu machen"[9]. Damit liefert Ritter einen Verbesserungsvorschlag, mit dessen Hilfe zur Lösung des auf höheren Entscheidungsebenen noch komplexeren Anpassungsproblems beigetragen werden könnte und der zudem die Forderung nach einer ausgeglicheneren vertikalen Koordination unterstützt.

Die vorliegende Arbeit endet an dieser Stelle mit den eingangs dargestellten abstrakten Vorschlägen dazu, wie Raumordnung zur Verbesserung der Entscheidungsverfahren in der Wasserversorgung beitragen kann, und mit den eben angestellten Überlegungen zu weiteren Vorleistungen, die für die Entwicklung eines neuen Verfahrensmodells erforderlich sind. Damit ist eine Grundlage bereitgestellt worden, auf der das Modell eines partizipationsorientierten Entscheidungsverfahrens entwickelt werden kann.

Als letztes noch eine Anmerkung zu der praktischen Relevanz eines solchen Modells: Inwieweit seine tatsächliche Anwendung zur Verbesserung von Entscheidungsverfahren beitragen kann, ist nur durch eine praktische Erprobung zu beantworten, denn der Erfolg hängt maßgeblich von der Bereitschaft der beteiligten Akteure ab, sich auf solche Verfahren einzulassen.

---

[9]Ritter, E.-H.: Staatliche Steuerung bei vermindertem Rationalitätsanspruch? Zur Praxis der politischen Planung in der Bundesrepublik Deutschland. In: Ellwein, T.: Jahrbuch zur Staats- und Verwaltungswissenschaft, 1 (1987), S. 343

Literatur

Alberts, H.: Grundwasserentnahme gefährdet Naturschutzgebiet Lüneburger Heide. In: Norddeutscher Wanderer, Mai 1980, S. 1003-1004

Andritzky, W.: Bürgerbeteiligung in der Umweltpolitik. In: Natur+Landschaft, 1978, Heft 7/8, S. 236-239

Arbeitsgemeinschaft Hamburger Jugendverbände (studentische Arbeitsgruppe Umweltschutz-Biologie der Uni Hamburg, Deutscher Jugendbund für Naturbeobachtung (DNJ), Freie Jungenschaft, Hamburger Tierschutzjugend): Auf Raubbau in der Lüneburger Heide. (Informationsblatt), März 1980

Battre, M.: Durchsetzung von Zielen der Landesplanung zur langfristigen Sicherung der Wasserversorgung am Beispiel von Niedersachsen. In: BfLR (Hg.) Informationen zur Raumentwicklung, Heft 2/3. 1983, S. 191 - 198

Baubehörde Hamburg (Hg.): Fachplan Wasserversorgung Hamburg. 1983

Bellin, K./Löken, W.: Hydrologische Untersuchungen - Wesentlicher Teil der Arbeit am Wasserwirtschaftlichen Rahmenplan "Obere Elbe". In: Wasserwirtschaft 64 (1974) 12, S. 370 - 375

Bezirksregierung Lüneburg: Presseinformation vom 25.11.73

Ders.: Presseinformation Nr. 174/79 vom 02.11.79

Ders.: Presseinformation Nr. 55/80 vom 13.03.80

Ders.: Presseinformation Nr. 160 vom 22.10.81

Ders.: Bemerkungen zum Aufsatz "Grundwasserentnahme im Heidepark durch die Hamburger Wasserwerke GmbH" von Prof. Dr. K. Buchwald. In: Natur und Landschaft, 56. Jg. (1981) Heft 12, S. 472 - 474

Ders.: Presseinformation Nr. 105/82 vom 21.07.82

Ders.: Presseinformation Nr. 49 vom 18.04.85

Ders.: Gesprächsprotokoll. Lüneburg, März 1988

Ders.: Gesprächsprotokoll. Lüneburg, Februar 1989

Ders.: Gesprächsprotokoll. Lüneburg, April 1989

Beck, W. u.a.: Wiedenfelser Entwurf zur Neugestaltung des Genemigungsverfahrens im Umweltschutz. Evangelische Akademie Baden. In: Überhorst, R.: Planungsstudie zur Gestaltung von Prüf- und Bürgerbeteiligungsprozessen im Zusammenhang mit nuklearen Großprojekten am Beispiel der Wideraufbereitungstechnologie. Im Auftrag der Hessischen Landesregierung, April 1983, S. 263 -277

BfLR (Bundesforschungsanstalt für Landeskunde und Raumordnung) (Hg.): Raumordnung und Wasservorsorge. Informationen zur Raumentwicklung, Heft 2/3. 1983

Ders.: Neue Ansätze raumordnungspolitischer Wasservorsorge. Informationen zur Raumentwickung, Heft 3/4. 1988

BfLR/Wiss.Redaktion: Einführung. In: BfLR (Hg.) Informationen zur Raumentwicklung, Heft 2/3. 1979, S. 71 -72

Bild-Zeitung: Wasser-Austausch. 13.06.74

BMI (Der Bundesminister des Innern) (Hg.): Wasserversorgungsbericht. - Bericht über die Wasserversorgung in der Bundesrepublik Deutschland -. Berlin 1982

BMI: Antwort der Bundesregierung auf die Große Anfrage. Wasserversorgung. Deutscher Bundestag. 10. Wahlperiode. Drucksache 10/4420. 04.12.85

Brockhaus Konversations-Lexikon. 14. vollständig neubearbeitete Auflage. Leipzig 1892-1895, Bd.16

Buchwald, K.: Gesprächsprotokoll. Oldenburg, März 1988

Ders.: Grundwasserentnahme im Heidepark - heutige Situation und nötiger Widerstand. U.a. in "Naturschutz" und Naturparke, 4. Vierteljahr 1980 Heft 99, S. 1- 7

Ders.: Die Auseinandersetzungen um die Wasserentnahme der Hamburger Wasserwerke in der Nordheide. In: Landschaft + Stadt 15 (1), 1983, S. 1 - 15

Budde B./Nolte, J.: Wirkungsanalyse "Raumentwicklung - Wasserversorgung" als Beitrag zum wasserwirtschaftlichen Planungsinstrumentarium. In: gwf - wasser/abwasser, Jg. 124 (1983) H. 7, S. 335 - 339

Bürgerschaft der Freien und Hansestadt Hamburg - 8. Wahlperiode: Drucksache 8/85. Miteilung des Senats an die Bürgerschaft. Abschluß eines

Verwaltungsabkommens mit dem Land Niedersachsen über Wassergewinnung für Hamburg in Niedersachsen, S. 1ff

Bürgerschaft der Freien und Hansestadt Hamburg - 9. Wahlperiode: Protokoll der 42. Sitzung am 16.01.80

Bürgerschaft der Freien und Hansestadt Hamburg - 10. Wahlperiode: Drucksache 10/123 (Schriftliche Kleine Anfrage der Abg. Bock (GAL)), 06.08.82

Bürgerschaft der Freien und Hansestadt Hamburg - 11. Wahlperiode: Drucksache 11/2247 (Schriftliche Kleine Anfrage des Abg. Dr. Salchow (CDU) vom 03.04.85)

Ders.: Drucksache 11/4802 (Antrag der Abg. Edler, Herrmann, Hoeltje, Pein, Schmidt, Stuckert (GAL) und Fraktion vom 20.08.85)

Ders.: Drucksache 11/4793 (Antwort des Senats auf die Schriftliche Kleine Anfrage des Abg. Spilker), 27.08.85

Bullinger, D.: Entscheidungsprozess-Analysen im Bereich der Umweltpolitik: Bemerkungen zur Vorgehensweise. Basel 1982

Der Bundesminister für Raumordnung, Bauwesen und Städtebau (Hg.): Entschließungen und Stellungnahmen der Ministerkonferenz für Raumordnung 1984-1987. Bonn Bad-Godesberg Juli 1988

Der Bundesminister für Umwelt, Naturschutz und Reaktorsicherheit: Schwerpunkte des Grundwasserschutzes. In: BfLR (Hg.) Informationen zur Raumentwicklung, Heft 3/4. 1988, S. 242

Buse, M. J./Nelles, W.: Formen und Bedingungen der Partizipation im politisch/administrativen Bereich. In: Alemann, U. von (Hg.) Partizipation - Demokratisierung - Mitbestimmung. Problemstand und Literatur in Politik, Wirtschaft, Bildung und Wissenschaft. Eine Einführung - 2. Auflage. Opladen 1978, S. 41 - 78

CDU: Niedersachsen ist reich an Wasser, aber: Keine Verschwendung erlauben. In: [CDU-Parteizeitschrift], Frühjahr 1981

CDU-Kreisverband Harburg-Land: Antrag vom Landesparteitag 1980

CDU-Ortsverband Hanstedt: Pressemitteilung vom 23.06.79

Czychowski, M./Giesecke, P./Wiedemann, W.: Wasserhaushaltsgesetz unter Berücksichtigung der Landeswassergesetze und des Wasserstrafrechts. Kommentar. 4., neubearbeitete Auflage. München 1985

Dahl, H.-J.: Grundwasserförderung und Naturschutz in Niedersachsen. In: gwf. Wasser - Abwasser, 128 (1987) Heft 12, S. 614 - 621

Drobek, W.: Stand der Wasserversorgung der Freien und Hansestadt Hamburg. In: Wasser Abwasser. gwf. Das Gas- und Wasserfach, 108. Jahrgang, Heft 20, 1967, S. 147 - 159

Ders.: Gedanken über eine Großstadt-Wasserversorgung um die Jahrtausendwende. I. Teil: Wasserbedarf und Wasserbedarfsdeckung. In: Wasser Abwasser. gwf. Das Gas- und Wasserfach, 108. Jahrgang, Heft 40, 1967, S. 1121 - 1131

Ebert, A.: Einführung. In: Beck, C.H.. Naturschutzrecht. 2., neubearbeitete und ergänzte Auflage. Stand: 30.November 1982, München ohne Jahr

Elbe-Wochenblatt und Nordheide-Wochenblatt: Streit zwischen Grundwasserschützern und Regierung Lüneburg hält an. 29.07.82

Ellwein, T./Hesse, J. J.: Das Regierungssystem der Bundesrepublik Deutschland. 6., neubearbeitete und erweiterte Auflage 1987. (Orginalaussage) Sonderausgabe des Textteils: Opladen 1988

FDP: Pressemitteilung Nr. 8 vom 09.08.82

Fürst, D.: Fortentwicklung des Systems der Raumplanung durch Umweltverträglichkeitsprüfung? In: BfLR/Akademie für Raumforschung und Landesplanung (Hg.) Raumforschung und Raumordnung, 15 Jg., 1987, Heft 5 - 6, S. 189 - 195

Die Grünen: Heidewasserentnahme - Eine Katastrophe? (Flugblatt), [Oktober 1985]

Die Grünen - Kreis Harburg-Land: Rundbrief vom September/Oktober 1982

Die Grünen, Kreistagsfraktion Landkreis Harburg: Antrag des KA Tschöpke und Fraktion die Grünen gemäß §6 der Geschäftsordnung vom 13.01.81

Die Grünen - Ökologie-Gruppe Hamburg: Unsere neue Heidevegetation. Folge der Grundwasserentnahme in der Nordheide. (Informationsblatt), April 1981

Hamburger Abendblatt: Hamburg sichert sich Trinkwasser im Umland. 22.05.74

Hamburger Morgenpost: Teures Wasser. Drastische Erhöhung bei den Wasserwerken. 23.07.71

Hamburger Rundschau: Heide-Wasserwerk ab November am Netz. Jetzt geht's der Heide an die Wurzel. 30.09.82

HAN (Harburger Anzeigen und Nachrichten): Die Heide : Wasserlager der Zukunft. 05.01.71

HAN: Landwirte schlagen Alarm: Versteppung der Nordheide durch Wasserentnahme? 06.07.73

HAN: (Ohne Titel), 27.03.74

HAN: Hamburg nimmt weniger Heidewasser. 06.11.74

HAN : Wandhoff fordert mehr Sachlichkeit. 13.12.80

Heck, R.: Wasserversorgung und Umweltfragen am Beispiel Hamburg. In: DVGW-Schriftenreihe Wasser Nr. 31. Eschborn 1982, S. 35 - 55

Heinz, I.: Erfassung regionaler Wassereinsparpotentiale der Wirtschaft. In: BfLR (Hg.) Informationen zur Raumentwicklung, Heft 3/4. 1988, S. 151 - 159

HWW (Hamburger Wasserwerke GmbH) (Hg.): Informationen - Fragen und Fakten zur Grundwassergewinnung in der Nordheide. 01.07.81

HWW (Hg.): WasserMagazin. Kundeninformation der Hamburger Wasserwerke GmbH. Juli 1981

HWW (Hg.): WasserMagazin. Kundeninformation der Hamburger Wasserwerke GmbH. April/Mai 1982

HWW (Hg.): WasserMagazin. Kundeninformation der Hamburger Wasserwerke GmbH, Oktober 1981

HWW: Pressemitteilung vom 28.06.85

HWW (Hg.): WasserMagazin. Kundeninformation der Hamburger Wasserwerke GmbH. November 1985

HWW (Hg.): Handlungskonzept zur dauerhaften Sicherung der Trinkwasserversorgung. 1986

HWW (Hg.): WasserMagazin. Kundeninformation der Hamburger Wasserwerke GmbH. November 1987

HWW (Hg.): Geschäftsbericht 1986. [1987]

HWW: Gesprächsprotokoll. Hamburg, Januar 1988

HWW: Gesprächsprotokoll. Hamburg, Januar 1989

HWW: Antwortschreiben an die Verfasserin vom 09.05.89

HWW: Antwortschreiben an die Verfasserin vom 26.07.90

HWW (Hg.): Grundwasserwerk Nordheide. (Informationsschrift), ohne Jahr

HWW (Hg.): Wasserwerk Nordheide. Zeitlicher Ablauf des Wasserrechtlichen Verfahrens (Informationsblatt), ohne Jahr

IGN (Interessengemeinschaft Grundwasserschutz Nordheide) (Hg.): Grundwasserentnahme in der Nordheide. 1. Auflage. (Broschüre) Stand: Februar 1980

IGN: Kein Raubbau am Heidewasser (Flugblatt und Protokoll), 16.03.80

IGN: Kein Raubbau am Heidewasser. Informationen für Bendstorf und Umgebung. (Flugblatt mit Veranstaltungsankündigung), April 1980

IGN: Schreiben an die Landespolitiker in Niedersachsen und Hamburg vom 09.05.80

IGN: Die Interessengemeinschaft Grundwasserschutz Nordheide lädt ein (Flugblatt), Mai 1980

IGN: Pressemitteilung vom 13.06.80

IGN: Trinkwasser ins Klo? Nein Danke! (Informationsblatt), 18.07.80

IGN (Interessengemeinschaft Grundwasserschutz Nordheide e.V.): 'Satzung' vom 18.08.1980

IGN: Pressemitteilung vom 09.03.81

IGN: Schreiben an Politiker, Behörden, Verbände, Organisationen und die Medien in Niedersachsen vom 23.03.81

IGN: Information Nr. 1/81 vom 24.3.81

IGN (Hg.): Grundwasserentnahme in der Nordheide. Teil 2. (Broschüre) Stand März 1981

IGN: Offener Brief an den Regierungspräsidenten in Lüneburg vom 02.11.81

IGN: Pressemitteilung vom 03.12.81

IGN: Pressemitteilung vom 15.12.81

IGN: Pressemitteilung vom 21.12.81

IGN: Anmerkungen der Interessengemeinschaft Grundwasserschutz Nordheide e.V. zum "Gemeinsamen Bericht...", März 1982

IGN: Aufruf zur Rettung der Feuchtgebiete der Lüneburger Heide. (Flugblatt), März 1982

IGN: Betr.: Grundwasserentnahme in der Nordheide. 3. Arbeitskreissitzung zum Wasserwerk Nordheide. (Verteiler: Presse, Verbände), 20.08.82

IGN: Pressemitteilung vom 20.08.82

IGN: Betr.: Bebauungspläne; private Regenrückhaltung - ein Beitrag zum Umweltschutz! (Verteiler an Gemeinden in der Lieferregion, die Hamburger Baubehörde und die HWW), 02.12.82

IGN: Raubbau am Heidewasser. (Informationsblatt), Winter 1982/83

IGN: Kurzprotokoll der Mitgliederversammlung am 07.01.83, 09.01.83

IGN: Gemeinsamer Bericht ... (Informationsblatt), April 1985

IGN: (Flugblatt), [April/Mai 1983]

IGN: Pressemitteilung vom 30.05.83

IGN: Pressemitteilung vom 17.06.85

IGN: Pressemitteilung vom 23./24.06.85

IGN: Pressemitteilung vom 06.07.85

IGN: Informationen zur Presse- und Anzeigenkampagne der Hamburger Wasserwerke (HWW) im Nov. 1985. (Ohne Adressat), 20.11.85

IGN: Gegendokumentation der IGN zum HWW-Magazin "Die Heide lebt" vom November 1985, Ende November 1985

IGN: Grundwasserentnahme der Hamburger Wasserwerke in der Nordheide - Zwischenbilanz der eingetretenen Schäden. (Ohne Adressat), Ende 09.85

IGN (Hg.): Grundwasserentnahme in der Nordheide. 5. Auflage. (Broschüre) 1985

IGN (Hg.): Grundwasserentnahme in der Nordheide. 6. Auflage. (Broschüre) 1986

IGN: Gesprächsprotokoll. Hanstedt, Februar 1988

IGN: Gesprächsprotokoll. Oldenburg, Oktober 1988

IGN: Gesprächsprotokoll. Hanstedt, Januar 1989

Kampe, D.: Einführung. In: BfLR (Hg.) Informationen zur Raumentwicklung, Heft 2/3. 1983, S. I

Kampe, D.: Möglichkeiten der Umsetzung neuer Ansätze räumlicher Wasservorsorgepolitik. In: BfLR (Hg.) Informationen zur Raumentwicklung, Heft 3/4. 1988, S. 191 - 198

Kampe, D./Strubelt, W.: Aspekte raumplanerischer Wasservorsorgepolitik. In: BfLR/Köszegfalvi, G./Strubelt, W. (Hg.) Aktuelle Probleme der räumlichen Forschung und Planung. Ein Vergleich zwischen Ungarn und der Bundesrepublik Deutschland. Seminare, Symposien, Arbeitspapiere, Heft 23, Bonn 1987, S. 51 - 59

Klages, H.: Wandel im Verhältnis der Bürger zum Staat. Speyerer Vorträge, Heft 10. - Speyer 1988

Kreska, O.: Wasserwerk Nordheide. Grundwasserentnahme und Landschaftserhaltung - kein Widerspruch. In: Neue DELIWA-Zeitschrift, Heft 6/84, S. 256 - 258

Kunreuther, H./Linnerooth, J. et al: Risikoanalyse und politische Entscheidungsprozesse. Standortbestimmung von Flüssiggasanlagen in vier Ländern. IIASA, Laxenburg, Österreich (Hg.) Berlin, Heidelberg, New York, Tokio 1983

Landeszeitung: Wasser-Vertrag voraussichtlich im Sommer. Die Landwirte befürchten leere Brunnen. 08.05.74

Landkreis Harburg, Der Oberkreisdirektor: Beantwortung der Anfrage der Kreistagsabgeordneten Frau Dr. Marion Luckow vom 12.09.79, Winsen 01.10.79

Landkreis Harburg, Kreisverwaltung: Telefonische Auskunft vom 22.11.90

Lange, K.: Wasserklau. In: Natur 2/86, Seite 21-27

LAWA (Länderarbeitsgemeinschaft Wasser): Bericht über Gefährdungspotentiale und Maßnahmen zum Schutz des Grundwassers in der Bundesrepublik Deutschland. (LAWA-Grundwasserschutzprogramm 1987) In:

BfLR (Hg.) Informationen zur Raumentwicklung, Heft 3/4. 1988, S. 258

Löken, W.: Beweissicherungsmaßnahmen für das Wasserwerk Nordheide der Hamburger Wasserwerke GmbH. In: Wasser und Boden, Heft 10/1981, S. 488 - 492

Luckow, M. (FDP-Mitglied des Kreistages Harburg-Land): Anfrage zur Beantwortung anläßlich der nächsten Kreistagssitzung, 12.09.79

MELF (Der Niedersächsische Minister für Ernährung, Landwirtschaft und Forsten) - Referatsgruppe Wasserwirtschaft - (Hg.): Generalplan Wasserversorgung Niedersachsen. 1974

MELF (Der Niedersächsische Minister für Ernährung, Landwirtschaft und Forsten): Pressemitteilung Nr. 131 vom 04.11.80

MELF: Vorwort. In: MELF (Hg.): Niedersächsisches Naturschutzgesetz. [Hannover 1981]

MELF: Pressemitteilung Nr. 65 vom 09.05.85

MELF: Pressemitteilung Nr. 125 vom 13.09.85

MELF: Pressemitteilung Nr. 30 vom 04.03.86

MELF: Grundwassererschließung für das Wasserwerk Nordheide. Wasserwirtschaftliche Untersuchungen und Beweissicherungsmaßnahmen. (Unveröffentlichtes Manuskript) Stand: 15.05.86

MKRO (Ministerkonferenz für Raumordnung): Entschließung der Ministerkonferenz für Raumordnung "Schutz und Sicherung des Wassers" vom 25. März 1985

Montz, A./Staschen, G./Thies, H.-H.: Grundwassererschließung für die Hamburger Wasserwerke in der Nordheide. In: Neues Archiv für Niedersachsen, Heft 2/1987, S. 184-195

Müller, J.: Wasserwirtschaftliche Ziele und Maßnahmen zur Trinkwasserversorgung am Beispiel von Niedersachsen. In: BfLR (hg.) Informationen zur Raumentwicklung, Heft 2/3. 1983, S. 185 - 189

Naturfreunde Nordheide: Heide in Gefahr (Flugblatt), 07.09.82

Naturfreunde - Gruppe Nordheide: Wandern unter dem Motto "Besucht die Bäche, solange es die Bäche noch gibt!" (Flugblatt), Mai 1985

NDR (Norddeutscher Rundfunk) III: Kein Wasser für Millionen. (Fernsehdiskussion), 28.10.80

Nicolaisen, D.: Raumordnungspolitische und regionalwirtschaftliche Bewertung unterschiedlicher Strukturen der Wasserversorgung. In: BfLR (Hg.) Informationen zur Raumentwicklung, Heft 3/4. 1988, S. 169 - 174

[Der Niedersächische Minister des Innern (Hg.)] Raumordnungsbericht 1968. Bericht der Landesregierung gem. §6 des Niedersächsischen Gesetzes über Raumordnung und Landesplanung

[Ders.]: Raumordnungsbericht 1970. Bericht der Landesregierung gem. §6 des Niedersächsischen Gesetzes über Raumordnung und Landsplanung. Schriften der Landesplanung Niedersachsen. Sonderveröffentlichung

Ders.: Raumordnungsbericht 1972. Bericht der Landesregierung gem. §6 des Niedersächsischen Gesetzes über Raumordnung und Landesplanung. Schriften der Landesplanung Niedersachsen. Sonderveröffentlichung

[Ders.]: Gemeinsame Landesplanung Hamburg Niedersachsen. 10 Jahre Aufbaufonds. Eine zusammenfassende Übersicht. Schriften der Landesplanung Niedersachsen - 1973

[Ders.]: Raumordnungsbericht 1974. Bericht der Landesregierung gem §10 des Niedersächsischen Gesetzes über Raumordnung und Landesplanung in der Fassung vom 24.01.1974. Schriften der Landesplanung Niedersachsen. Sonderveröffentlichung

Ders.: Raumordnungsbericht 1976. Bericht der Landesregierung gem. §10 des Niedersächsischen Gesetzes über Raumordnung und Landesplanung in der Fassung vom 25.01.1974. Schriften der Landesplanung Niedersachsen

Ders.: Raumordnungsbericht 1978. Bericht der Landesregierung gem. §10 des Niedersächsischen Gesetzes über Raumordnung und Landesplanung in der Fassung vom 2.1.1978. Schriften der Landesplanung Niedersachsen

Ders.: Raumordnungsbericht 1980. Bericht der Landesregierung gem §10 des Niedersächsischen Gesetzes über Raumordnung und Landesplanung in der Fassung vom 2.1.1978. Schriften der Landesplanung Niedersachsen

Ders.: Raumordnungsbericht 1982. Bericht der Landesregierung gem. §10 Niedersächsisches Gesetz über Raumordnung und Landesplanung in der Fassung vom 2.1.1978. Schriften der Landesplanung Niedersachsen

Ders.: Raumordnung - Landesplanung. Veröffentlichungen des Niedersächsischen Institutes für Landeskunde und Landesentwicklung an der Universität Göttingen. Aktuelle Themen zur niedersächsischen Landeskunde. Heft 2. 2. Auflage. Hannover 1982

Ders.: Raumordnungsbericht 1984: Bericht der Landesregierung gem. §10 des Niedersächsischen Gesetzes über Raumordnung und Landesplanung in der Fassung vom 1.2.1978. Schriften der Landesplanung Niedersachsen

Ders.: Gemeinsame Landesplanung Hamburg/Niedersachsen. Arbeits- und Informationsmappe (Losebl.-Ausg.)

Der Niedersächsische Umweltminister - Referat für Umweltberichterstattung und Öffentlichkeitsarbeit (Hg.): Expert. Wasserversorgung in Niedersachsen. 1988

Niedersächsischer Heimatbund: Rote Mappe, Oktober 1982

Niedersächsisches Innenministerium (Hg.): Leitfaden zur Durchführung von Raumordnungsverfahren mit integrierter Prüfung der Umweltverträglichkeit. März 1991

Niedersächsisches Landesverwaltungsamt - Dezernat Naturschutz, Landschaftspflege, Vogelschutz/Nieders. Landesamt für Bodenforschung, U.-Abt. Hydrogeologie/Nieders. Landesamt für Bodenforschung, U.-Abt. Bodenkartierung/Wasserwirtschaftsamt Lüneburg (Bearb.): Gemeinsamer Bericht über die Ergebnisse der in den Jahren 1980/81 durchgeführten ergänzenden Untersuchungen zur Beweissicherung für das Wasserwerk Nordheide der Hamburger Wasserwerke GmbH im Naturschutzgebiet 'Lüneburger Heide'. (Zusammenfassung der Einzelberichte: Naturschutz, Hydrologie, Boden- und Gewässerkunde). Auftraggeber: Bezirksregierung Lüneburg, 1981

Niedersächsischer Landtag: 80. Sitzung. Hannover, den 24.10.73, S. 8108 - 8110

Niedersächsischer Landtag - Neunte Wahlperiode: Drucksache 9/918. (Kleine Anfrage der Abg. Frau Heinlein (SPD) vom 24.07.79)

Ders.: Drucksache 9/1139 (Antwort der Landesregierung auf eine Kleine Anfrage der Abg. Frau Heinlein (SPD) vom 24.07.79), 22.10.79

Ders.:Drucksache 9/1360 (Kleine Anfrage der Abg. Frau Heinlein (SPD) vom 24.01.80)

Ders.: Drucksache 9/1459 (Kleine Anfrage der Abg. Prof. Dr. Ahrens, Frau Heinlein (SPD) vom 05.03.80)

Ders.: Drucksache 9/1528 (Antwort der Landesregierung auf eine Kleine Anfrage der Abg. Heinlein (SPD) vom 24.01.80), 03.04.80

Ders.: Drucksache 9/1619 (Antwort der Landesregierung auf eine Kleine Anfrage der Abg. Prof. Dr. Ahrens, Frau Heinlein (SPD) vom 05.03.80), 21.05.80

Ders.: Drucksache 9/1878 (Kleine Anfrage der Abg. Frau Heinlein, Prof. Dr. Ahrens (SPD) vom 12.09.80)

Ders.: Drucksache 9/2154 (Antwort der Landesregierung auf eine Kleine Anfrage der Abg. Frau Heinlein, Prof. Dr. Ahrens (SPD) vom 12.09.80), 05.01.81

Ders.: Drucksache 9/3161 (Antwort der Landesregierung auf eine Große Anfrage der CDU-Fraktion vom 13.01.82), 26.01.82

Niedersächsischer Landtag - Zehnte Wahlperiode: Drucksache 10/72 (Kleine Anfrage der Abg. Dr. Freytag, Hildebrandt (FDP) vom 11.08.82)

Ders.: Drucksache 10/263. (Antwort der Landesregierung auf eine Kleine Anfrage des Abg. Fruck (Grüne) vom 23.08.82), 12.10.82

Ders.: Drucksache 10/316 (Antwort der Landesregierung auf eine Große Anfrage der Fraktion der Grünen), 28.10.82

Ders.: Drucksache 10/1362 (Antwort der Landesregierung auf eine Kleine Anfrage der Abg. Dr. Duensing, Gellersen, Dr. Pohl (CDU) vom 08.03.83), 30.06.83

Ders.: Drucksache 10/2203 (Kleine Anfrage des Abg. Fruck (Grüne) vom 12.01.84)

Niedersächsischer Landtag - 10. Wahlperiode - 62. Plenarsitzung am 12.10.1984

Ders.: Drucksache 10/4507 (Entschließungsantrag der Fraktion der Grünen vom 02.07.85)

Niedersächsischer Landtag - 11. Wahlperiode - 20. Plenarsitzung am 20. März 1987

Niedersächsischer Landtag - Elfte Wahlperiode: Drucksache 11/3029 (Antwort auf eine Kleine Anfrage der Grünen vom 26.09.88), 21.01.89

Der Niedersächsische Umweltminister: Gesprächsprotokoll. Hannover, September 1988

Ott, K.-H.: Offener Brief an die auf Landes-, Kreis und Samtgemeindeebene verantwortlichen Politiker. 08.09.79

Piest, R.: Ziele und Strategien raumordnerischer Wasservorsorge. In: BfLR (Hg.) Informationen zur Raumentwicklung, Heft 3/4. 1988, S. 121 - 123

Quast, J. G./Quast, R. unter Mitarbeit von Krause, E.: Untersuchungen über die Auswirkung von Grundwasserentnahmen auf den Haushalt und Struktur des Naturschutzparkes Lüneburger Heide. Erstellt am Institut für Landespflege und Naturschutz der Technischen Universität Hannover; Direktor: Prof. Dr. K. Buchwald. Im Auftrage des Niedersächsischen Landesverwaltungsamtes für Naturschutz, Landschaftspflege und Vogelschutz, 1979

Ritter, E.-H.: Staatliche Steuerung bei vermindertem Rationalitätsanspruch? Zur Praxis der politischen Planung in der Bundesrepublik Deutschland. In: Ellwein, T. u.a. (Hg.): Jahrbuch zur Staats- und Verwaltungswissenschaft, 1 (1987), S. 321 - 354

Schmidt-Aßmann, E.: Die Bedeutung von Raumordnungsklauseln für die Verwirklichung raumordnerischer Ziele. In: Veröffentlichungen der Akademie für Raumforschung uns Landesplanung. Forschungs- und Sitzungsberichte, Band 145. Verwirklichung der Raumordnung. Hannover 1982, S. 27 - 41

Schneider, O.: Vorwort. In: Heinz. I. u.a.: Handlungsspielräume zur besseren Nutzung lokaler und regionaler Wasservorkommen. Schriftenreihe 06 "Raumordnung" des Bundesministers für Raumordnung, Bauwesen und Städtebau, Heft Nr. 06.060, Bonn 1987, S. 3

Schnitker, R.: Das Raumordnungsverfahren nach dem niedersächsischen Landesplanungsgesetz. In: BfLR (Hg.) Informationen zur Raumentwicklung, Heft 2/3.1979, 141 - 148

SDW (Schutzgemeinschaft Deutscher Wald): Stellungnahme der SDW Kreisgruppe Harburg, Hanstedt 26.06.80

Senat der Freien und Hansestadt Hamburg: (Antwort des Senats auf die Schriftliche Kleine Anfrage der Abg. Frau Bock), 17.08.82

Senat der Freien und Hansestadt Hamburg, Staatliche Pressestelle (Hg.): Amtlicher Anzeiger. Teil II des Hamburgischen Gesetz- und Verordnungsblattes, Nr. 76, 21.04.87

SPD Niedersachsen, Landtagsfraktion: Pressemitteilung vom 03.11.82

Sperling, D.: Probleme der Wasservorsorgepolitik. In: BfLR (Hg.) Informationen zur Raumentwicklung, Heft 2/3. 1983, S. 93 - 102

Der Spiegel: Landschaft totgepumpt, Nr. 48/1978, S. 84 - 86

Ders.: Trinkwasser - bald so knapp wie Öl?, Nr. 33/1981, S. 50 - 65

Ders.: Wie ein Gesicht ohne Augen, Nr. 44/1982, S. 72-91

Ders.: Verpumpt man uns, folgt Heidetod, 40/1985, S. 120 - 122

Ders.: Wasser: "Fröhlich in die letzten Reserven", Nr. 32/1988, S. 36 - 51

Ders.: Statistisches Jahrbuch für die Bundesrepublik Deutschland 1969. Stuttgart und Mainz. August 1969

Ders.: Statistisches Jahrbuch für die Bundesrepublik Deutschland 1973. Stuttgart und Mainz, August 1973

Ders. (Hg.): Statistisches Jahrbuch 1975 für die Bundesrepublik Deutschland. Stuttgart und Mainz, August 1975

Ders. (Hg.) Statistisches Jahrbuch 1979 für die Bundesrepublik Deutschland. Stuttgart und Mainz, August 1979

Ders. (Hg.): Statistisches Jahrbuch 1981 für die Bundesrepublik Deutschland. Stuttgart und Mainz, 1981

Ders.: Statistisches Jahrbuch 1982 für die Bundesrepublik Deutschland. Stuttgart und Mainz, August 1982

Ders. (Hg.): Statistisches Jahrbuch 1983 für die Bundesrepublik Deutschland. Stuttgart und Mainz, August 1983

Ders. (Hg.): Statistisches Jahrbuch 1987 für die Bundesrepublik Deutschland. Stuttgart und Mainz, August 1987

Statistisches Landesamt (Hg.): Statistisches Jahrbuch 1976/77. Freie und Hansestadt Hamburg [1977]

Strubelt, W.: Wasservorsorge als Konfliktfeld. In: BfLR (Hg.) Informationen zur Raumentwicklung, Heft 3/4. 1988, S. 125 - 130

Strubelt, W.: Großprojekte - ein räumliches und gesellschaftliches Konfliktfeld. In: BfLR (Hg.) Informationen zur Raumentwicklung. Heft 4/5.1990, S. I - IV

Die Tageszeitung: Interview mit Dr. Richard Heck, Geschäftsführer der Hamburger Wasserwerke über die Folgen der Grundwasserförderung in der Nordheide. Auch Einstein hat niemand verstanden. 02.09.85

Töpfer, A.: Aus dem Naturschutzgebiet Lüneburger Heide. In: "Naturschutz" und Naturparke, Heft 68, 1. Vierteljahr 1973

UBA: Stellungnahme zur Grundwasserentnahme in der Nordheide. (Vervielfältigtes Manuskript) Berlin 1984

Überhorst, R.: Planungsstudie zur Gestaltung von Prüf- und Bürgerbeteiligungsprozessen im Zusammenhang mit nuklearen Großprojekten am Beispiel der Wideraufbereitungstechnologie. Im Auftrag der Hessischen Landesregierung, April 1983

Vorstand der SPD-Fraktion der Hamburger Bürgerschaft: Kurzinformationen der SPD Bürgerschaftsfraktion, September 1985

Die Welt: Abkommen über Trinkwasserversorgung. 13.06.74

Winsener Anzeiger: Landvolk fragt: Wird die Nordheide versteppen? 12.07.73

Ders.: Untersuchungen für Grundwasserentnahme in der Nordheide noch nicht abgeschlossen. 26.10.73

Ders.: Gestern abend Bürgerversammlung in Asendorf: Heiße Diskussionen um Nordheide-Wasser. 28.11.79

Ders.: Protestmarsch nach Lüneburg. 11.03.80

Ders.: Trotz Bedenken von Umweltschützern: Hamburg will Wasser aus der Nordheide. 29.10.80

Ders.: "Befürchtungen bestätigt!" 18.03.81

Ders.: Hamburger zur Demonstration der IGN. "Grundwasserschutz - nein Danke!" 06.09.82

Ders.: Leserbriefe. Zur Schadensvorbeugung bisher bereits zehn Millionen. 12.12.85

Ders./Niedersächsisches Tageblatt: IGN stellt fest: Schädigungen unübersehbar. 21.05.85

Zilleßen, H.: Selbstbegrenzung und Selbstbestimmung. Über die politischen Voraussetzungen für einen neuen Lebensstil. In: Wenke, K. E./Zilleßen, H. (Hg.) Neuer Lebensstil - verzichten oder verändern? Auf der Suche nach Alternativen für eine menschlichere Gesellschaft. Opladen 1978, S. 122 - 166

Zilleßen, H.: Alternativ Dispute Resolution - Ein neuer Verfahrensansatz zur Optimierung politischer Entscheidungen. In: Deimling.G./Garbe, D.: Der Bürger in der Risikogesellschaft. Leverkusen 1991

Zölsmann, H.: Wasserwirtschaftsverwaltung in der Bundesrepublik Deutschland. In: Bretschneider, H./Lecher, K./Schmidt, M. (Hg.) Taschenbuch der Wasserwirtschaft. 6., vollständig neu bearbeitete Auflage. Hamburg, Berlin 1982, S. 391 - 410

Zusätzlich zu den aufgelisteten Quellen liegen der Fallanalyse **Primärunterlagen** wie Schriftwechsel, Gesprächs- und Sitzungsprotokolle, Verträge und Vereinbarungen, Untersuchungsberichte, Vortragsmanuskripte, Dokumentationen und Videoaufzeichnungen zugrunde. Diese i.d.R. unveröffentlichten Quellen sind in dem vorliegenden Exemplar nicht ausgewiesen. Es hinterliegen jedoch Belegexemplare an der Universität Oldenburg.